社会人が業務に活かせる

ネットワーク& セキュリティ

一般財団法人
日本ビジネス技能検定協会

情報ネットワーク・セキュリティ検定1級 対応

JN076882

NETWORK & SECURITY

応用 テキスト

目次

第1章　コンピュータシステムの構成

1-1　コンピュータシステム ……………………………………………………………2

　1-1-1　ハードウェアとソフトウェア ……………………………………………2

　　1. ハードウェア ……………………………………………………………2

　　2. コンピュータの5大要素 ………………………………………………3

　　3. ソフトウェア ……………………………………………………………5

　　4. ソフトウェアの分類 ……………………………………………………5

　　5. ソフトウェアとハードウェアの連携 ………………………………6

　1-1-2　コンピュータシステム上のデータ表現 ………………………………7

　　1. 補助単位 …………………………………………………………………7

　　2. インタフェース速度 ……………………………………………………8

　　3. 処理速度 …………………………………………………………………8

1-2　ハードウェア ………………………………………………………………………9

　1-2-1　アーキテクチャ ……………………………………………………………9

　1-2-2　CPU …………………………………………………………………………9

　　1. CPU の構造 ……………………………………………………………9

　　2. CPU の役割 ……………………………………………………………10

　　3. CPU の特性 ……………………………………………………………10

　　4. CPU のソケットタイプ ………………………………………………13

　　5. CPU の冷却 ……………………………………………………………13

　1-2-3　メモリ ………………………………………………………………………13

　　1. RAM の種類 ……………………………………………………………13

　　2. メモリチップ …………………………………………………………14

　　3. メモリモジュールの規格 ……………………………………………14

　　4. メモリの速度と互換性 ………………………………………………17

　　5. 仮想メモリ ……………………………………………………………17

　1-2-4　内蔵ドライブ ……………………………………………………………19

　　1. 記憶媒体とドライブ …………………………………………………19

　　2. 光学式メデイィア ……………………………………………………19

　　3. ハードディスクドライブ ……………………………………………20

　　4. ハードディスクの構成 ………………………………………………20

　　5. プラッタ ………………………………………………………………21

　　6. シリンダ ………………………………………………………………21

　　7. セクタ …………………………………………………………………21

　　8. クラスタ ………………………………………………………………21

　　9. ハードディスクの性能 ………………………………………………22

　　10. SSD（ソリッドステートドライブ）………………………………23

11. ツール（デフラグ、スキャン） ……………………………… 25
1-2-5　リムーバブルメディア ………………………………… 26
1. フラッシュドライブ ………………………………………… 26
2. USB メモリ ………………………………………………… 28
1-2-6　内蔵インタフェース …………………………………… 30
1. マザーボード ………………………………………………… 30
2. SATA（SerialATA）………………………………………… 34
3. 接続インタフェース ………………………………………… 35
4. ディスプレイ以外のデバイスのコネクタとケーブル ……… 37
5 デバイスのコネクタとケーブル …………………………… 38
6. RJ-45　RJ-11 ………………………………………………… 40
7.ポート変換コネクタ ………………………………………… 41
8.電源ユニット ………………………………………………… 42
1-2-7　周辺機器 ………………………………………………… 43
1. ディスプレイデバイス ……………………………………… 43
2. プリンタ ……………………………………………………… 47
3. VR（Virtual Reality）……………………………………… 49
4. その他の周辺装置 …………………………………………… 50
1-2-8　通信用インタフェース ………………………………… 55
1. Bluetooth（ブルートゥース）……………………………… 55
2. その他のワイヤレス接続 …………………………………… 56
3. 無線 LAN …………………………………………………… 56
1-2-9　コンピュータの種類 …………………………………… 57
1. デスクトップ PC …………………………………………… 57
2. ノート PC …………………………………………………… 57
3. スマートフォン ……………………………………………… 62
4. タブレット PC ……………………………………………… 63
5. スマートウォッチ …………………………………………… 63
1-2-10　デジタル家電等 ………………………………………… 64
1. DLNA（Digital Living Network Alliance）……………… 64
1-3　ソフトウェア ……………………………………………… 65
1-3-1　ソフトウェアの分類と役割 …………………………… 65
1. 起動プロセス ………………………………………………… 65
2. BIOS …………………………………………………………… 65
3. オペレーティングシステム ………………………………… 69
4. アプリケーション …………………………………………… 69
5. ミドルウェア ………………………………………………… 69
6. デバイスドライバ …………………………………………… 70

1-3-2　オペレーティングシステムの種類 ……………………………………71
　1. PC 用 OS に共通する機能 ………………………………………………71
　2. モバイルデバイス用の OS ………………………………………………72
　3. ファイルシステム ………………………………………………………73
1-3-3　データ形式 ……………………………………………………………76
　1. 文字コード ………………………………………………………………76
　2. 文書（TXT、PDF）………………………………………………………77
　3. 画像、音声、動画データの表現 ………………………………………77
　4. アーカイブ ………………………………………………………………81
1-3-4　仮想化技術 ……………………………………………………………83
　1. サーバの仮想化 …………………………………………………………83
　2. デスクトップ仮想化 ……………………………………………………84
　3. 仮想デスクトップ ………………………………………………………85

第2章　ネットワークテクノロジ

2-1　ネットワークの種類 ………………………………………………88
　2-1-1　ネットワークエリア ………………………………………88
　　1. PAN（Personal Area Network）………………………88
　　2. LAN（Local Area Network）…………………………88
　　3. WAN（Wide Area Network）…………………………88
　　4. インターネット ………………………………………………89
　2-1-2　ネットワークトポロジ ……………………………………91
　　1. バス型 ……………………………………………………………91
　　2. スター型 …………………………………………………………91
　　3. リング型 …………………………………………………………92
　　4. メッシュ型 ………………………………………………………92
　　5. ハイブリッド型 …………………………………………………93
2-2　ネットワークの構成 ………………………………………………94
　2-2-1　ネットワークの構成機器 …………………………………94
　　1. ネットワークカード ……………………………………………94
　　2. LAN間接続機器 ………………………………………………94
　2-2-2　イーサネット ………………………………………………99
　　1. イーサネット規格 ………………………………………………99
　　2. 通信速度 …………………………………………………………99
　　3. 伝送方法 …………………………………………………………99
　　4. 媒体等 …………………………………………………………100
　　5. アクセス制御（CSMA/CD方式）…………………………101
　2-2-3　ネットワークケーブル …………………………………104
　　1. ツイストペアケーブル ………………………………………105
　　2. 光ファイバケーブル …………………………………………107
　　3. 同軸ケーブル …………………………………………………109
　2-2-4　ワイヤレスLAN …………………………………………110
　　1. 無線LANの規格 ……………………………………………110
　　2. 無線LANの設定 ……………………………………………111
　　3. 無線LANのチャネル ………………………………………113
　　4. CSMA/CA方式 ……………………………………………115
　2-2-5　Wide Area Network（WAN）…………………………116
　　1. PPP（Point to Point Protocol）…………………………116
　　2. インターネット接続回線 ……………………………………117
　　3. VPN（Virtual Private Network）………………………123
2-3　ネットワークプロトコルとアドレス ……………………………129
　2-3-1　ネットワークモデル ……………………………………129

1. OSI 参照モデル ……………………………………………… 129

2. TCP/IP モデル ………………………………………………… 130

2-3-2　通信プロトコル ………………………………………… 130

1. ARP（Address Resolution Protocol）……………………… 130

2. IP（Internet protocol）……………………………………… 131

3. ICMP（Internet Control Message Protocol）…………… 131

4. TCP と UDP ………………………………………………… 132

2-3-3　アプリケーションプロトコル …………………………… 135

1. FTP (File Transfer Protocol)……………………………… 135

2. FTPS（FTP over SSL/TLS）……………………………… 136

3. TELNET (Telecommunication Network) ………………… 136

4. SSH　（Secure Shell）……………………………………… 136

5. HTTP (Hyper Text Transfer Protocol) ………………… 136

6. HTTPS (Hyper Text Transfer Protocol over Secure Sockets Layer) …… 137

7. SMTP (Simple Mail Transfer Protocol) ………………… 137

8. POP3(Post Office Protocol Version3) …………………… 139

9. IMAP4 (Internet Message Access Protocol version 4) …… 140

10. DHCP ………………………………………………………… 140

11. DNS…………………………………………………………… 141

12. SMB　（Server Message Block）………………………… 147

13. SNMP（Simple Network Management Protocol）……… 148

2-3-4　ネットワークアドレス ………………………………… 149

1. MAC アドレス ……………………………………………… 149

2. IP アドレスのクラス ……………………………………… 149

3. グローバル IP アドレスとプライベート IP アドレス ……… 150

4. ネットワークアドレス ……………………………………… 152

5. サブネット分割 ……………………………………………… 152

6. ブロードキャストアドレス ………………………………… 153

7. マルチキャストアドレス …………………………………… 154

8. IPv6 …………………………………………………………… 155

9. アドレス変換 ………………………………………………… 156

10. ポートフォワーディング …………………………………… 158

2-3-5　IP アドレスの設定 …………………………………… 158

1. 静的アドレス ………………………………………………… 158

2. サブネットマスク …………………………………………… 158

3. デフォルトゲートウェイ …………………………………… 159

4. ルーティングプロトコル …………………………………… 160

5. クライアント PC の DNS 設定 …………………………… 165

　　　　6. IP アドレスの自動設定 ………………………………………… 165

　　　　7. IP アドレスの手動設定 ………………………………………… 166

2-4　　ネットワークサービス ……………………………………………… 167

　2-4-1　　代表的なネットワークサービス ………………………………… 167

　　　　1. Domain Name System（DNS）………………………………… 167

　　　　2. WWW（World Wide Web）………………………………… 168

　　　　3. 電子メールサービス ………………………………………… 168

　　　　4. ファイル転送サービス ……………………………………… 168

　　　　5. IP 電話 ………………………………………………………… 168

2-5　　クラウドコンピューティング ……………………………………… 175

　　　　1. クラウドコンピューティング概要 ………………………… 175

　　　　2. NIST によるクラウドコンピューティングの定義 ………… 176

　　　　3. 5 つの基本的な特徴 ………………………………………… 176

　　　　4. 3 つのサービスモデル ……………………………………… 177

　　　　5. 4 つの実装モデル …………………………………………… 179

　　　　6. クラウドサービス導入のための検討事項 ………………… 181

第3章　ネットワークの構築と運用

3-1　ネットワークの構築 ……………………………………………………………… 186
　3-1-1　ネットワーク接続サービス …………………………………………… 186
　　1. ホームネットワークとエンタープライズネットワーク ………… 186
　　2. ホームネットワークの設計 ……………………………………………… 187
　　3. エンタープライズネットワークの設計 ……………………………… 187
　　4. インターネット接続サービス …………………………………………… 189
　　5. 接続機器 ………………………………………………………………………… 189
　3-1-2　ネットワーク機器 ………………………………………………………… 190
　　1. 機器の選択 ……………………………………………………………………… 190
　　2. ブロードバンドルータ ……………………………………………………… 190
　　3. モバイル通信 …………………………………………………………………… 191
3-2　ネットワーク端末の接続 ……………………………………………………… 193
　3-2-1　ネットワーク接続設定 …………………………………………………… 193
　　1. TCP/IP プロトコル ………………………………………………………… 193
　　2. ファイル共有 …………………………………………………………………… 194
　　3. プリンタ共有 …………………………………………………………………… 194
　　4. 無線 LAN ………………………………………………………………………… 194
　　5. UPnP ……………………………………………………………………………… 194
　　6. ネットワークインタフェースカード ………………………………… 194
　　7. デバイスドライバ …………………………………………………………… 194
　3-2-2　ネットワーククライアントの設定 ………………………………… 195
　　1. Web ブラウザ ………………………………………………………………… 195
　　2. メールクライアント ………………………………………………………… 195
　　3. 各種アプリケーション ……………………………………………………… 195
　　4. クラウド ………………………………………………………………………… 195
　　5. ネットワーク仮想化 ………………………………………………………… 195
3-3　トラブルシューティング ……………………………………………………… 197
　　1. トラブルシューティングの手順 ………………………………………… 197
　　2. マザーボード等のトラブルシューティング ……………………… 206
　　3. ハードディスクドライブと RAID のトラブルシューティング ………… 214
　　4. ネットワークのトラブルシューティング ………………………… 219
　　5. ネットワークに関するコマンドラインツール …………………… 238
　　6. ネットワークハードウェアツール …………………………………… 248
　　7. ネットワークのトラブルシューティングⅡ ……………………… 249
　　8. オペレーティングシステムのトラブルシューティング ……… 255
　　9. セキュリティ問題のトラブルシューティング …………………… 262
　　10. ノート PC のトラブルシューティング …………………………… 269

11. プリンタのトラブルシューティング ……………………………………… 271

第4章　情報セキュリティ

　4-1　情報セキュリティの基礎知識 ……………………………………………… 278
　4-1-1　情報セキュリティの分類 ………………………………………………… 278
　　1. 情報セキュリティの用語と概念 …………………………………………… 278
　　2. 情報セキュリティの要件 …………………………………………………… 281
　　3. 情報セキュリティの対策 …………………………………………………… 283
　　4. 情報セキュリティポリシー ………………………………………………… 284
　　4-1-2　認証 ……………………………………………………………………… 288
　　1. 認証の役割と仕組み ………………………………………………………… 288
　　2. 認証情報 ……………………………………………………………………… 288
　　3. アカウント …………………………………………………………………… 289
　　4. パスワード …………………………………………………………………… 290
　　5. バイオメトリクス …………………………………………………………… 291
　　6. シングルサインオン（SSO/ Single sign-on）…………………………… 292
　　7. RAS …………………………………………………………………………… 292
　　4-1-3　暗号化 …………………………………………………………………… 303
　　1. 暗号技術の用語 ……………………………………………………………… 303
　　2. 暗号の大まかな分類 ………………………………………………………… 303
　　3. 暗号技術の要素 ……………………………………………………………… 304
　　4. 暗号のより詳細な分類 ……………………………………………………… 305
　　5. 暗号化技術の概念 …………………………………………………………… 306
　　4-1-4　データバックアップ …………………………………………………… 311
　　1. データバックアップ ………………………………………………………… 311
　　2. データの復元 ………………………………………………………………… 312
　　3. バックアップメディア ……………………………………………………… 313
　　4. オンラインストレージ ……………………………………………………… 313
　　5. システムバックアップ ……………………………………………………… 313
　　4-1-5　代表的な攻撃手法 ……………………………………………………… 314
　　1. サービス妨害 ………………………………………………………………… 314
　　2. エクスプロイト攻撃 ………………………………………………………… 315
　　3. ゼロデイ攻撃（zero-day attack）………………………………………… 315
　　4. バッファオーバーフロー …………………………………………………… 316
　　5. Cookie の危険性 …………………………………………………………… 316
　　6. クロスサイトスクリプティング（XSS/Cross-site scripting）………… 316
　　7. P2P …………………………………………………………………………… 317
　　8. ソーシャルエンジニアリング ……………………………………………… 318
　　9. 盗聴 …………………………………………………………………………… 319
　　10. ウォードライビング（War driving）…………………………………… 319

11. スパム（Spam） ……………………………………… 320

12. TCP/IP ハイジャック ………………………………… 320

13. Man in the Middle（中間者） ……………………… 320

14. スプーフィング（なりすまし） …………………… 321

15. DNS ポイズニング（DNS poisoning） …………… 321

16. ARP ポイズニング（ARP Poisoning） …………… 322

17. パスワードクラッカー ……………………………… 322

18. ステガノグラフィ（Steganography） …………… 323

4-1-6 マルウェア …………………………………………… 325

1. マルウェアの種類と特徴 …………………………… 325

2. マルウェア対策 ……………………………………… 328

3. 感染経路 ……………………………………………… 329

4. 感染時の行動 ………………………………………… 329

4-2 情報セキュリティ技術の導入と運営 …………………… 333

4-2-1 人的なセキュリティ対策 …………………………… 333

1. ソーシャルエンジニアリング ……………………… 333

2. SNS 利用の注意 ……………………………………… 333

3. ネット利用の教育 …………………………………… 333

4. 利用制限 ……………………………………………… 334

5. ネットいじめ ………………………………………… 335

4-2-2 物理的なセキュリティ対策 ………………………… 336

1. 社員証・入館証・バッジ等 ………………………… 336

2. RFID …………………………………………………… 336

3. 暗証番号 ……………………………………………… 336

4. バイオメトリクス …………………………………… 337

5. RSA SecurID ………………………………………… 337

6. 共連れ対策 …………………………………………… 337

7. 施錠保管 ……………………………………………… 337

8. 廃棄 …………………………………………………… 338

9. クリアデスク、クリアスクリーン ………………… 338

10. プライバシーフィルター …………………………… 338

11. セキュリティワイヤーの利用 ……………………… 338

12. セキュアエリア ……………………………………… 338

13. 物理アクセスのログ／リスト ……………………… 338

14. 入退室管理システム（ドアアクセスシステム） ……………… 339

15. マントラップ ………………………………………… 339

16. ビデオ監視 ─ カメラの種類と配置 ……………… 339

17. 職務の分離（Separation of duties） ……………… 339

18. ジョブローテーション（Job rotation）……………………………… 340
4-2-3 論理的なセキュリティ対策 ……………………………………………… 341
1. アンチウイルスソフトの導入 ………………………………………… 341
2. パーソナルファイアウォールの導入、役割 ………………………… 341
3. 修正パッチのインストール …………………………………………… 341
4. 端末ロックの設定 ……………………………………………………… 342
5. 遠隔ロック・遠隔消去サービスの利用 ……………………………… 343
6. ワイヤレスアクセスポイントの隠匿 ………………………………… 343
7. 通信機器の認証（MAC アドレスフィルタリング）………………… 343
8. スパム対策（Anti-spam）……………………………………………… 343
9. ポップアップブロッカー（Popup blockers）……………………… 343
10. DMZ ……………………………………………………………………… 343
11. NAC（検疫ネットワーク）…………………………………………… 344
12. ファイアウォール ……………………………………………………… 345
13. プロキシサーバ ………………………………………………………… 346
14. インターネットコンテンツフィルタ ………………………………… 346
15. ハニーポット …………………………………………………………… 347
16. 入力検証（Input validation）……………………………………… 348
17. 侵入テスト ……………………………………………………………… 348
18. 暗号化 …………………………………………………………………… 348

第1章
コンピュータシステムの構成

1-1 コンピュータシステム

1-1-1 ハードウェアとソフトウェア

1. ハードウェア

　現在のコンピュータは、使用している OS（オペレーティングシステム）によって、次のいくつかの種類に分けられています。

①PC/AT 互換機

　IBM PC/AT は発売当初よりアーキテクチャをオープンにし、そのため数々の他メーカが IBM PC/AT と互換性のあるコンピュータ（PC/AT 互換機）や周辺製品を開発してきました。そして、現在では PC の標準ともいえるほどにその地位を不動のものにしています。

　また、IBM PC/AT の発売と共に MS-DOS を発売した Microsoft 社は、その後 Windows を発表しました。Windows は PC/AT 互換機と共に進化をとげ、いまでは PC/AT 互換機=Windows マシンといわれるまでになりました。

　かつて日本では、PC/AT 互換機で日本語が使えるようにするため[DOS/V]という OS が作られました。そのため、PC/AT 互換機のことを[DOS/V マシン]と呼ぶこともあります。

　現在 PC/AT 互換機で動作する OS は DOS/V、Windows、Linux、UNIX 等があります。PC/AT 互換機で使用される CPU は Intel Core や AMD Ryzen 等の CPU（詳細は後述）です。

②Mac（旧 Macintosh）

　アップル社が 1984 年に開発した PC です。グラフィック機能が優れており、出版、デザイン、イラストといった画像関係のアプリケーションを利用する業界で Mac は利用されていました。

　ウィンドウ、アイコン、マウス、ポインタ、といったインタフェース、いわゆる GUI（Graphical User Interface）が当初から搭載されました。

　MacOS X 以降では BSD UNIX ベースの新しい OS となり、UNIX の特徴であるプリエンティブマルチタスク、Aqua と呼ばれるユーザインタフェース、独自のヒラギノフォント等を搭載しています。最近では iTunes 等のアプリケーションを標準で搭載し、簡単に画像や動画の編集や、楽曲の購入、視聴ができるようにしている等、個人ユーザ向けの環境も整っています。

　また、2006 年に CPU が PowerPC 系の CPU から PC/AT 互換機と同じ Intel の x86 系の CPU に変更されました。CPU の変更に伴い追加された BootCamp 機能により、Windows もインストールできるようになりました。

更に、2020 年後期に発売された一部のモデルから、CPU が Apple シリコンに移行されています。

Mac にはノート型 PC として MacBook Air、MacBook Pro、デスクトップ PC として MacPro、iMac、MacMini 等があります。Mac で動作する OS は MacOS です。Mac で使用される CPU は、M1、Intel Core、Xeon です。

③PC サーバ

PC サーバとは、一般的に、PC/AT 互換機と共通の仕様のサーバです。PC/AT 互換機と共通の部品を使うことで、比較的高性能でありながらも安価にサーバを構築することができます。PC サーバで動作する OS には Windows Server、UNIX、Linux、BSD 等があります。

PC サーバ

2. コンピュータの 5 大要素

コンピュータには、入力、出力、記憶、演算、制御の 5 つの機能があります。

①コンピュータの構成要素

コンピュータシステムは、ハードウェアとソフトウェアから構成されています。ハードウェアは、コンピュータ、周辺装置といった物理的な装置のことを指し、ソフトウェアはプログラムや、コンピュータシステムを利用するための技法・機能のことを指します。

②コンピュータの 5 大機能

コンピュータを構成するハードウェアには次の 5 つの機能があり、これらを実現するために基本的な 5 つの種類の装置があります
　・入力　　　・出力　　　・記憶　　　・演算　　　・制御

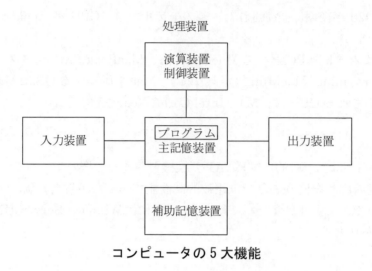

処理装置

演算装置
制御装置

入力装置

プログラム
主記憶装置

出力装置

補助記憶装置

コンピュータの 5 大機能

③入力装置

プログラムやデータをコンピュータに入力する装置のことです。

対話形式で入力する装置	キーボード、マウス、ディジタイザ、音声入力装置等
シート形式で入力する装置	イメージスキャナ、光学式文字読取装置（OCR）、光学式マーク読取装置（OMR）等
その他	バーコード読取装置、ディジタルカメラ、IC カード読取装置、磁気カード読取装置等

代表的な入力装置

④出力装置

コンピュータで処理した結果を外部に出力する装置のことです。ディスプレイやプリンタ、プロッタ等があります。

分類	種類	特徴
ディスプレイ	液晶ディスプレイ	液晶、軽く消費電力も小さい
	有機 EL ディスプレイ	電圧により自ら発光する有機化合物を利用
プリンタ	インパクトプリンタ	ピンがインクリボンをたたいて印刷
	インクジェットプリンタ	インクを紙に吹き付けて印刷
	レーザプリンタ	コピー機と同様の方法で印刷
プロッタ	XY プロッタ	図面データを出力、CAD で利用
プロジェクタ	液晶プロジェクタ	液晶パネル上のデータをスクリーンに投影

代表的な出力装置

⑤記憶装置

データやプログラムを記憶しておく装置のことです。

主記憶装置	コンピュータの内部にあって、制御装置や演算装置と直接つながり、実行するプログラムや必要なデータを記憶しておく（SRAM、DRAM）。
補助記憶装置	コンピュータの外部にあって、プログラムやデータを保存しておく（ハードディスク、SSD、DVD、USBメモリ等）。

記憶装置

主記憶装置は記憶容量に限界があること、また、電源を切るとデータが消えてしまうこと等から、通常ほとんどのデータ、プログラムは補助記憶装置を用いて保存します。実際にデータを記憶するメディアのことを媒体といいます。
- 補助記憶装置はハードディスク装置、光ディスク装置等
- 媒体はハードディスク（HD)、SSD、CD-ROM、DVD-ROM等

⑥演算装置

処理に必要な計算や判断を行う装置です。

⑦制御装置

主記憶装置に読み込まれたプログラムの命令に従って、他の装置に対する動作の指示や、制御を行う装置です。

3. ソフトウェア

コンピュータを動かすための命令をコンピュータが理解できる形式で記述したものをソフトウェアと呼びます。

4. ソフトウェアの分類

ソフトウェアは、システムソフトウェアとアプリケーションに大別できます。

①システムソフトウェア

システムソフトウェアは、PCに基本的な機能を働かせるために必要なソフトウェアです。

オペレーティングシステムと呼ばれるソフトウェア群と、オペレーティングシステムの機能を利用して、多様な利用分野で共通するより高いレベルの基本機能を提供するミドルウェアと呼ばれるソフトウェア群から構成されています。

②アプリケーション

　アプリケーションは、利用目的に対応したソフトウェアで、業務や業種に限定したものからコンピュータ利用者に共通的に使用されるものまで、広範囲に渡ります。

5. ソフトウェアとハードウェアの連携
　ソフトウェアはハードウェアの上に階層構造を作りコンピュータを動かしています。

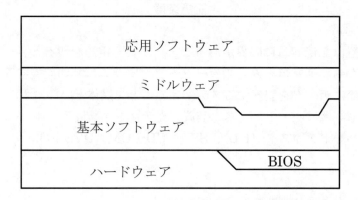

ソフトウェアとハードウェアの連携

　BIOS（Basic Input/Output System）は、コンピュータに接続された周辺装置を制御するためのプログラム群です。今日では、BIOS に代わって UEFI（Unified Extensible Firmware Interface）を採用するものがほとんどです。

1-1-2　コンピュータシステム上のデータ表現

　自然界に存在する音、光、熱等の全ての物理現象は、連続的な値を取るアナログデータです。一方、コンピュータ内部で扱われる全ての情報は、0と1から構成される2進数で表現されたディジタルデータです。

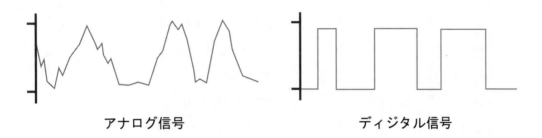

アナログ信号　　　　　　　　　　　ディジタル信号

　したがって、アナログデータに対して、コンピュータによって何らかの処理を施す場合には、アナログデータからディジタルデータへの変換が必要となり、これをA/D変換といいます。また、コンピュータが処理したディジタルデータを、ディスプレイを光らせる、用紙に印刷する等の形で、アナログデータとして提供する際には、ディジタルデータからアナログデータへの変換が必要となり、これをD/A変換といいます。

　アナログデータとディジタルデータの主な特徴は、次のとおりです。

	アナログ	ディジタル
例	空気中の人間の声、アナログ電子デバイス	コンピュータ、CD、DVD、その他のディジタル電子機器
信号	物理的測定値を表す連続信号	離散時間信号
技術	波形をそのまま記録	アナログ波形を限られた数にサンプリングして記録
ノイズに対する耐性	送信時及び書込み/読出し時にノイズの影響を受けやすい	伝送中及び書込み／読出しサイクル中の劣化がなく、ノイズ影響を受けにくい

アナログとディジタル

1. 補助単位

　記憶容量のように非常に大きい数値を表現するときや、処理速度のように非常に小さい数値を表現するときには10の3乗、もしくは2の10乗ずつをまとめてK(キロ)のように表現することがあります。このKを補助単位といい、その他、次のような補助単位がよく用いられます。

補助単位	値	
	10の累乗で表す場合	2の累乗で表す場合
p（ピコ）	10^{-12}	$2^{-40}＝1／1,099,511,627,776$
n（ナノ）	10^{-9}	$2^{-30}＝1／1,073,741,824$
μ（マイクロ）	10^{-6}	$2^{-20}＝1／1,048,576$
m（ミリ）	10^{-3}	$2^{-10}＝1／1,024$
K（キロ）	10^{3}	$2^{10}＝1,024$
M（メガ）	10^{6}	$2^{20}＝1,048,576$
G（ギガ）	10^{9}	$2^{30}＝1,073,741,824$
T（テラ）	10^{12}	$2^{40}＝1,099,511,627,776$
P（ペタ）	10^{15}	$2^{50}＝1,125,899,906,842,624$
E（エクサ）	10^{18}	$2^{60}＝1,152,921,504,606,846,976$

補助単位

2. インタフェース速度

　インタフェース速度（転送速度）は、1秒に転送可能な情報量を表し、単位に bps（bits per second：bit／秒）を用います。コンピュータ内部のデータ転送速度や、通信回線の速度を表す場合に用いられています。bps の前に補助単位を付けて「Mbps」、「Gbps」と用いることが一般的です。

　　（例）USB 3.0 の伝送速度…6Gbps
　　　　　光回線の通信速度…100Mbps～2Gbps

3. 処理速度

　プロセッサの性能を表す処理速度は、バス数とクロック周波数で表わされます。バスは、プロセッサの内部や、プロセッサと主記憶装置、周辺装置との間でデータをやりとりするための信号路で、バスの幅が大きいほど高速にデータを送受信できます。通常、一度にやり取りする bit 数を用いて、バス幅 16bit、あるいは 16bit バス等と表現します。

　クロック周波数は、コンピュータの動作の基準となる信号（クロックパルス）の1秒間に生成される回数のことで、単位には Hz（ヘルツ）を用います。

　現在のプロセッサは数 GHz（ギガヘルツ）のものがほとんどですが、例えば、「クロック周波数1GHz」という場合には、1秒間に10億周期の信号でプロセッサが動作していることを表します。

1-2　ハードウェア

1-2-1　アーキテクチャ

　アーキテクチャの本来の意味は「建築物」「建築様式」等を意味する言葉ですが、コンピュータの世界ではコンピュータアーキテクチャとして「構造」「構成」といった意味で用いられています。コンピュータを構成するにあたり、ある程度標準的な仕様を定めておくことにより、製造メーカがその仕様に合せてコンピュータを開発できるようになり、利用者側にとっても使用用途に応じて交換・アップグレードが可能になる等自由度が高まります。ここでは、コンピュータアーキテクチャを構成するのに必要なハードウェアを学習します。なお、それぞれのハードウェアにもコンピュータを動作させるためのアーキテクチャが存在しています。

1-2-2　CPU

1. CPU の構造

　CPU（Central Processing Unit）は、PC の心臓部です。メモリから受け取った命令やデータの処理、各入出力機器の制御等を行います。

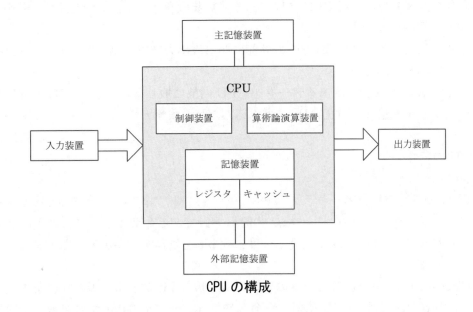

CPU の構成

①算術論理演算装置（ALU：Arithmetic and Logic Unit）

　算術論理演算を実行するために使用されるディジタル回路です。ALU は、レジスタからデータを取り込み、データを処理して結果をレジスタにコピーし、次のデータ処理に移ります。CPU の処理の大部分は、入力レジスタからロードされたデータに対する、ALU が実行する処理です

②レジスタ

処理の前後にデータを保持する CPU 内部のメモリ回路です。制御装置は、レジスタに格納されたデータに対してどのような演算を実行するかを ALU に伝え、ALU はその処理結果を出力レジスタに格納します。制御装置は、これらのレジスタ間でのデータ移動を行います。

③浮動小数点ユニット（FPU : Floating Point Unit）

IEEE 浮動小数点標準に基づく実数を使用する計算を行うための回路です。

④キャッシュ

高速な CPU と低速な RAM でのデータのやり取りにおいて、速度の低下を抑える働きをするメモリで、SRAM と呼ばれる高速なメモリが使用されます。キャッシュには、頻繁に使用されるデータを主記憶装置からコピーして格納します。

2. CPU の役割

CPU は、プログラムによって指示された演算や周辺機器の制御を高速に処理します。主な役割は、以下のとおりです。
・主記憶装置から命令（プログラム）を読み取り、その命令を解読して実行します。
・命令が演算命令ならば CPU 内部にある演算装置を使って計算をします。大小の比較も演算の一種です。
・命令が入出力命令ならば CPU の外部にある入出力装置に働きかけて、データの入力や出力を行わせます。
・主記憶装置（RAM）にあるデータを CPU 内部に取り込んだり、CPU 内部にあるデータを主記憶装置（RAM）に書き込んだりします。

3. CPU の特性

①bit 幅とアーキテクチャ

CPU の設計方針をアーキテクチャといい、ハードウェアの設計方針であるマイクロアーキテクチャと、ソフトウェアの設計方針である命令セットアーキテクチャに分けられます。どちらにおいても、一度に何 bit を処理するかがアーキテクチャの基本になります。

CPU が内部演算装置等で一度の処理で取り扱う bit 数を bit 幅と呼びます。例えば、64bitCPU では、CPU に対する命令や処理データを 64bit ずつ処理していきます。したがって、一般に、bit 数が大きいほど処理速度が速くなります。現在、PC 向けの CPU はほとんどが 64bitCPU です。

②クロック周波数と CPU の処理速度

　CPU は、クロック周波数でタイミングを取りながら命令を実行していきます。このクロック周波数が大きいほど処理速度も速くなります。例えば、Core i7-11700K 3.6GHz という書き方がしてある場合、クロック周波数が 3.6GHz という意味です。

　しかし、現在の CPU は後述するマルチコアやハイパースレッディング等の並列処理を行っており、並列処理の数や、並列処理を効率よく実行するための仕組みによって CPU の実行速度は大きく異なるため、単純にクロック周波数が CPU の処理速度の指標とはなりません。

　実際の処理速度は、特定の処理を実行させその処理時間を計測しなければ分かりません。この計測をベンチマークといい、PassMark、CINEBENCH 等のベンチマークソフトが有名です。

③シングルコア、マルチコア

　マルチタスクに対応した OS で複数の処理を同時に行うことが増えてきたこと、CPU クロック周波数を上げて性能を向上させる方法が消費電力と発熱の増加により限界になってきたことから、1 つの CPU に複数の CPU コア（実際に演算を行う部分）を内蔵するマルチコア CPU が開発されました。現在は 1 つの CPU に 2 つのコアを内蔵するデュアルコア、4 つのコアを内蔵するクアッドコア、6 つのコアを内蔵するヘキサコア、8 つのコアを内蔵するオクタコア等の CPU があります。

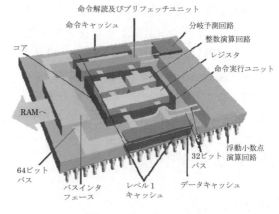

CPU の内部構造（例）

命令解読及びプリフェッチユニット
命令キャッシュ
分岐予測回路
整数演算回路
レジスタ
命令実行ユニット
コア
RAMへ
64ビットバス
バスインタフェース
レベル1キャッシュ
データキャッシュ
32ビットバス
浮動小数点演算回路

　CPU のマルチコア化によって、マルチコア対応のアプリケーションでは処理速度が向上し、またマルチコアに対応していないアプリケーションでも複数のアプリケーションを同時に利用する場合等は、シングルコアに比べて処理速度の低下が少ない等のメリットがあります。

④ハイパースレッディング（Hyper-Threading）

　CPU 内部処理の空き時間を有効利用して、1 つのプロセッサコアをあたかも 2 つのプロセッサコアのように見せかける技術です。この機能により、1 つのスレッド（CPU 利用の単位）を処理する間に、CPU の内部構成要素（レジスタやパイプライン回路）に発生する空き時間を有効に利用し、別のスレッドの処理を進めることができます。

OS 側からは仮想的に 2 つのプロセッサが存在することになり、シングルプロセッサをデュアルプロセッサのように扱うことができます。

Intel 社では 2001 年に商品化され、現在は多くの CPU 製品で採用されています。例えば、Core i7-3770 3.40GHz（4 コア／8 スレッド）という書き方がされていれば、4 つのコアそれぞれでハイパースレッディング処理を実施し、合計 8 スレッドが並列処理できるという意味です。

⑤CPU キャッシュ（L1 キャッシュ、L2 キャッシュ、L3 キャッシュ）

アプリケーションが起動すると、データと命令は、読み込み速度の遅いハードディスクから素早く読み込める主記憶装置（DRAM : Dynamic RAM）に移されます。

CPU は主記憶装置と頻繁にアクセスを繰り返し、命令を実行していきますが、CPU の処理速度に比べ主記憶装置のアクセス速度は十分速いとはいえません。

そこで、CPU と主記憶装置とのアクセス時間のギャップを埋めるため、高速なメモリ（SRAM : Static RAM）を間に入れ、処理の高速化を図っています。この高速メモリのことをキャッシュメモリといいます。

初期の CPU は、16KB 程度の容量のキャッシュメモリを内蔵し、これとは別に 128〜512KB 程度の容量のキャッシュメモリをマザーボード上に搭載しており、それぞれ L1 キャッシュ、L2 キャッシュと呼ばれていました。

今日の CPU では、L1 キャッシュ、L2 キャッシュとも CPU に内蔵され、さらに数 MB 程度の L3 キャッシュも内蔵するのが一般的であり、多くの CPU 商品は、その仕様として L3 キャッシュの容量を表示しています。例えば、Core i7-4960HQ（6M Cache, 3.70GHz, 4 コア, 8 スレッド）の「6M Cache」は、L3 キャッシュの容量を表しています。L1 キャッシュと L2 キャッシュは、コア毎にそれぞれ 32K、256K が搭載されています。

⑥仮想化支援

Hyper-V や VMware 等の仮想化ソフトウェアを効率よく処理するための機能を仮想化支援機能といいます。Intel では Intel VT（Intel Virtualization Technology）、AMD では AMD-V（AMD Virtualization）と呼ばれています。最近では廉価版の CPU も含めほとんどの製品が対応しています。

⑦内蔵 GPU

GPU は 2D 及び 3D の画像処理を専門に行うプロセッサで、GPU の性能は特に 3D の画像処理速度に大きく影響します。3D 描画性能は、従来、3D/CAD 設計業務やゲームソフト等の特殊な分野における需要でしたが、Windows Vista が Aero インタフェースを採用して以降、一般の PC ユーザにも重要な要素になりました。

GPU は、従来マザーボード又はビデオカードに搭載されていましたが、2010 年頃から CPU に GPU を内蔵した製品が流通しました。CPU に内蔵することで、L2

キャッシュの利用やメモリアクセスの改善等のメリットが生まれます。Intel 社の CPU に内蔵されている「HD Graphics」等があります。

4. CPU のソケットタイプ

CPU によってマザーボードに取り付ける ソケットのタイプが異なります。取り付けは、 ソケット式のものとスロット式のものがあり ますが、今日ではそのほとんどがソケット式 です。

ソケット自体にもさまざまな種類があり、 ソケットごとに対応する CPU が異なります。

CPU ソケット

5.　CPU の冷却

CPU の高速化に伴い、消費電力も増加していきま した。それにより CPU の発熱も増え、当初はヒート シンク（放熱板）だけで十分だった冷却は、大型のヒ ートシンクとファンなど、冷却性能のより高いもの で行う必要があります。

CPU 付属の CPU ファン（例）

1-2-3　メモリ

メモリは、プログラムやデータを記憶する装置です。大きく分けて ROM と RAM が あります。ROM は読み出し専用ですが、RAM は読み書き自由なため、主記憶装置や キャッシュメモリに使われます。

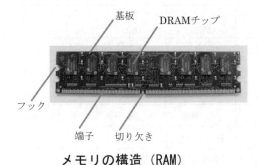

基板　　DRAMチップ

フック

端子　切り欠き

メモリの構造（RAM）

1. RAM の種類

RAM は、内部構造の違いにより、SRAM（Static Random Access Memory）と DRAM （Dynamic Random Access Memory）に大別されます。

SRAM は高速アクセスに適しており、スーパーコンピュータの主記憶装置や PC の
キャッシュメモリ等に用いられています。

DRAM は、SRAM に比べて構造が簡単でコストが安い反面、時間経過とともに記憶
内容が消えてしまいます。そのため、一定時間ごとにリフレッシュという電流を流し
て、記憶内容が消えないようにする必要があり、その分、速度が遅くなります。

DRAM は PC の主記憶装置として用いられ、さらにいくつか種類があります。

2. メモリチップ

メモリチップとは、メモリ上に実装されている IC チップです。通常、1 枚のメモリ
には、複数のメモリチップが実装されメモリモジュールを構成しています。

例えば、256MB のメモリでは 128Mbit のメモリチップが両面に 16 個実装されている
ものと、256Mbit のメモリチップが片面に 8 個実装されているものがあります。DIMM
では片面に実装されるメモリの個数は 8 の整数倍となっているため、1 枚のメモリモ
ジュール上に搭載されるメモリチップの個数は 8 個（片面）、又は 16 個（両面）、32 個
（両面）になります。

3. メモリモジュールの規格

メモリモジュールの規格には SIMM（Single Inline Memory Module）、DIMM（Dual
Inline Memory Module）、RIMM（Rambus Inline Memory Module）等の種類があり
ますが、現在市販されているメモリのほとんどは DIMM です。

DIMM は、システムクロックに同期して動作する SDRAM（Synchronous DRAM）
を基板上に複数個配置したものです。現在では、DIMM を拡張した DDR2～DDR4 が
広く使われており、より高速に動作する DDR5、DDR6 の SDRAM も一部で利用され
ています。

DIMM	メモリクロック (MHz)	バスクロック (MHz)	プリフェッチ (bit)	データ転送速度* (MT/s)	転送速度 (GB/s)	電圧 (V)
SDRAM	100-166	100-166	1	100-166	0.8-1.3	3.30
DDR	133-200	133-200	2	266-400	2.1-3.2	2.5/2.6
DDR2	133-200	266-400	4	533-800	4.2-6.4	1.80
DDR3	133-200	533-800	8	1066-1600	8.5-14.9	1.35/1.5
DDR4	133-200	1066-1600	8	2133-3200	17-21.3	1.20

*データ転送の単位には、MT/s（Mega Transfer per second）、または Mbps（Mega bits per
second）が使われます。

①SDR-SDRAM（Single Data Rate SDRAM）

　SDR-SDRAM は 168 ピンの基板上に SDRAM を複数個配置したもので、メモリ基盤とメモリソケットの接点が 2 つです。PentiumII や PentiumIII の時代に主に使われていたメモリで、動作クロックが 66MHz の PC66、100MHz の PC100、133MHz の PC133 の 3 種類が一般的です。

　DDR-SDRAM の登場後、SDRAM が DDR SDRAM を含む SDRAM 規格全体を表すようになったため、DDR(Double Data Rate)と対をなすように SDR（Single Data Rate）をつけるようになりました。

②DDR-SDRAM　（Double Data Rate SDRAM）

　SDR-SDRAM がベースとなっていますが、クロックの立ち上がり、立ち下がりの両方のタイミングで動作するため、供給クロックの 2 倍の速度で動作可能です。DDR-SDRAM のメモリにはチップとモジュールの 2 つの規格が存在し、チップはメモリの周波数、モジュールはメモリの転送速度を表しています。

チップの規格	モジュールの規格	メモリクロック（MHz）	バスクロック（MHz）	転送速度（GB/秒）	ピン数
DDR200	PC1600	200	100	1.600	184 ピン
DDR266	PC2100	266	133	2.133	
DDR333	PC2700	333	167	2.667	
DDR400	PC3200	400	200	3.200	

DDR-SDRAM の規格

③DDR2-SDRAM（Double Data Rate2 SDRAM）

　DDR2-SDRAM は、プリフェッチといわれるデータ先読み動作が高速化されています。

　DDR-SDRAM では 1 クロック当たり 2bit 分のデータアクセスだったのに対し、DDR2-SDRAM では 4bit に拡張し、理論上は、同一クロックの DDR-SDRAM の 2 倍のデータ転送速度になるよう内部構造を変更したものです。また、動作電圧が DDR-SDRAM の 2.5V/2.6V から 1.8V 動作となっているため、消費電力が少なくなり、それにともなって発熱も少なくなっています。DDR-SDRAM との互換性はありません。

　DDR2- SDRAM のメモリにはチップとモジュールの 2 つの規格が存在し、チップはメモリの周波数、モジュールはメモリの転送速度を表しています。

チップの規格	モジュールの規格	メモリクロック (MHz)	バスクロック (MHz)	転送速度 (GB/秒)	ピン数
DDR2-400	PC2-3200	100	200	3.200	
DDR2-533	PC2-4200	133	266	4.267	240 ピン
DDR2-667	PC2-5300	166	333	5.333	
DDR2-800	PC2-6400	200	400	6.400	

DDR2−SDRAM の規格

④DDR3-SDRAM（Double Data Rate3 SDRAM）

　DDR3-SDRAM は DDR2-SDRAM では 4bit だったプリフェッチ機能が 8bit に拡張され、理論上は、同一クロックの DDR2-SDRAM の 2 倍のデータ転送速度になるよう内部構造を変更したものです。また、動作電圧が DDR2-SDRAM の 1.8V から 1.5V 動作となっているため、さらに消費電力、発熱ともに少なくなっています。

　チップとモジュールの 2 つの規格が存在し、チップはメモリの周波数、モジュールはメモリの転送速度を表しています。

チップの規格	モジュールの規格	メモリクロック (Mhz)	バスクロック (Mhz)	伝送速度 (GB/秒)	ピン数
DDR3-800	PC3-6400	100	400	6.400	
DDR3-1066	PC3-8500	133	533	8.533	240 ピン
DDR3-1333	PC3-10600	166	667	10.667	
DDR3-1600	PC3-12800	200	800	12.800	

DDR3 −SDRAM の規格

⑤DDR4-SDRAM（Double Data Rate4 SDRAM）

　DDR4-SDRAM は DDR3-SDRAM と同様の 8bit プリフェッチ機能をもちます。さらに、DDR3-SDRAM では 8 個であったメモリバンクを 16 個とし、4 個のメモリバンクを 1 個のバンクグループにまとめ、異なるバンクグループに連続してアクセスすることで、データ転送速度の最大値を DDR3 の 2 倍に高めました。

　DDR3-SDRAM と同じく、チップとモジュールの 2 つの規格が存在し、チップはメモリの周波数、モジュールはメモリの転送速度を表しています。

チップの規格	モジュールの規格	メモリクロック (MHz)	バスクロック (MHz)	転送速度 (GB/秒)	ピン数
DDR4-1600	PC4-12800	100	800	12.8	
DDR4-1866	PC4-14900	116	933	14.8	
DDR4-2133	PC4-17000	133	1066	17.0	
DDR4-2400	PC4-19200	150	1200	19.2	288 ピン
DDR4-2666	PC4-21333	166	1333	21.3	
DDR4-3200	PC4-25600	200	1600	25.6	
DDR4-4266	PC4-34100	266	2133	34.1	

DDR4-SDRAM の規格

⑥SODIMM（Small Online DIMM）と MicroDIMM

　SODIMM はノート PC 用に開発された小型サイズのメモリモジュール規格です。DDR3-SDRAM-SODIMM、DDR2-SDRAM-SODIMM 等の製品が販売されています。MicroDIMM は SODIMM をさらに小型化したメモリモジュールです。

4. メモリの速度と互換性

　DDR-SDRAM、DDR2-SDRAM、DDR3-SDRAM 等のメモリの種類には互換性がありません。DDR、DDR2、DDR3 を比較すると、モジュールの切り欠き位置が異なるため、例えば、DDR2 対応のマザーボードに DDR3 や DDR4 を装着することはできません。同じ規格の速度が異なるモジュールは、遅い方の速度で動作します。

　例えば、DDR2-800(PC2-6400)対応のマザーボードに DDR2-667(PC2-5300)のメモリモジュールを装着すると 5.33GB/秒で動作します。

5. 仮想メモリ

　一般的に入手可能なメモリモジュールの最大容量は 16GB 程度であり、また、マザーボード上のメモリスロットは多くても 4 つ程度ですので、メモリモジュールのみで大容量を実現するのは現実的ではありません。

　仮想メモリは、ハードウェア及びソフトウェアを使用して、RAM からハードディスクにデータを一時的に転送することによって、コンピュータが物理メモリの不足を補うことを可能にする OS のメモリ管理機能です。

　仮想メモリを使用するシステムは、大きなプログラムや複数のプログラムを同時に実行して、あたかも無限のメモリをもつように動作し、RAM を増やすことなく動作させることができます。この場合、プログラムはハードディスク装置に分割して格納しておき、実行に必要な部分だけを主記憶装置に読み込んで実行します。これをスワッピングといいます。

仮想メモリを使用するシステムにおいては、実際のRAMを実記憶、仮想メモリとして扱われるハードディスク装置の領域を仮想記憶と呼びます。

　なお、プログラムは仮想メモリ上に読み込まれるので、プログラムを実行するために、仮想アドレス（仮想メモリ上の論理アドレス）を実アドレス（RAM上の物理アドレス）に変換する必要があります。

1-2-4　内蔵ドライブ

1. 記憶媒体とドライブ

　テレビ放送がディジタルハイビジョンになったように、コンテンツは高精度化し、そのデータは大容量化しています。その要求に応えるように、記憶媒体も大容量化、高速化しています。

2. 光学式メディア
　（ⅰ）CD-ROM

　　　CD-ROM（Compact Drive ROM）は、セクタ長は一定で、連続したトラックにピットと呼ばれる突起が並んでおり、そのピットの並び方によってデータを記録します。

ディスクサイズ（直径）	最大容量
8cm	210MB
12cm	700MB

CD-ROM のディスクサイズと最大容量

　　　データを追加して書き込める CD-R、データの書き換えが可能な CD-RW があります。CD-R のデータ書き込み、読み取り速度は、一般に、N 倍速で表現されます。CD の内側と外側とでは転送速度が均一ではない（回転速度が同じなら、外周の方が転送速度は速くなります）ため、通常、[平均 N 倍速]、[最大 N 倍速]といった表現をします。

　（ⅱ）DVD

　　　CD と同じ光ディスクメディアで、物理的な形状も CD と同じです。OS 等のソフトウェアの配布や、映画等映像作品の配布に利用されます。

　　　読み出し専用の DVD-ROM、一度だけ書き込める（削除は不可能）DVD-R、DVD+R、書き換えや削除が可能な DVD-RW、DVD+RW、DVD-RAM があります。また、DVD-RW と DVD+RW には、記録面を 2 層構造にすることで記録容量を 2 倍にした DVD-RW DL と DVD+RW DL があります。

　　　これら各メディアには互換性がありませんので、それぞれに対応するドライブが必要ですが、全てのメディアに対応するドライブもあります。また、DVD だけでなく、CD-R／RW メディアの読み込み／書き込みができるものもあります。このような、2 種類以上の光学メディアに対応するドライブはコンボドライブと呼ばれ、一般的には CD-R／RW メディアの読み込み／書き込み、DVD-ROM の読み出しが可能な製品を指します。

種別	最大容量
DVD-R、DVD+R、DVD-RW、DVD+RW	4.7GB
DVD-R DL（片面2層）、DVD+R DL（片面2層）	8.5GB
DVD-RAM	4.7GB（片面） 9.4GB（両面）

DVD の種別と最大容量

（iii）Blu-ray Disc（ブルーレイディスク）と BDXL

　　DVD の後継として開発された大容量光ディスクの規格の1つです。BD と表記する場合もあります。CD や DVD と同じ直径 12cm の光ディスクをカートリッジに収納した形状です。DVD とは互換性がありません。

　　読み出し専用の BD-ROM、データの追記が可能（削除は不可能）な BD-R、書き換えや削除が可能な BD-RE があります。

　　両面に記録することも技術的には可能ですが、ディスクをひっくり返す手間が必要なため、片面に多重化することで大容量化が進められています。

記録方式	最大容量
片面1層記録	25GB
片面2層記録	50GB
片面3層記録	100GB
片面4層記録	128GB

Blu-ray Disc の記録方式と最大容量

　　ディスクには、あらかじめユニークな ID が書き込まれていて、これを使って著作権保護機能も実現できます。

3. ハードディスクドライブ

　ハードディスクは、OS やソフトウェア、ファイルを格納しておく保管場所です。メモリは電源を切るとデータが消えてしまいますが、ハードディスクは電源を切ってもデータは残ります。

4. ハードディスクの構成

　ハードディスクの外観は下図のようになっています。ハードディスクは、回転機構をもった精密機械部品であるため、衝撃に弱いという特性があります。
　また密閉されており、分解すると利用できなくなりますので、扱いには十分注意する必要があります。

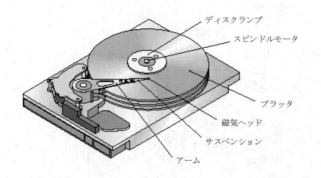

ディスクランプ
スピンドルモータ
プラッタ
磁気ヘッド
サスペンション
アーム

ハードディスクドライブの構造

5. プラッタ

　アルミニウムやガラス等の材質に磁性体を塗った円盤のことをプラッタといいます。このプラッタに磁気でデータを記録しています。

　一般的なハードディスクには1～4枚のプラッタが入っており、裏表両面にデータが記録できます。データを読み書きする部品のことを磁気ヘッドといいます。

6. シリンダ

　プラッタは常に高速回転しており、プラッタごとの同じ位置にあるトラックと呼ばれる複数の同一円周上に、アクセスアームの先についた磁気ヘッドによってデータが、記録されていきます。アクセスアームをあるトラックに位置付けたとき、各プラッタのトラックによって形作られる仮想的な円筒をシリンダといいます。

7. セクタ

　ハードディスクへのデータ記録の最小単位です。

8. クラスタ

　セクタをいくつかまとめたものをクラスタといいます。セクタがディスクの物理的な使用単位であるのに対し、クラスタはディスクの論理的な使用単位です。OS側からはクラスタ単位でデータの入出力を行います。

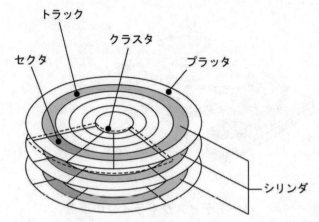

シリンダ、プラッタ、トラック、クラスタ、セクタの関係

9. ハードディスクの性能
　①回転数
　　ハードディスクの回転数は、プラッタが 1 分間に何回転するかで表されます。回転数が速ければ読み書き速度が向上しますが、発熱量が大きくなり、故障する確率が高くなります。

　　回転数の単位は rpm（Revolutions Per Minute）で表します。3.5 インチハードディスクの場合、5,400 回転、7,200 回転、10,000 回転のものが一般的ですが、15,000 回転の高速なものもあります。2.5 インチハードディスクの場合、4,200 回転、5,400 回転、7,200 回転のものが一般的です。

　②転送速度
　　転送速度はインタフェースの仕様で決定されます。しかし、実際の読み書き速度は回転数、プラッタ容量、ヘッドの移動速度（シーク速度）等に依存します。

　③接続方法
　　かつて、PC に内蔵されるハードディスクは PATA ドライブが一般的でしたが、現在では、多くの機種で SATA ハードディスクが使用されています。外付け HDD の場合、PC との接続には光学ドライブと同様に eSATA、USB を用いますが、使用されるのは SATA のディスクです。
　（ⅰ）Parallel ATA（PATA：Parallel Advanced Technology Attachment）
　　　ハードディスクドライブや、光学ドライブ等をコンピュータシステムに接続するための、1980 年代の標準です。その名前が示すように、パラレル信号技術に基づいています。

（ⅱ）Serial ATA（SATA : Serial Advanced Technology Attachment）

現在はほとんどのハードディスクが Serial ATA で接続します。Serial ATA では
1 つのケーブルに 1 台の装置を接続するため、マザーボードには 4～8 個のコネク
タが装備されています。ケーブルの最大長は 1m です。

マザーボード上の SATA コネクタ

SATA ケーブル

10. SSD（ソリッドステートドライブ）

SSD（Solid State Drive）は、データの保存にフ
ラッシュメモリを採用したストレージです。HDD
と同じ接続規格、同じ使い勝手で扱うことができ、
容量も 128GB、256GB、512GB から 1TB 等の製
品が流通しています。ノート PC やタブレット等で
HDD の代わりとして使用されます。HDD と比較
して価格が高いのが欠点ですが、次のようなメリッ
トがあります。

内蔵用 SSD

・高速

機械動作がないため HDD に比べ高速、短時間で PC が起動でき、データ転送が
高速になります。

・無音

モーターやディスクを内蔵しない SSD は"無音"で読み書きが可能です。HDD
のようなモーター音等が発生しません。

・振動・衝撃に強い

回転等の機械動作がないため、振動や衝撃による故障を起こしにくいです。

・省電力

回転等の機械動作がないため、低消費電力です。

①SSD のメモリの種類

SSD で使用されている NAND 型フラッシュメモリの種類は主に 4 つです。

名称	特徴
SLC(Single Level Cell)	・読み書きの速度が高速 ・長寿命（10 万回程度の読み書きが可能） ・高価格
MLC(Multi Level Cell)	・読み書きの速度がやや高速 ・中程度の寿命（5 千〜1 万回程度の読み書きが可能） ・やや高価格
TLC(Triple Level Cell)	・読み書きの速度がやや低速 ・寿命が短い（1 千〜5 千回の読み書きが可能） ・やや低価格
QLC(Quadruple Level Cell)	・読み書きの速度が低速 ・寿命が短い（数百〜千回の読み書きが可能） ・低価格

SSD で使用される NAND 型フラッシュメモリ

②SSD のタイプ

SSD には、2.5 インチ、mSATA、M.2、及び PCI-E 等のタイプ（形状）があります。

（ⅰ）2.5 インチ

最も一般的なタイプです。ドライブ自体は軽量のケースで覆われており、SATA コネクタによって電源供給とデータ転送を行います。

2.5 インチ SSD

（ⅱ）mSATA

mSATA は、SSD のフォームファクタとインタフェースの両方を指します。このタイプの SSD は、回路基板がむき出しになっています。

mSATA SSD

（ⅲ）M.2（NGFF：Next Generation Form Factor）

　形状は mSATA ドライブに似ており、回路基板の状態で使用します。

　SATA と PCI-E の両方のバリエーションがあります。mSATA との最も顕著な違いは、M.2 フォームファクタには幅（12／16／22／30mm）と長さ（16／26／30／38／42／60／80／110mm）のさまざまな組合せがあり、その使用の柔軟性が増すことです。そのため、Ultrabooks やタブレット等のモバイルソリューションで多く使用されます。

M. 2 SSD

　さらに、M.2 は NVMe（Non-Volatile Memory Express）という規格をサポートしており、よりパフォーマンスを向上させることができます。

　シリアル ATA の代表的な規格である AHCI は、回転系の SATA ドライブの読取り性能を最適化するように設計されており、SSD でも使用することは可能ですが、そのためには、OS から SSD が回転系の SATA ドライブに見えるようにするための回路が必要となり、それによるオーバヘッドが発生します。

　NVMe では、PCIe バスを使って OS と SSD とがダイレクトに信号をやり取りすることにより、遅延の少ない、SSD の性能をフルに生かしたデータ転送が行えます。

また、PCI-Express SSD が流通しています。SSD のこの形式は、GB 当たりの価格が最も高価ですが、最高のパフォーマンスを提供します。これらの SSD は、インタフェースとして PCI-E スロットを使用するため、読み書き速度は PCI-E スロットの速度に制限されます。

11. ツール（デフラグ、スキャン）
①デフラグ

　ハードディスクドライブでは、書込みや削除を繰り返し行うと、連続した空き領域が少なくなり、ファイルの配置が不連続になります。このような状態をフラグメンテーションと呼びます。目的のデータが連続した領域に記録されている場合は、ヘッドの移動回数が少ないため効率よく読み書きできますが、不連続な領域にとびとびに記録されている場合は、そのつどヘッドを移動させるため、読み書きの時間がその分多くかかります。

　デフラグは、フラグメンテーションが発生したファイルを連続した状態に再配置します。

②スキャン

　操作中のハードディスクに不良なセクタ等のエラーが存在すると、エラーが発生して、操作ができなくなる可能性があります。

　スキャンは、ハードディスクのエラーをチェックして、エラーがあった場合に修復します。

1-2-5 リムーバブルメディア

1. フラッシュドライブ

USB メモリや SD カード等のフラッシュメモリを利用した記憶装置は、持ち運び可能な記憶媒体として利用されています。

フラッシュメモリの大容量化によって、ノート PC やタブレット端末等ではフラッシュメモリを常時装着して、フラッシュドライブとして利用する場合も増えています。

①コンパクトフラッシュ（CF）

米 SanDisk によって開発されました。

製品の寸法は 42.8mm×36.4mm×3.3mm の TypeI と、5mm の TypeII があります。主に高性能ディジタルカメラに利用されます。一般的に流通している最大容量は512GB です。

コンパクトフラッシュ

②SD カード／miniSD カード／microSD カード

松下電器産業（現パナソニック）、SanDisk、東芝によって共同開発されました。SD は Secure Digital の略です。サイズによって 3 種類の規格があり、主にディジタルカメラ、スマートフォン、タブレット端末等に利用されます。

左から、SD カード、mini SD カード、microSD カード

SD カード

	SD カード	miniSD カード	microSD カード
幅（mm）	24	20	11
長さ（mm）	32	21.5	15
厚さ（mm）	2.1	1.4	1.0

各メディアの寸法

（ⅰ）SDHC カード／SDXC カード

SD カードの容量は 2GB が上限でした。これを最大 32GB に拡大した規格がSDHC（SD High Capacity）です。4GB から 32GB までの製品が流通していま

す。サイズは SD カードと同じで、SDHC カード、miniSDHC カード、microSDHC カードがあります。

　また、SDHC 規格の発表と同時に転送速度の規格が発表されました。Class2、Class4、Class6、Class10 のクラスが定義されています。

　さらに SDXC（SD eXtended Capacity）規格では、仕様上の容量は最大 2TB まで拡大され、主に 64GB〜512GB が流通しています。サイズは、SD カードと同じですが、mini はなく、SDXC カードと microSDXC カードがあります。

	SD	SDHC	SDXC
最大容量	2GB	32GB	2TB
ファイルシステム	FAT16	FAT32	exFAT

SDHC カード／SDXC カード

スピードクラス	Class2	Class4	Class6	Class10
最低保証レート	2MB/sec	4MB/sec	6MB/sec	10MB/sec

転送速度の規格

2. USB メモリ

　USB ポートを用いてデータを転送する補助記憶装置です。データの記録は NAND 型フラッシュメモリを利用します。市場に登場した当初の記憶容量は 16MB、32MB 等でしたが、現在流通している製品は 2GB から 2TB まであります。

　USB には、USB Mass Storage Class という補助記憶装置を接続する仕様があり、このクラスに対応した機器と OS であれば、接続するだけで直ちに利用可能となります。

USB メモリ

代表的な記録媒体の仕様と容量は、次のとおりです。

記憶メディア	仕様等	容量
CD	8cm	300MB
	12cm	700MB
DVD	片面1層	4.7GB
	片面2層	8.5GB
Blu-ray	片面1層	25GB
	片面2層	50GB
	片面3層	100GB
	片面4層	128GB
コンパクトフラッシュ	—	最大512GB
SDカード	SD	最大2GB
	SDHC	最大32GB
	SDXC	最大2TB
USBメモリ	—	最大2TB

主要記憶媒体一覧

なお、PCで使用されることは通常はありませんが、サーバにおいてデータのバックアップなどに用いられる磁気テープには、次のような種類があります。

記憶メディア	仕様等	容量
磁気テープ	DDS	最大160GB
	QIT	最大50GB
	DTL	最大800GB

磁気テープの仕様と容量

1-2-6　内蔵インタフェース

1. マザーボード

　マザーボードは、さまざまな電子部品を搭載した基板です。さらに、多数のコネクタを搭載しており、それらのコネクタにCPU、ハードディスク、メモリ、ビデオカード、電源、光学ドライブ等を直接、又はケーブルを通じて接続します。

　PCの進化とともにさまざまな規格が作られ、マザーボードやそれに接続するデバイスは、その時点の最新の規格に則って製造されることが一般的であるため、マザーボードが対応している規格と、それに取り付けたいパーツの規格とが合致していなければなりません。

①マザーボードの規格とサイズ

　マザーボードのサイズやコネクタの配列等は規格化されており、フォームファクタと呼ばれます。

（i）ATX

　Intel社が1996年2月に発表した規格です。ATX仕様では、CPUソケット、スロットの位置、コネクタ類の配線等が統一されています。サイズによっていくつか種類があります。

規格	サイズ
ATX	12インチ×9.6インチ(305mm×244mm)
MicroATX	9.6インチ×9.6インチ(244mm×244mm)
FlexATX	9.6インチ×7.5インチ(244mm×191mm)
ExtendedATX	12インチ×13インチ(305mm×330mm)
XL ATX	325mm×244mm

ATX規格の基板サイズ

　マザーボード上には各スロットが取り付けられています。基本として、

・CPUソケット／スロット
・メモリソケット
・拡張バススロット
・SATAコネクタ（SerialATAコネクタ）
・チップセット
・電源コネクタ
・ジャンパー、DIPスイッチ

等があります。

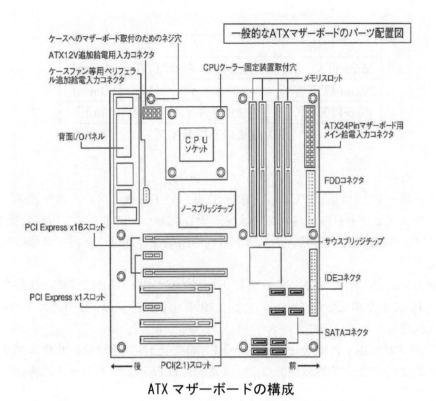

一般的なATXマザーボードのパーツ配置図

ケースへのマザーボード取付のためのネジ穴
ATX12V追加給電用入力コネクタ
ケースファン等用ペリフェラル追加給電入力コネクタ
CPUクーラー固定装置取付穴
メモリスロット
背面I/Oパネル
CPUソケット
ノースブリッジチップ
ATX24Pinマザーボード用メイン給電入力コネクタ
FDDコネクタ
PCI Express x16スロット
サウスブリッジチップ
IDEコネクタ
PCI Express x1スロット
SATAコネクタ
← 後
PCI(2.1)スロット
前 →

ATX マザーボードの構成

　上図には、FDD（フロッピーディスクドライブ）と IDE（PATA ハードディスクドライブ）コネクタが含まれていますが、これらは 2005 年頃から実装されなくなりました。

　また、上図左上の背面 I/O パネルには、ディスプレイやキーボード、マウスを始めとする各種周辺装置用のケーブルを接続するためのポートが集められており、マザーボード付属のバックパネルという金属板を介して、PC ケースの背面に固定します。

背面 I/O パネルの例

（ⅱ）Mini-ITX／Nano-ITX／Pico-ITX
　　VIA 社が発表した規格で、極小フォームファクタで Mini-ITX、Nano-ITX、Pico-ITX の 3 つの規格があります。Mini-ITX は ATX 互換のフォームファクタのため、ATX 用ケースに搭載できますが、Nano-ITX、Pico-ITX は専用のケースが必要になります。

規格	サイズ
Mini-ITX	6.7×6.7 インチ(170×170mm)
Nano-ITX	4.7×4.7 インチ(120×120mm)
Pico-ITX	3.9×2.8 インチ(100×72mm)

ITX 規格の基盤サイズ

②チップセット

　マザーボード上には、CPU からの指示に基づいて各種のデバイスを制御する機能をもつチップセットが搭載されています。チップセットによって、搭載可能な CPU のタイプ、RAM の最大容量、サポートされる内蔵及び外付けデバイス等の仕様が決まります。

　初期のコンピュータでは、チップセットはマザーボード上に搭載された多数の独立した IC により構成されていましたが、1990 年代半ばには、2 つ又は 1 つの IC に統合されました。

　PCI バスが登場した頃のマザーボードには、ノースブリッジ、サウスブリッジと呼ばれる 2 つのチップがありました。また、これらを 1 つのチップに統合したものもあります。

　今日、PC 用のチップセットは、主に Intel 社と AMD 社により製造されています。

（ｉ）ノースブリッジ

　MCH（メモリコントローラハブ）とも呼ばれ、CPU に直接接続され、ビデオカードや RAM 等の高速なデバイスを制御します。
主に次の機能から構成されます。
・メモリコントローラ
・PCI Express コントローラ
・AGP バスコントローラ
・サウスブリッジチップとの間のデータ転送のためのインタフェース

　現在の CPU にはノースブリッジチップが内蔵されており、マザーボード上でこのチップを見かけることはなくなりました。

　メモリコントローラを内蔵していない CPU の場合、システム構成は次の図のようになります。このようなシステムでは、ノースブリッジチップ内のメモリコントローラの性能が、コンピュータのパフォーマンスに大きな影響を与えます。しかし、メモリコントローラを内蔵する今日の CPU では、チップセットによる性能の差はほとんどありません。

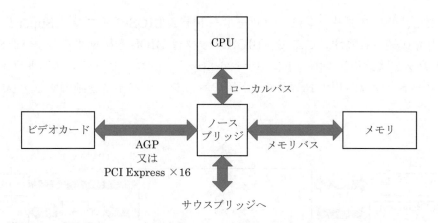

メモリコントローラを内蔵しない CPU を搭載したノースブリッジ

　ノースブリッジとサウスブリッジの接続はバスを介して行われます。最初は PCI バスが使用され、後に専用バスに置き換えられました。

（ⅱ）サウスブリッジ
　ICH（I/O コントローラハブ）又は PCH（プラットフォームコントローラハブ）とも呼ばれます。
　ノースブリッジ又は CPU に接続され、次に示す、低速なデバイスの I/O 制御を行います。
・ストレージポート（パラレル及びシリアル ATA ポート）
・USB ポート
・オンボードオーディオ*1
・オンボード LAN*2
・PCI バス
・PCI Express レーン
・リアルタイムクロック
・CMOS メモリ
・割込みコントローラや DMA コントローラ等のレガシーデバイス（現在ではほとんど使用されない旧規格のデバイス）
・古いマザーボード上の ISA スロット
*1　サウスブリッジにオーディオコントローラが内蔵されている場合、CODEC と呼ばれる外部チップが必要です。
*2　サウスブリッジにネットワークコントローラが内蔵されている場合、動作させるための PHY と呼ばれる外部チップが必要です。

　後付けの USB、SATA、ネットワークコントローラ等の統合デバイスは、個々の PCI Express ×1 レーンを介してサウスブリッジチップに接続されます。

また、サウスブリッジは、マザーボード上の BIOS チップ及び Super I / O チップとも接続されます。ここで、BIOS チップは BIOS を格納するチップ、Super I / O チップはシリアルポート、パラレルポート、フロッピーディスクドライブ、キーボードとマウス用の PS / 2 ポート等のレガシーデバイスを制御するチップです。

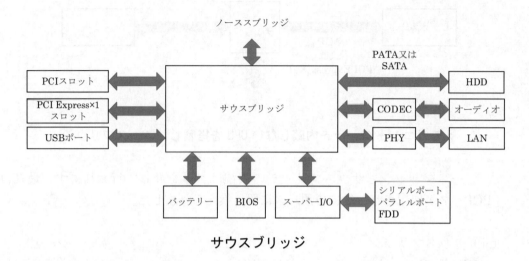

サウスブリッジ

2. SATA（SerialATA）

SerialATA は旧規格（IDE）のパラレル伝送方式での速度向上が技術的に困難になってきたため、シリアル伝送方式に変更し、伝送方式を向上させた規格です。SATA の最初の規格では通信速度が 1.5Gbps、2004 年 4 月に発表された SATA2 は 3Gbps、2008 年 8 月に発表された SATA3 では 6Gbps に引き上げられました。

規格	転送速度
IDE	33Mbps
SATA1	1.5Gbps
SATA2	3Gbps
SATA3	6Gbps

ATA 規格一覧

SATA には後方互換性があり、SATA2 では SATA1 と SATA2 のドライブが、SATA3 では SATA1、SATA2、及び SATA3 のドライブが使用できます。ただし、実際の転送速度は、ドライブが対応する規格のものとなります。

シリアル伝送方式を採用した結果、ケーブルがスリムになり、筐体内の配線の取り回しも容易になりました。SATA のケーブル長は最大で 1m です。

外付けにも対応し、外付け専用のコネクタ規格として、eSATA があります。eSATA のケーブル長は延長され、最大で 2m です。

3. 接続インタフェース

①USB

　USB（Universal Serial Bus）は、キーボード、マウス、プリンタ等の周辺機器とPCを接続する規格です。1996年にUSB 1.0が登場し、その後USB 2.0（2000年）、USB 3.0（2008年）、USB 3.1（2013年）、USB3.2（2017年）、USB4.0（2019年）とバージョンアップが進み通信速度等が改善されています。

　当初は主にキーボードやマウスを接続する用途として使用されましたが、現在はあらゆる周辺機器の接続にも使用されています。

　最大127台までの周辺機器を接続することができ、プラグアンドプレイにも対応しています。

　また、USBケーブルを通してPC本体から接続した周辺機器に給電することができます。USBから給電できる仕組みのことを「USBバスパワー」ということもあります。

規格	転送速度	給電容量	最大ケーブル長
USB 1.0	12Mbps	2.5W	3m
USB 1.1	12Mbps	2.5W	5m
USB 2.0	480Mbps	2.5W	5m
USB 3.0	5Gbps	4.5W	3m
USB 3.1	10Gbps	100W	3m
USB 3.2	20Gbps	100W	3m
USB 4.0	40Gbps	100W	0.8m

　USBはホットスワップに対応しています。ホットスワップは、電源を入れたまま取り付け、取り外しを行うこと、また、それを可能とする規格・構造です。ホットスワップに対応した機器の場合、接続や取り外しの際に、原則として電源を切る必要はありません。

　コネクタはPC側とデバイス側で異なる形状を使用します。PC側がType-A、デバイス側がType-Bです。また、サイズが小さいminiコネクタとmicroコネクタ規格があり、miniはディジタルカメラやポータブルオーディオ等に、microはスマートフォン等に使用されています。また、近年ではType-Cが普及しています。

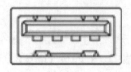

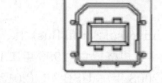

TYPE A   TYPE B

USB コネクタ形状

②Thunderbolt

　Intel 社とアップル社の共同開発による Light Peak を改良したインタフェースです。

　PCI Express 及び DisplayPort の転送プロトコルが用いられており、これらを単独、あるいは組み合わせて使用することにより、ハードディスク、ディスクアレイ等との間の高速データ転送や、高解像度ディスプレイへの画像・映像・音声出力、高速なネットワークへの接続等を 1 本のケーブルで行うことができます。さらに、デイジーチェーン（数珠つなぎ）により、最大 6 台の周辺機器を、銅線又は光ファイバを用いたケーブルで接続することができます。ケーブル長は、デイジーチェーン当たり最大 3m（銅線）又は最大数十メール（光ファイバケーブル）で、銅線では、1ポート当たり最大 10W の電力を供給することができます。

　コネクタの形状は、Thunderbolt 2 は DisplayPort と、Thunderbolt 3 は USB Type-C と、それぞれ同じです。

③Lightning

　アップル社独自のコンピュータバス及び電源コネクタで、iPhone や iPad、iPod 等のアップル社製のモバイル機器とホストコンピュータや外部モニタ、カメラ、USB バッテリー充電器、その他の周辺機器を接続するために使われます。

Lightning

4. ディスプレイ以外のデバイスのコネクタとケーブル

①SATA と eSATA

SATA

eSATA

②USB

USB ケーブル A-B

USB ケーブル A-miniB

USB ケーブル A-microB

USB3 ケーブル A-B

USB3 ケーブル A-microB　　　　　　　　　USB Type-C

その他のインタフェース

名称	主な用途等
VGA	アナログディスプレイ用のコネクタです。一部の PC やプロジェクタを接続します。使用されなくなりつつあります。
HDMI	テレビやビデオレコーダ等のディジタル家電向けに開発された、映像、音声、制御信号をまとめて送信するためのインタフェースです。PC のディスプレイ用インタフェースとしても使用されています。
DVI	液晶ディスプレイやディジタルプロジェクタのような、ディジタルディスプレイ装置の映像品質を最大限活かすよう設計されたインタフェース規格です。
DisplayPort	ディジタル出力用の映像、および音声出力規格です（音声には非対応の機器もあり）。他の規格とは異なり、複数のディスプレイをデイジーチェーンという数珠つなぎにした状態で接続できるのが特徴です。
オーディオ	マイクやスピーカー等のオーディオデバイスを接続します。基本的にはマイク入力、ライン入力、スピーカー出力の 3 つの端子がありますが、最近はオンボードで 7.1ch サラウンド対応の 6 つの端子をもつマザーボードが増えています。
RJ-45	LAN（イーサネット）接続用のインタフェースです。

5. デバイスのコネクタとケーブル

　①ディスプレイコネクタとケーブル

　（i）DVI（Digital Visual Interface）

　　DVI は、液晶ディスプレイやディジタルプロジェクタのような、ディジタルディスプレイ装置の映像品質を最大限活かすよう設計された規格です。DVI を使うと変換による信号の劣化がなくなり、画質が向上します。DVI には、アナログ信号のみを扱う DVI-A、ディジタル信号のみを扱う DVI-D、アナログ及びディジタル信号の両方を扱う DVI-I があります。また、DVI にはシングルリンクモードとデュアルリンクモードがあり、シングルリンクモードは、リフレッシュレート 60Hz で WUXGA（1920×1200）までの帯域をもっていますが、それを超える

WQXGA（2560×1600）等の場合、デュアルリンクモードが必要です。最大ケーブル長は 5m です。

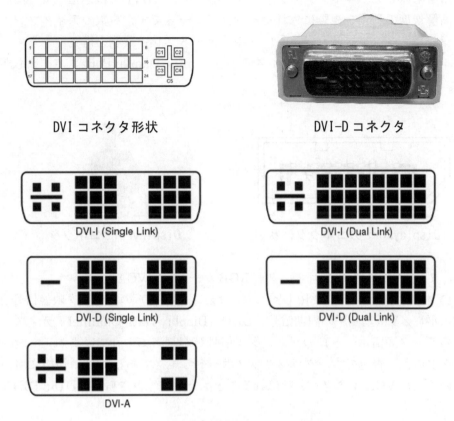

DVI コネクタ形状　　　　　　　　　　DVI–D コネクタ

DVI-I (Single Link)　　　　　　　DVI-I (Dual Link)

DVI-D (Single Link)　　　　　　　DVI-D (Dual Link)

DVI-A

DVI ケーブル側のコネクタ形状

（ⅱ）HDMI（High-Definition Multimedia Interface）

　　DVI を基に、ディジタル家電への搭載を想定して作られた規格で、1 本のケーブルで映像・音声・制御信号を合わせて送受信することができます。最近では HDMI コネクタのあるビデオカードも出てきています。ノート PC で使用される miniHDMI コネクタやスマートフォンで使用される microHDMI コネクタなどのサイズの小さいものもあります。

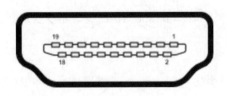

HDMI コネクタ形状

HDMI コネクタ

（ⅲ）DisplayPort

　DisplayPort は、DVI の後継を狙った規格で、ノート PC 等の小型情報機器での使用を考慮して、コネクタやケーブルを小型化し、DVI では想定していなかった超高解像度の利用を視野に入れたインタフェースです。複数のディスプレイをデイジーチェーンに接続し、容易にマルチディスプレイ環境を構築できます。ケーブルの最大長は 15m です。サイズの小さい mini DisplayPort コネクタもあります。

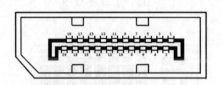 

DisplayPort のコネクタ形状　　　　　　　DisplayPort コネクタ

（ⅳ）ミニ D-Sub 15 ピンコネクタと RGB ケーブル（VGA）

　15 本のピンそれぞれに R（赤）／G（緑）／B（青）のアナログ映像信号と、H（水平）／V（垂直）の同期信号、DDC（Display Data Channel：ディスプレイとのデータ通信ポート）のディジタル信号等が割当てられています。一般的にコネクタの色は青色です。グラフィックボードの規格である VGA 規格に用いられているため VGA コネクタと呼ばれることもあります。さらに HD15、DE15 とも呼ばれます。

　ミニ D-Sub 15 ピンコネクタを使用するディスプレイ用ケーブルを VGA ケーブル、又は RGB ケーブルと呼びます。

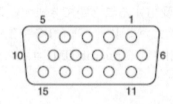 

ミニ D-Sub 15 ピンコネクタ形状　　　　ミニ D-Sub 15 ピンコネクタ

6. RJ-45　RJ-11

　RJ（Registered Jack）は、米連邦通信委員会に登録された通信用コネクタの規格に対する呼称で、いくつかの種類がありますが、一般的に使用されるのは RJ-45 と RJ-11 の 2 つです。

RJ-45はイーサネットケーブルのコネクタとして使用されており、8ピンです。RJ-11は電話回線を接続するインタフェースです。FAXモデムカードに装備されています。どちらも外れ防止のツメが付いているのが特徴ですが、ツメが折れやすいのが欠点です。

イーサネットケーブル　RJ-45　　　　　　　　RJ-11

7. ポート変換コネクタ

　ポート変換コネクタは、ポートの形状の異なるコネクタをつなぐためのコネクタです。ディスプレイポートをHDMIに変換するディスプレイポート変換コネクタ、USBコネクタをプリンタパラレルポートに変換するパラレルポート変換コネクタ、USBコネクタをシリアルコネクタ（D-sub9ピン）に変換するシリアルポート変換コネクタ等があります。

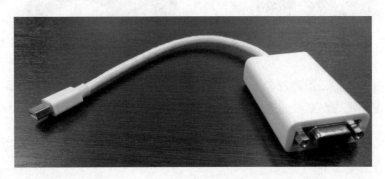

ポート変換コネクタ（mini DisplayPort と RGB の変換コネクタ）

8. 電源ユニット

　AC コンセント等に供給される 100V の交流電源を、コンピュータやデバイスの動作に必要な 3.3V、5V、12V の直流電源に変換します。また、通常はファンを搭載し、電源ユニット自体とコンピュータ本体内の熱をコンピュータケースの外部に排出する役目もします。

電源ユニット

　一般的な電源ユニットは 3 ピンのオス型コネクタ（IEC-60320-C14）をもち、これとペアをなすメス型コネクタ（IEC-60320-C13）をもつケーブルによって、コンセントと接続します。

電源の IEC-60320-C14 コネクタ

ケーブルの IEC-60320-C13 コネクタ

　電源ユニットで特に重要なのがワット数です。コンピュータの各部品が適切に機能するには一定の電力が必要なため、適切な電力量を提供できる電源ユニットを使用しなければなりません。

（ⅰ）マザーボード

　　一般的なマザーボードには、20 又は 24 ピンのコネクタにより電源を供給します。また、2、4 又は 8 ピンの拡張電源コネクタをもつマザーボードもあります。

（ⅱ）HDD、CD／DVD ドライブ

　　メス型のモレックスコネクタをもつケーブルにより、5V（赤線）と 12V（黄線）を供給します。モレックスコネクタの断面は、2 つの角が面取りされた形をしており、デバイス側の、同じ断面をもつオス型コネクタと向きを合わせて接続します。

（ⅲ）FDD

　　ミニコネクタをもつケーブルにより、5V と 12V を供給します。このタイプを使
用するデバイスには、FDD 以外にファンコントローラ等があります。

（ⅳ）SATA ドライブ

　　15 ピンの SATA 電源ケーブルを使用し、3.3V、5V 及び 12V を供給します。間
違った向きには接続できないように L 字型をしています。

（ⅴ）ビデオカード

　　ビデオカード用の PCI Express 6 又は 8 ピン電源コネクタをもつケーブルを使
用します。

マザーボード用電源コネクタ

HDD、CD／DVD ドライブ用電源コネクタ

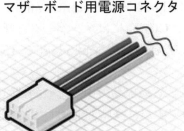

FDD 用電源コネクタ

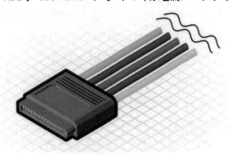

SATA 用電源コネクタ

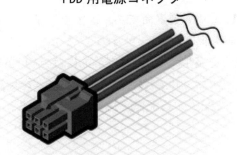

ビデオカード用電源コネクタ（6 ピン）

1-2-7　周辺機器

1. ディスプレイデバイス
　①ディスプレイの種類
　　（ⅰ）液晶ディスプレイ

　　　LCD（Liquid Crystal Display）とも呼ばれ、薄型で消費電力が少ないことからノート PC に使われています。2 枚のガラス板の間に特殊な液体を封入し、電圧をかけることによって液晶分子の向きを変え、光の透過率を増減させることで像を表示する構造になっています。液晶自体は発光せず、明るいところでは反射光を、暗いところではバックライトの光を使って表示を行います。現在はバックライトに LED を使用した省エネタイプが多く流通しています。LED は薄型加工に適している、コントラスト比を高めやすいというメリットもあ

液晶ディスプレイ

り、新製品のほとんどは LED バックライトを採用しています。

　　　駆動方式の違いにより、TN（Twisted Nematic）方式、VA（Vertical Alignment）方式、IPS（In-Plane-Switching）方式の 3 種類があり、価格と画質はこの順に高くなります。

　　　バックライトには、従来は CCFL（Cold Cathode Fluorescent Lamp：冷陰極管）と呼ばれる蛍光管が使用されていました。CCFL にはインバータと呼ばれる部品が必要です。インバータは高電圧の高周波電流を発生させる装置で、CCFL を点灯させるために使用されます。

　　　CCFL とインバータは、液晶ディスプレイ装置の部品の中で比較的故障しやすいもので、照明用の蛍光灯と比べれば長寿命ですが、長時間使用していると両端が黒ずみ、やがてチラツキが発生して寿命を迎えます。

　　　CCFL 又はインバータが故障すると、画面が暗くなり、注意して見ると、うっすら画面が表示されている状態になります。

　　　これに対し LED は、それ自体が CCFL よりも長寿命であり、また、インバータが不要なため、装置全体としてさらに長寿命であるといわれています。

　　　また、CCFL のインバータは微弱な高周波を発生するため、理論的には無線 LAN に悪影響を与える可能性が考えられます。そのため、内蔵無線 LAN ボードを増設する場合、インバータから可能な限り離して配置する配慮が必要です。

　　（ⅱ）プロジェクタ

　　　PC 画面を大型スクリーンに表示できるため会議室や学校等で需要があります。

（ⅲ）OLED

　　OLED（Organic Light-Emitting Display：有機 EL ディスプレイ、又は Organic Light-Emitting Diode：有機発光ダイオード）は、消費電力が小さい、応答速度が高速、視野角が広い、薄型化が容易等の特徴をもち、次世代ディスプレイ装置として、一部のスマートフォンや大型テレビ等で利用されています。

②解像度

　　ディスプレイの表示能力を表す尺度で、画面に表示するドット数で表します。この値が高いほど、より自然に近い画質が得られます。今までは従来のテレビと同様に横：縦の比率（アスペクト比）が 4：3 のものがほとんどだったのですが、最近ではアスペクト比が 16：9 や 16：10 のディスプレイのものが増えてきています。アスペクト比 4：3 をスクエアタイプ、アスペクト比 16：9 又は 16：10 をワイドタイプと呼びます。参考までにディジタルテレビの解像度も示します。

種類	解像度（横×縦・ドット）	色数	アスペクト比
VGA	320×200	256	4：3
	640×480	16	
SVGA	800×600	256	4：3
XGA	1024×768	256	4：3
SXGA	1280×1024	32-bit color	4：3
UltraXGA	1600×1200	32-bit color	4：3
WXGA	1280×800	32-bit color	16：9
WSXGA+	1680×1050	32-bit color	16：9
WUXGA	1920×1200	32-bit color	16：10
WQXGA	2560×1600	32-bit color	16：10

PC 用ディスプレイの解像度

種類	別名	解像度（横×縦・ドット）	アスペクト比
HD	ハイビジョン	1280×720	16：9
Full-HD	フルハイビジョン 2K	1920×1080	16：9
4K	QFHD ウルトラ HD	3840×2160	16：9
8K	SHV スーパーハイビジョン	7680×4320	16：9

ディジタルテレビの解像度

ディスプレイ装置には、装置のサイズ等により、最適に表示できるように設計された解像度があります。これをネイティブ解像度、又は推奨解像度といいます。特別な理由がない限りネイティブ解像度の状態で使用することをお勧めします。

③リフレッシュレート

垂直走査周波数ともいい、画面の描画を 1 秒間に何回行うかを表します。単位はHz（ヘルツ）です。この値が大きいと、画面の動きをより滑らかに表示することができます。

CRT では電子ビームが画面上を走査する回数がリフレッシュレートであるため、リフレッシュレートが低いと画面がちらつくように見えます。このちらつきをフリッカーといいます。一方、液晶ディスプレイではバックライトは常に発光しているため、リフレッシュレートが低くてもちらつきは起こりません。

ディスプレイ装置によって設定可能なリフレッシュレートがあり、その範囲を超えた設定をすると故障の原因になるので注意しましょう。

④ディスプレイデバイスの性能
（ⅰ）輝度

ディスプレイ装置の明るさを輝度といい、液晶ディスプレイではカンデラ（cd/㎡）、プロジェクタではルーメン（lm）を単位として表現します。数値が大きい方が明るく優れているといえます。しかし、単純に明るい方が見やすいということではなく、周りの明るさや壁の色等ディスプレイ装置が設置された環境によって調節が必要です。一般的にディスプレイ装置に輝度調節機能がついています。

（ⅱ）コントラスト比

コントラスト比は、画面の最も暗い色（黒）と最も明るい色（白）の比率で、例えば 1000：1 のように表記します。これが大きい方がよりくっきりとした表示ができて優れています。

（ⅲ）視野角とプライバシーフィルター

画面を斜め方向から見たときにどこまで見えるかを上下と左右の角度で表記します。例えば、左右 160°上下 170°のような表記です。視野角が広い方が高性能ですが、プライバシーを考慮すると視野角を狭くしたいという需要もあります。そのような場合、プライバシーフィルターを装着して視野角を狭くすることができます。視野角 60°におさえるプライバシーフィルター等が流通しています。

（ⅳ）グレアとノングレア

ディスプレイ装置の表面に光沢があるタイプをグレア又は光沢画面、光沢がないタイプをノングレア又はアンチグレアといいます。グレアタイプは発色が良く

写真や動画等が美しく表示されますが、光を反射するため周囲の景色が映り込み、環境によっては見えにくくなる場合があります。ノングレアタイプは色褪せたような表示になりますが、周囲の映り込みが少なく、目の疲れが少なくなります。

⑤マルチディスプレイ

　マルチディスプレイは、1台のPCに2台以上のディスプレイを接続して、デスクトップ環境を拡大する手法のことです。マルチモニタ、デュアルモニタ（3台ならトリプルモニタ）と呼ばれることもあります。WordやExcel等の複数の画面を横に並べると、コピーアンドペースト等の作業効率がアップします。

　ハードウェアは、2台以上のディスプレイ装置と、PCにその数に応じたビデオポートが必要です。PCにDVIポート等のビデオポートが1つしかない場合、ビデオカードを増設する必要があります。

2. プリンタ
①プリンタの種類
　プリンタには、その印字方式等の違いにより、次の種類があります。

（ⅰ）インパクトプリンタ
　1文字ずつ印字するシリアルプリンタの一種です。

　最も一般的なのがドットマトリクス方式で、マトリクス状に配置された細いピン（プリントワイヤ）の凹凸を印字したい字形に変化させながらインクリボンを打ち付け、字形を用紙に転写します。

　印字の際に大きな音を発し、また印字速度が遅いことから、一般的なオフィスや家庭で使われることはほとんどありませんが、複写紙に印字できる唯一のプリンタです。

ドットマトリクスプリンタ

（ⅱ）インクジェットプリンタ

　細いノズルから用紙にインクを吹き付けるタイプのシリアルプリンタです。

　ほとんどのインクジェットプリンタは、インクを移動するのに熱を使用しますが、機械的な手法を用いる機種も一部存在します。

　熱的な方法を用いる機種の場合、各ノズルの先端に小さな熱抵抗器又は電極板をもち、これによってインクを沸騰させ、その結果生じる気泡を粒子としてノズルから紙に吹き付けます。

インクジェットプリンタ

　各インクはインクカートリッジに蓄えられており、今日の一般的なカラープリンタでは、シアン、マゼンタ、イエロー、及びブラックの 4 色のインクカートリッジを搭載していますが、写真印刷用に、より多くの色のインクカートリッジを搭載する機種もあります。また、専用のアタッチメントを取り付けることにより、紙に対してのみならず、CD/DVD や布等に対しても印刷が可能な機種もあります。

　工場などの製造現場において、賞味期限や消費期限等の日付、ロット番号等のマーキングに使用される産業用インクジェットプリンタには、印字方式の違いなどにより数種類ありますが、そのうちの 1 つであるコンティニュアス型は、小さな文字の字印に使用され、印字をしていない間もインクを常時噴射します。ノズルから連続的に吐出したインク粒を帯電させ、偏向電極で曲げて印字面に吹き付けます。

（ⅲ）サーマルプリンタ

　FAX やレシート印刷等によく見られる、熱を与えると黒く変色する感熱紙を使用するタイプ（感熱式）と、インクリボンの代わりに熱を与えると溶ける塗料が塗布されたカートリッジを用いるタイプ（熱転写）があります。

　熱転写式プリンタの一種に、商業印刷、医療・産業等の分野において使用される、高精細・高解像度の写真印刷が可能な昇華型プリンタがあります。昇華型プリ

ンタでは、固形インクを塗布したインクリボンに印字ヘッドで熱を加えてインクを昇華（固体から気体に直接変化）させ、ポリエステル系の樹脂でコーティングされた専用紙にインクを付着させます。

（iv）レーザプリンタ
　　電子写真技術を用い、高品質な印刷を高速に実行することができるプリンタです。
　　典型的なレーザプリンタでは、ある種の有機化合物の光伝導特性、すなわち、有機化合物の粒子に光を当てることにより、これらの粒子が帯電することを利用して印刷を行います。その際の光源にはレーザ光が用いられますが、低価格化のためにLEDを用いる機種もあります。
　　フルカラーの印刷が可能なカラーレーザプリンタにはさまざまな印刷方式がありますが、最も一般的なモノクロレーザプリンタでは、光伝導物質を塗布した感光体ドラムにレーザ光で文字や画像の形を照射して潜像を作り、トナーで現像して用紙に転写するという方式が用いられます。つまり、帯電→露光→現像→転写→定着という工程で用紙1枚に対する印刷が行われます。

レーザプリンタ

3．VR（Virtual Reality）
　仮想現実と訳され、人が探索し相互作用することができる3次元のコンピュータ生成環境です。
　ヘッドセットや特殊手袋等、さまざまなシステムが使用され、これらのシステムが協調して仮想空間を作り出し、ヘッドセットや特殊手袋を装着している人が普通の部屋にいるにもかかわらず、擬似空間が現実のように見えます。この仮想現実の中では、頭を回せば周囲を見ることができ、仮想世界のオブジェクトに触れたり、移動することなどもできます。

VRシステムの使用例

4. その他の周辺装置

①入力デバイス

（i）キーボード

キーボードでは、主に文字の入力を行います。仮名文字が割り振られ、記号キーが JIS 規格に準拠した 106 と、これに Windows キーを追加した 109 等のタイプがあります。以前は Din8 ピンの PS/2 接続が使用されましたが、現在は USB 接続のものが主流です。また、Bluetooth による無線通信に対応したワイヤレスキーボードもあります。

日本語 109 キーボード

（ii）マウス

画面上にマウスの動きに合わせて移動するカーソルが表示され、これを操り、ボタンをクリックすることによって PC を操作します。接続インタフェースには下記の種類があります。

- ・USB
- ・ワイヤレス

以前は、ボールを回転させて x 方向と y 方向を読み取る機械式が使用されましたが、現在は、底面に発光器と受光器を備え、マウスの移動を光学的に読み取る光学式マウスが主流です。光学式マウスの光源には、LED と、それよりも高精度なレーザがあります。ボタンの間にホイールを取り付け、画面スクロールを容易にできる 3 ボタンマウスや、「戻る」「進む」が容易にできる 5 ボタンマウス等のバリエーションが増えています。

（iii）スキャナ

紙に描かれた図形や写真を読み取って、画像データとして PC に転送する装置です。読み取る対象の紙等に光を当て、反射光を CCD 等で読み取ってディジタルデータに変換します。解像度 (dpi) の値が高いほど、精細な画像が得られますが、データの容量も大きくなります。PC との接続には、主に USB や LAN ポートを使用して接続します。

スキャナの種類には主に以下のようなものがあります。

- ・フラットベッドスキャナ ：複合機と呼ばれる、プリンタや FAX と一体型の製品もあります。
- ・シートフィードスキャナ ：FAX 機の読取り部として利用されています。
- ・フィルムスキャナ ：写真フィルムを読み取るためのスキャナです。

フラットベッドスキャナ

（ⅳ）KVM 切替器

　KVM（Keyboard, Video, Mouse）切替器は、1 組のキーボード、ディスプレイ、マウスで複数の PC を操作するための切替器で、KVM スイッチや PC 切替器と呼ばれることもあります。それぞれの PC のキーボード、ディスプレイ、マウス接続に必要な 3 本のケーブルを切替器本体に集約し、切替器本体に 1 組のキーボード、ディスプレイ、マウスを接続します。KVM の中には、音声出力も集約して 1 台のスピーカーを接続するタイプもあります。

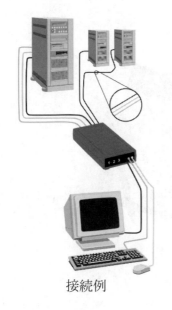

接続例

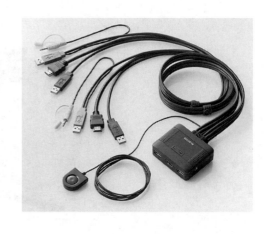

PC2 台用 KVM

KVM

（ⅴ）タッチパッドとタッチパネル

　平板状のセンサーを指でなぞることでマウスポインタの操作をする装置がタッチパッドです。これを液晶ディスプレイと組み合わせた装置がタッチパネルで、アップル社の iPad 等ではタッチパネル式キーボードが採用されています。接続イ

ンタフェースは USB を使用します。タッチスクリーン、パネルスクリーンと呼ばれることもあります。

タッチパッド（ワイヤレスタイプ）

（vi）ディジタイザ

　タッチパッドをなぞる専用の入力装置をディジタイザ又はタブレットといい、デザイン業務での需要が多いデバイスです。マウスよりも高い精度で描画することができ、筆圧センサーを搭載した機種もあります。インタフェースは USB が主流です。

ディジタイザ

（vii）その他の入力デバイスとインタフェース

デバイス	特徴	主な インタフェース
バーコードリーダ	バーコードの読み取り装置 手持ち式と固定式がある。	USB
マイク	手持ちタイプ、クリップタイプ、ヘッドセットタイプ等がある。	USB オーディオ用 mini プラグ
バイオメトリックデバイス	身体や行動の特徴を読み取る。 指紋認証デバイス等がある。	USB
ゲームパッド	PC ゲーム用の専用入力装置、USB ケーブルで直接 PC に接続するタイプとゲーム機独自のインタフェースを変換器で USB に変換して接続するタイプがある。	USB
ジョイスティック	ゲームパッドの一種で本体に操縦桿があるタイプ。	USB

（viii）マルチメディアデバイスとインタフェース

デバイス	特徴	主な インタフェース
ディジタルカメラ	各種のメモリカードを記憶媒体として使用するだけでなく PC 本体と接続するインタフェースを持つ機種が多い。	USB（PC 側は TypeA、デジカメ側は TypeB の mini や micro が多い）
Web カメラ	CCD カメラ部のみを PC に接続するタイプと Web サーバ機能を内蔵したタイプがある。	USB（カメラ本体タイプ） イーサネット（サーバ内蔵タイプ）
ビデオカメラ	ほとんどはディジタル化されている。 HDMI インタフェースを持つビデオカメラが多いが、PC 側も HDMI は出力ポートであるため HDMI での接続はできない。	IEEE 1394
MIDI 対応デバイス	音楽演奏キーボード等がある。	USB

（ix）主な出力装置とインタフェース

デバイス	特徴	主な インタフェース
プリンタ	PC で作成したデータを紙に印刷する。インクジェット、レーザ、ドットインパクトのようなタイプが存在する。最近はスキャナや FAX を搭載した複合機が主流。	USB
スピーカー	モノラル、ステレオ、マルチチャンネル等のタイプがある。 ディスプレイ装置に内蔵している機種が多い。 Bluetooth でのワイヤレススピーカーの需要が増えてきている。	USB オーディオ用 mini プラグ Bluetooth

1-2-8 通信用インタフェース

1. Bluetooth（ブルートゥース）

　近距離無線通信規格で、当初 Ericsson 社、IBM 社、Intel 社、Nokia 社、東芝の 5 社が中心に策定され、IEEE 802.15.1 で標準化されました。数 m から数 100m の近距離の範囲内での、PC、キーボード、マウス、プリンタ、ヘッドホン、スマートフォン、タブレット端末等の機器間の接続等に使用されます。

　Bluetooth は 2.4GHz の周波数帯を用いて、基本的に 1Mbps、最大 24Mbps（HS オプション）で無線通信を行うことができます。

　Bluetooth 2.0+EDR では、通信速度は最大で 3Mbps、非対称型通信時は約 2.1Mbps に拡張されました。また、Bluetooth 3.0 では HS（High Speed）オプションを使用して最大 24Mbps まで拡張されました。

　Bluctooth 4.0 以降では、最高速度を向上させる代わりに、Bluetooth Low Energy という低消費電力通信規格が追加され、これに対応する機器には Bluetooth SMART や Bluetooth SMART READY のロゴが与えられます。

　前者は、センサー型の機器等のシングルモードのローエナジー技術のみを採用した機器を、後者は、携帯電話やタブレット、PC、テレビ等のデュアルモード技術を実装した機器を、それぞれ対象としています。

　　　Bluetooth SMART ロゴ　　　　Bluetooth SMART READY ロゴ

Bluetooth には、電波の最大出力や到達距離を規定した「クラス」があります。

クラスの種類	最大出力	通信最大距離
クラス 1	100 ミリ W	約 100m
クラス 2	2.5 ミリ W	約 10m
クラス 3	1 ミリ W	約 1m

Bluetooth のクラスによる違い

　ただし、日本国内では、電波法の関係でクラス 1 でも最大出力は 10 ミリ W となります。

2. その他のワイヤレス接続

　無線 LAN 用の IEEE 802.11 でプリンタ等を接続する場合があります。Bluetooth や無線 LAN 規格等の電波による通信を総称して RF（Radio Frequency）と呼ぶことがあります。

3. 無線 LAN

　無線 LAN（ワイヤレスネットワーク）は、伝送メディアとするケーブルの代わりに無線を使用する LAN の総称です。無線 LAN は Wi-Fi と呼ばれることもあります。

　無線 LAN は、有線 LAN との接続機器であるアクセスポイントと呼ばれる親機と受信機である無線アダプタで構成されます。無線アダプタは、今日のノート PC には標準で搭載されていることがほとんどですが、そうでない場合やデスクトップ PC では、USB 接続タイプのものが利用できます。

無線 LAN アクセスポイント　　　　　無線アダプタ（USB 接続）

1-2-9 コンピュータの種類

1. デスクトップ PC

机の上に置いて利用することを前提に作られた PC で、一般的な形態としてコンピュータ本体とディスプレイやキーボードが個別に存在します。

2. ノート PC

移動して利用することを前提に作られた PC で、コンピュータ本体とディスプレイ及びキーボードが一体になっています。

①ノート PC のハードウェアとコンポーネント

ノート PC はコンパクトなスペースにコンポーネント（部品）を配置する必要があるため、デスクトップ PC と比較して、コンポーネントの交換や拡張の自由度が少なくなっています。ここでは、コンポーネントの特徴と、交換や拡張する場合の留意点を学習します。

②拡張オプション

（ⅰ）メモリの増設

ノート PC ではメモリスロットが 1 つ又は 2 つの製品が多く、2 つあっても空きがない状態で工場出荷される場合があります。空きがない場合の増設は、既存のメモリよりも容量の大きいものと交換することになります。ノート PC では主に次のメモリが使用されています。

●SODIMM（Small Outline DIMM）、MicroDIMM

SODIMM はノート PC で最も一般的に利用されているメモリ形状です。デスクトップの DIMM に比べて小型化されていています。

MicroDIMM は SODIMM よりさらに小さくなっています。ノート PC の中でも小型軽量のものに利用されます。また、SODIMM にあった端子の切り込みが MicroDIMM ではなくなっています。

SODIMM

（ⅱ）フラッシュメモリ

　ノートPCには、メモリスロット又はメモリカードスロットと呼ばれる、メモリカード用のスロットをもつ機種があります。通常、ノートPC本体のメモリスロットはSD、miniSD、microSDのいずれか1つのカードサイズにしか対応していないため、他のサイズのカード利用時には、サイズ変更用のアタッチメントをカードに取り付ける必要があります。

SDカードとSDカードスロット

③ノートPCのデバイス
　（ⅰ）ハードディスクドライブ

　ノートPC用ハードディスクには1.8インチと2.5インチがあります。1.8インチタイプの厚さは、5mm 又は 8mm、2.5 インチタイプの厚さは 9.5mm 又は 12.5mm が主流です。

　インタフェースはSATA、SATA2、SATA3が主流です。

デスクトップPC用3.5インチドライブ（左）と
ノートPC用2.5インチドライブ（右）

（ⅱ）ハードディスクからSSDへの交換

　ハードディスクをSSD（Solid State Drive）に交換することでPC全般の動作が速くなります。特にOSやアプリケーションの起動速度の改善が期待できます。メーカオプションとしてSSDを選択できる製品も多く流通しています。

（ⅲ）mini-PCI Experss

　ノートPCの内蔵デバイスのインタフェースの主流は mini-PCI Express です。

miniPCIe と表記する場合もあります。PCI-Express と同じ仕様で、ノート PC を想定してサイズを小さくしたものです。無線 LAN カード、Bluetooth カードの他、mSATA SSD の接続等に使用されます。

（ⅳ）光学式ドライブ

　厚さ 12.7mm のスリムドライブと、厚さ 9.5mm のウルトラスリムドライブがあります。インタフェースは SATA で、ノート PC を想定してサイズを小さくした slimlineSATA コネクタを使用するのが主流です。

（ⅴ）バッテリー

　バッテリーには、ニッケル水素、リチウムイオン、リチウムポリマー等の種類があり、ニッケル水素が一番古く、リチウムポリマーが最新です。新しい種類の方が、軽量化、大容量化、長寿命化が進んでいます。

　ニッケル水素電池では、電池容量がまだ残っている状態で充電すると、充電直前の残量を「空」であると記憶してしまう特性があります。これを「メモリ効果」といい、メモリ効果による容量の減少でバッテリー交換が必要になることが多くありました。一方、リチウムイオンとリチウムポリマーにはメモリ効果はありません。そのため、バッテリー容量が減少することはなく、バッテリー交換時期が大幅に伸びました。

　バッテリー形状は、メーカや機種ごとに異なるため、注意が必要です。

（ⅵ）AC アダプタ

　AC アダプタは交流（AC）電源コンセントからの電源を直流（DC）電源に変換してノート PC に中継する役割を果たしています。

　入力の交流電源には国内向けの 100 V と海外向けの 120 V、240 V があります。また、出力は 15V から 24V までさまざまな電圧があるので、コネクタの形状が同じでも、その機種にあったものを使いましょう。

（ⅶ）モバイルバッテリー

　外出先等、AC コンセントからの電源供給ができない場所で、スマートフォンやタブレット等の比較的消費電力の小さい機器に電源を供給、又は本体内蔵のバッテリーを充電するための、携帯型のバッテリーです。

　放電容量が 400mAh（400mA の電流を 1 時間流し続けることができる）程度のものから、20,000 mAh を超えるものまで、さまざまなタイプがあり、一般に、大容量のものほど高価、

モバイルバッテリー

かつ重量が重くなります。

多くの製品には、他の機器に電源を供給するための USB ポートと、バッテリー自体を充電するための USB ポートがあります。

(ⅷ) USB 充電器

AC コンセントから、USB ケーブルを経て、機器に電力を供給するための充電器です。

1 つの USB ポート当たりの電源供給能力は、5V 1A 程度のものから、急速充電が可能な 5V 2.4A 以上のものまで、各種の製品があります。また、5V の他に、12V や 20V の電圧で、最大 100W の電力供給を可能とする仕様の USB PD（Power Delivery）に対応した製品もあります。

USB 充電器

(ⅸ) ノート PC のその他のデバイス

上記以外の主な部品として以下があります。一般的に、修理、交換はメーカに依頼します。

・マザーボード（システムボードという場合もあります）
・CPU
・キーボード
・タッチパッド
・スピーカー
・DC ジャック

④ノート PC 特有の機能

ノート PC には、デスクトップ PC にはないいくつかの特有の入力デバイスがあります。

(ⅰ) タッチパッド

タッチパッドは、板状のセンサーを指でなぞってマウスポインタを操作するポインティングデバイスの一種です。タッチパッドには一般的に 2 つのボタンも同時に配置され、マウスの右クリック、左クリックに対応します。タッチパッド上をタッチしても左クリックと同様の動作をする場合もあります。

タッチパッド

（ⅱ）トラックポイント

　　トラックポイントは短い棒状のボタンにゴムのカバーを被せた形状のポインティングデバイスです。メーカによりポイントスティックやスティックポインタ等呼び方が違いますが、全て同様の機能のポインティングデバイスです。

トラックポイント

　　トラックポイントを移動したい方向へ押すことで、マウスポインタを操作します。

（ⅲ）タッチスクリーン

　　マウスの代わりに、液晶画面上を指又はスタイラスと呼ばれる専用のペンでタッチすることで操作します。iPad や Windows 8 以降で採用され、急速に普及しています。タッチパネルともいいます。

　　文字認識機能を搭載したソフトや OS と組み合わせることで文字の入力も可能になります。主に携帯情報端末（スマートフォン）で利用されていますが、最近ではタブレット PC というタッチスクリーンを搭載した PC も発売されています。

（ⅳ）ファンクションキー

　　ファンクションキーは、コンピュータの機能や動作を個別に割り当てたキーです。デスクトップ PC では、キーボードの最上段に F1～F12 までのキーがあり、ソフトごとにそれぞれの機能が割り当てられています。ノート PC では、それ以外に[Fn]キーというキーがあり、[Fn]キーを押しながら特定のキーを押すことで、液晶ディスプレイの輝度や音量調整ができるようになっているものがあります。

　　例えば、ディスプレイ切替キーは、［標準 LCD］、［増設ディスプレイ］、［標準LCD と増設ディスプレイ］の 3 種類のモード切替えができる製品が主流です。

特殊ファンクションキーの例

⑤ワイヤーロック

　　ノート PC は携帯に便利ですが、それは同時に、盗難に遭うリスクが高いことを意味します。使用しない時は、施錠できるキャビネットや、ロッカーに保管する等の物理的なセキュリティ対策を講じましょう。ほとんどのノート PC には、セキュリティスロットと呼ばれる、ワイヤーロックを取り付ける専用の穴があります。これを利用

してワイヤーロックで机等に縛り付けておくことも有効です。なお、デスクトップPCの場合、本体ごと盗難されるリスクだけでなく、ケース内のメモリだけ盗難するといったケースも考えられるため、ワイヤーロックの中にはデスクトップPC向けにケースを開けられないようにする機能をもつものもあります。

セキュリティスロット

3. スマートフォン

　従来の携帯電話の機能に PC の機能を搭載した、現在主流となっている小型のモバイル端末です。携帯電話に備わる、通話、アドレス帳、メール、カメラ等の機能に加え、インターネットの利用を前提にしたフルブラウザを搭載しているため、ほとんどのホームページの閲覧が可能です。また、通常のキーボードと同じ配列で文字入力が可能な機能も有しています。アプリと呼ばれるソフトウェアをインストールすることで、自

スマートフォン

分好みにカスタマイズできるのも魅力の一つです。音声・動画等の大容量データを扱うことを想定して、Wi-Fi の機能が標準搭載され、安定した快適なインターネット利用ができます。USB ケーブルや Bluetooth 無線で PC と接続し、撮影した写真やスケジュール等を PC とスマートフォン両方に反映させる同期機能も有しており、多彩な活用方法があります。

4. タブレット PC

　スマートフォンの「小型すぎて文字入力に向かない」「画面が小さく HP や動画が見づらい」といったデメリットを解消した中型のモバイル端末です。一般的にはディスプレイのサイズが5インチ～10インチの端末をタブレットに分類していることが多いようです。

　ディスプレイ上にキーボード配列が表示されるのはスマートフォンと同じですが、より快適に利用するためにキーボードと接続できるタイ

タブレット PC

プも多く出回っており、自宅では PC として、外出先ではタブレットとして利用するような、シーンに応じた使い方ができることが魅力です。指による操作のほか、スタイラスペンというペン型のデバイスによる操作が行える機種もあります。また、SIM カードスロットを搭載している機種では、公衆回線による通話も可能です。

5. スマートウォッチ

　スマートフォンがもつ多くの機能を搭載した時計です。新しいモバイル端末として注目されています。Bluetooth 通信によってスマートフォンと連携（ペアリング）して使用することにより、スマートフォンにメールが届いたことをスマートウォッチ側に通知したり、音声によってメールを作成・送信できたりします。健康志向の高まりから歩数計やバイタルチェックの機能等も付加されており、限定的な機能ながら、スマートフォンを手元に置かなくても最低限の情報が得られるように設計されています。

スマートウォッチ

1-2-10 ディジタル家電等

　ディジタル家電とは、従来一般家庭で用いられている家電製品に対して、ディジタルデータを扱う情報技術を応用したものです。インターネットに接続できる家電製品も多く普及しています。

　ディジタルカメラやスマートフォン等も広い意味でディジタル家電ですが、特にテレビ・ゲーム・音楽・映画・読書等の娯楽系の家電製品には積極的にディジタル技術が応用されています。インターネットに接続することによって、映像コンテンツを購入又はレンタルする、ゲームをゲーム機本体に直接ダウンロードする、ディジタル書籍を電子書籍端末から購入するといった、非常に便利な使い方ができます。

　また、洗濯機や冷蔵庫、エアコンや電子レンジといった、いわゆる白物家電にもディジタル技術が応用されています。

　インターネットへの接続ができることは、便利で画期的である反面、ウイルスやクラッキング、不正アクセス等の脅威を引き起こすことにも繋がります。特にゲーム機や電子書籍端末は、その端末上から商品を購入することができ、購入費用の支払い、決済が伴うため、セキュリティを確保することが必要不可欠です。

1. DLNA（Digital Living Network Alliance）

　DLNA は、ネットワークを通じて AV 機器や PC、スマートフォン、タブレット上にある映像・写真・音楽等をメーカを問わず相互に利用できるようにするためのガイドラインです。

　DLNA 製品には、PC やネットワークストレージデバイス等の DLNA サーバと DLNA クライアントの 2 種類があり、DLNA を使用してコンテンツをストリーミングするには、それぞれ 1 つずつが必要です。

　DLNA サーバは、映画、音楽、写真を保存して送信するデバイスです。例えば、Windows には DLNA が組み込まれており、Windows Media Player は、コンテンツの配信先とアクセス可能なコンテンツを管理するメディアサーバとして機能します。

　DLNA クライアントは、コンテンツを視聴又は再生するデバイスです。DLNA 対応テレビ等の一部の製品には、専用のソフトウェアが付属しており、それをインストールした PC とテレビとで直接話すことが可能となります。

1-3 ソフトウェア

1-3-1 ソフトウェアの分類と役割

1. 起動プロセス

　コンピュータに電源が入れられると、内部にあらかじめ搭載されている ROM に記録された BIOS が動作して、主記憶をクリアし、ハードディスク等の補助記憶装置、キーボードやディスプレイ等基本的な入出力装置を使用可能な状態にします。その後、マザーボードに記憶された IPL（Initial Program Loader）が起動して、ハードディスクから OS をメモリに読み込むことで OS が起動します。この一連の動作をブートストラップと呼んでいます。

　なお、OS が起動すると、これらの周辺装置の管理は OS が行うことになります。

2. BIOS

　BIOS（Basic Input/Output System）は、入出力装置のインタフェースで基本的な処理を行うためのプログラムで、OS に対し、ディスク装置、キーボード、マウス、ビデオ装置等の周辺装置の入出力の制御機能を提供します。

　PC 起動時にキーボードの F2 キーや DEL キー等のキーを押すと表示される BIOS 設定画面で、コンポーネント情報の確認、BIOS 構成情報の設定等を行うことができます。

```
                    PhoenixBIOS Setup Utility
   Main   Advanced   Security   Boot   Exit

                                              Item Specific Help
    System Time:          [06:03:02]
    System Date:          [08/19/2013]
                                          <Tab>, <Shift-Tab>, or
    Legacy Diskette A:    [1.44/1.25 MB  3½"]  <Enter> selects field.
    Legacy Diskette B:    [Disabled]

  ▶ Primary Master        [None]
  ▶ Primary Slave         [None]
  ▶ Secondary Master      [VMware Virtual ID]
  ▶ Secondary Slave       [None]

  ▶ Keyboard Features

    System Memory:        640 KB
    Extended Memory:      1047552 KB
    Boot-time Diagnostic Screen: [Disabled]


   F1  Help   ↑↓ Select Item   -/+   Change Values     F9  Setup Defaults
   Esc Exit   ↔  Select Menu   Enter Select ▶ Sub-Menu  F10 Save and Exit
```

BIOS 構成画面

今日のコンピュータでは、BIOS に代わって UEFI（Unified Extensible Firmware Interface）を採用するものがほとんどです。

UEFI が提供する機能は、基本的には BIOS と同様ですが、より大容量のハードディスクドライブ、起動時間の短縮、セキュリティ機能、GUI 画面等をサポートします。

・大容量のドライブのサポート

UEFI ファームウェアは 2.2TB 以上のドライブから起動することができ、理論上 9.4ZB（ゼタバイト：10^{21} バイト）までのドライブを扱うことができます。

・起動時間の短縮

16bit プロセッサモードで実行する必要があり、実行に 1MB のスペースしかない BIOS とは異なり、UEFI は 32bit 又は 64bit モードで動作し、アドレス空間が BIOS よりも大きいため、起動プロセスが高速になります。

・セキュリティ機能の提供

セキュアブート（Secure Boot）と呼ばれる、起動時に OS のディジタル署名をチェックする機能が利用でき、OS の改ざん等を防止することができます。

・GUI 画面のサポート

BIOS 構成画面は CUI であり、キーボードのみで操作を行います。一方、UEFI のセットアップ画面には GUI が採用されており、キーボードに加え、マウスやタッチによる操作が可能です。

①ファームウェアのアップデート

BIOS／UEFI はマザーボード上の ROM に記録されており、PC の電源を ON にすると、OS が起動する前に基本的な設定を行った後、OS に処理を引き継ぎます。このように、ハードウェアの ROM にあらかじめ記録されているプログラムをファームウェアと呼び、BIOS／UEFI はファームウェアの一種です。

最近のファームウェアは、書き換え可能なフラッシュ ROM に保存されており、新しい周辺機器に対応する場合やファームウェアに不具合があった場合等、ベンダー（製品の販売会社）からのアップデータを適用することにより、ファームウェアを最新の状態にアップデートすることが可能です。

ファームウェアのアップデートの方法は、ハードウェアメーカが独自の方法を提供しています。PC の BIOS／UEFI の場合、マザーボードのメーカが提供する BIOS／UEFI アップデートプログラムを、Windows 上で直接起動する方法や、アップデータを記録した USB メモリから PC を起動させる方法等があります。

停電等の理由で BIOS／UEFI のアップグレードが失敗すると、システムが正常に起動できない等の深刻な事態に陥る場合があります。そのため、万一の場合に備え、BIOS／UEFI チップを 2 つ搭載したマザーボードもあります。

②コンポーネント情報

　BIOS／UEFI 設定画面では、マザーボードに接続された CPU、メモリ、ハードディスク、光学ドライブ等のコンポーネントの情報を確認することができます。

③構成

　BIOS／UEFI 設定画面では、マザーボードに接続されたハードウェアの設定を確認し、変更することができます。変更された設定情報は CMOS と呼ばれる不揮発性 RAM（NVRAM）※に保存されます。

※不揮発性 RAM（NVRAM : Non-volatile RAM）は、電源を供給しなくても記憶を保持するメモリの総称です。それに対し電源を供給しないと記憶が保持できないメモリは揮発性メモリと呼ばれます。

BIOS／UEFI 設定画面で設定できる情報には以下のものがあります。

①システム日付と時間

　システムの現在の日付と時間を設定します。

②クロック速度

　CPU の処理速度の指標としてクロック速度があります。このクロック速度は変更することができます。クロック速度は CPU だけでなく、メモリとシステムバスにも存在し、速度を速く設定することで、各コンポーネントを定格以上の速度で動作させることが可能です。これをオーバークロックといいますが、CPU、メモリ、システムバス、三者のクロック速度を調和させることが必要で、設定には高度な知識が要求されます。また発熱が増加する等の理由で、各コンポーネントが故障しやすい等の欠点もあり、通常の利用においては、クロック速度の設定を変更することは推奨できません。

③仮想化対応

　Windows の「Hyper-V クライアント」を利用する条件として、CPU が仮想化支援機能に対応していることがあげられます。しかし、CPU が仮想化支援機能に対応していても、BIOS／UEFI の初期設定で仮想化支援機能が OFF になっている場合があります。その場合、設定画面で仮想化支援機能を ON にする必要があります。

　仮想化支援機能は Intel 系では Intel XD Bit 又は Intel-VT と呼ばれています。また、AMD 系製品では AMD-V（AMD SVM）と呼ばれています。

④システムのブート方法

　ブートするデバイスとドライブの順番を設定します。ブート可能なドライブには、以下のようなものがあります。

・リムーバブルドライブ
・ハードディスクドライブ
・CD-ROM/DVD-ROM ドライブ
・ネットワーク
　通常、優先順位の高いデバイスにドライブが存在すれば、そのドライブから起動し、ドライブが存在しなければ、次のデバイスを確認します。

⑤その他のデバイスの設定
　BIOS／UEFI 設定画面ではその他に以下のようなデバイスの設定ができます。
・IDE コントローラ／SATA コントローラ情報
・セットアッププログラムメニューのための言語
・ビデオカードの優先度
・マウス
・RAM 情報
・USB の設定

④BIOS／UEFI のセキュリティ機能
　設定画面で指定できるセキュリティ機能には以下のものがありますが、実際に指定可能機能は、製品ごとに異なります。

（ⅰ）パスワード
　パスワードには 2 つのタイプがあります。
・PC を起動する際に要求するパスワード
・BIOS／UEFI 設定画面を使用する場合に要求するパスワード
　前者を忘れた場合、BIOS／UEFI チップの交換等の特殊な方法を用いない限り、その PC を使用することができなくなります。

（ⅱ）ハードディスク暗号化
　ハードディスク全体を暗号化する機能を提供します。通常、BIOS／UEFI 設定画面パスワードと組み合わせて使用され、パスワードを入力すると、自動的に書き込みデータは暗号化され、読み出しデータは復号されます。

（ⅲ）TPM（Trusted Platform Module）
　TPM は、マザーボード上に用意された、暗号化／復号等のセキュリティ処理を専門に行う LSI（Large Scale Integration：大規模集積回路）のことで、暗号鍵やパスワード等を記憶する不揮発性メモリも備えています。TPM に記憶された暗号鍵等は、外部からアクセスできない仕組みであり、HDD に暗号鍵を保存する場合と比較して、よりセキュリティ強度が高まります。Windows では Bitlocker が TPM

を利用しています。TPM を使用するためには、TPM 対応のマザーボードと BIOS ／UEFI が必要で、対応している場合には、その ON ／OFF を設定することができます。

　なお、Windows 11 では、TPM 2.0 の実装が必須になりました。

（iv）診断機能

　BIOS ／UEFI には、POST（Power On Self Test : 自己診断機能）と呼ばれる自己診断機能があり、PC 起動時にメモリや入出力装置のチェックを実施し、何らかのエラーを発見したら、ビープ音や、画面表示等で警告します。また、設定画面から、CPU、メモリ、ハードディスクドライブ、光学ドライブ、入出力インタフェース等を診断できる機種もあります。

（v）監視

　マザーボードには、CPU やマザーボードの温度、各種電圧、ファン回転数等の状態を取得するモニタリングチップが搭載されており、設定画面でその情報を確認することができます。また、クロック数、バス速度等の設定画面で、現在の設定を確認することができます。機種によっては、PC のケースが開いた状態であることを検出しエラーを表示する機能「シャーシ侵入検知機能（Chassis Intrusion detection）」を提供している場合もあります。

3. オペレーティングシステム

　オペレーティングシステム（OS）は、コンピュータのさまざまなハードウェアとソフトウェアを管理し、利用者が使いやすいサービスを提供するソフトウェアです。

　具体的には、ハードウェアの各種資源の管理とその効率的使用のための制御プログラム、プログラム開発のための言語プロセッサ及びコンピュータの利用を支援するための各種支援プログラム（サービスプログラム）から構成されています。

4. アプリケーション

　アプリケーションは、利用目的に対応したソフトウェアで、業務や業種に限定したものからコンピュータ利用者に共通的に使用されるものまで広範囲にわたっています。

5. ミドルウェア

　ミドルウェアは、OS とアプリケーションの中間に位置し、多数のアプリケーションが共通に利用する基本処理機能を、標準化されたインタフェースでアプリケーションから利用できるようにするためのソフトウェアです。

　アプリケーションで共通して利用される機能は、通常、OS の機能として実装されますが、これらの機能は、どんなアプリケーションでも必要とされるような基本的なものに限られます。そのため、特定の分野では必ず必要とされるような機能や、多数のア

プリケーションで共通に利用する基本処理機能は、ミドルウェアで提供されることになります。データベース管理システム、通信管理システム、ソフトウェア開発支援ツール、運用管理ツール等が、これに該当します。

6. デバイスドライバ

　デバイスドライバは、コンピュータに内蔵された装置や周辺装置を制御するためのソフトウェアです。デバイスドライバは装置ごとに異なりますので、装置を正しく動作させるためには、その装置に適したデバイスドライバを組み込む必要があります。

　代表的な装置のデバイスドライバは OS に初めから用意されており、その場合には、装置の接続時にプラグアンドプレイによって自動的に認識され、適切なドライバがインストールされます。OS に用意されていないデバイスドライバは、装置に添付させているデバイスドライバが収録されているディスクを使用して、あるいは装置の製造メーカの Web サイトからダウンロードして、手動でインストールします。

　Windows では、デバイスドライバの情報はレジストリ（設定情報のデータベース）に保存されます。

1-3-2　オペレーティングシステムの種類

　広く使用される OS には、Windows をはじめ、Chrome OS、Mac OS、iOS、Android 等さまざまな種類があります。

　これら各 OS には、それぞれに適した分野があり、ある状況で使いやすい OS が他の分野でも使いやすいとは限りませんが、共通する点も数多くあります。

1. PC 用 OS に共通する機能
①マルチタスク

　1 台のコンピュータ上で、同時に複数の作業（タスク）を処理する OS の機能です。マルチタスクでは複数のアプリケーションソフト（例えばワープロソフトと通信ソフト）が同時に動作します。これは、人間の行う操作、あるいは周辺装置の処理速度が CPU に比べて遅いため、個々の処理で CPU を独占しているかのように処理を進めることができるからです。

②マルチプロセッサ（マルチコア）対応

　CPU（コア）を複数個搭載した構成を、マルチプロセッサ（マルチコア）構成と呼びます。

　マルチプロセッサ（マルチコア）としてマシンを構成するためには、ハードウェアと OS の両方がマルチプロセッサ（マルチコア）構成をサポートする必要があります。

　ハードウェアとは、チップセット、CPU、マザーボード等がそれに該当します。

　マルチプロセッサ（マルチコア）対応のアプリケーションでは処理速度が向上するとともに、対応していないアプリケーションでも複数のアプリケーションを同時に利用する場合等は、シングルプロセッサ（コア）に比べて処理速度の低下が少ない等のメリットがあります。

③32bitOS と 64bitOS

　32bitCPU に対応した OS は、32bitOS、x86 版と呼ばれています。また、64bitCPU に対応した OS は、64bitOS、x64 版等と呼ばれます。

　32bitOS と 64bitOS とでは、デバイスドライバに互換性がありませんので、それぞれに対応したものを使用する必要があります。

　なお、アプリケーションに関しては、32bitOS では 32bit 版アプリケーションしか動作しませんが、64bitOS では、64bit 版アプリケーションに加え、多くの 32bit 版アプリケーションも動作します。

　64bit 版 Windows を利用する最大のメリットは、4GB 以上の物理メモリを、（特別な仕組みを使用しないで）利用できるという点にあります。一方、32bit 版では最大 4GB を超えることはできません。

また、64bit 対応のアプリケーションに関しても、広大なユーザメモリ空間を使用することが可能になります。

　32bit アプリケーションでは、ユーザのプロセス空間は最大でも 2GB しかありませんが、64bit 対応のアプリケーションではユーザ空間は 8TB（32bit 版の場合の 4000 倍）にまで拡大されています。

④GUI の提供

　GUI（Graphical User Interface）は、ユーザがマウス等のポインティングデバイスや指を用いて、OS を対話的に操作するための機能です。従来の、キーボードによる操作を主体とする CUI（Character User Interface）に代わり、今日のほとんどの OS に備わっています。

（ⅰ）Windows 10

　Windows 10 では、以前の Windows 7 スタイルのデスクトップと、Windows 8／8.1 スタイルのメトロ／モダン UI との融合が図られています。ユーザからの不満が多かったスタートボタン・スタートメニューの廃止やチャームバーの採用が取り消され、それぞれ復活、及び廃止されました。

　ユーザがキーボードの Windows キーを押すとスタートメニューが表示されます。スタートメニュー内では、最近使用したアプリケーションやインストール済みのアプリケーション等の一覧が左側に、ピン止めされたアプリケーションが右側に表示されます。

　また、タスクビューボタンをクリックすることによって新しいデスクトップを作る、仮想デスクトップ機能も搭載されています。

（ⅱ）Windows 11

　Windows 10 の登場から 6 年を経てリリースされた Windows の最新バージョンです。従来のスタイルを継承しつつ、デザイン、スタートメニュー、ウィンドウのスナップ、タッチキーボード、Microsoft ストアなどの機能に関する改善・新規採用が施されています。ただし、動作要件には今日使用されている PC では満たされていないものが含まれており、すべての PC で利用できるわけではありません。

（ⅱ）Mac OS

　Windows とほぼ同じユーザインタフェースを提供します。メインスクリーンの背景はデスクトップと呼ばれ、よく使用するアプリケーション等を、Windows の「タスクバーにピン留めする」と同様の機能をもつドックと呼ばれるランチャーにアイコン表示して、ワンクリックで起動することができます。

　Mac OS にも、「Spaces」と呼ばれる仮想デスクトップの機能があります。

（ⅲ）Linux

　　Linux をはじめとする UNIX 系の OS は、キーボード操作を主体とする CUI が
基本ですが、X Window System を動作させることにより、Windows や Mac OS
と同等の GUI 環境を利用することができます。

　　Windows や Mac OS の GUI 環境は、Linux ではデスクトップ環境と呼ばれ、
GNOME、KDE、LXDE、Xfce、Ubuntu Unity 等のさまざまなものを、ユーザの
好みに応じて使うことができます。

2. モバイルデバイス用の OS
　①iOS

　　iOS はアップル社が開発したモバイルオペレーティングシステムです。iPhone や
iPad 等のアップル社の製品のみで使用されています。なお、iPad では、iOS 13 以
降は使用できず、その代替として、iOS の機能を強化した iPadOS を使用します。

　　iOS／iPadOS で使用できるアプリケーションは App Store で、有料又は無料で入
手することができます。取扱量も豊富でビジネスや娯楽に使用できるさまざまなア
プリケーションが揃っています。アプリケーションの中には iPhone や iPad の傾き
具合や向きを検知して動作するものもあります。また、iOS／iPadOS には GPS 機
能や GPS のログ機能も備えられており、カーナビゲーションやトレッキングの記録
に利用することができます。それ以外にも、画面の向きを自動調整する機能や加速
度計等も備えています。

　②Android

　　Android は Google 社が開発したモバイルデバイス用のオペレーティングシステ
ムです。Android はオープンアーキテクチャですので、自由に使用することができ、
さまざまなベンダーのモバイルデバイス、スマートフォンやタブレット等に使用さ
れています。そのため、ベンダーに合わせた機能を備えています。例えば mini / micro
SD カードを備えたデバイスには mini / micro SD カードを扱えるように機能が働き
ます。

　　また、GPS、GPS のログ機能、画面の向きの自動調整、加速度計、画面の傾きや
向きの自動検出機能等、iOS／iPadOS と同等の機能も備えています。ただし、これ
らは、扱うベンダーやデバイスによって使用できる機能が変わります。

3. ファイルシステム
　①Windows
　（ⅰ）ファイルシステムの種類

　　Microsoft Windows 系列のファイルシステムには、フォーマットや管理方法に
よって、以下の種類があります。

(a) FAT（FAT16）

MS-DOS で最初に採用されたファイルシステムです。2GB を超える領域が扱えない、ファイル名は 8 文字以内などの制限があり、今日では使用されません。

(b) FAT32

FAT（FAT16）の弱点を補うために、1 ドライブとして管理できる領域を 2TB に拡張、ファイルを管理するためのインデックスデータを 32bit とし、より速いデータ検索を可能、などの拡張を施したファイルシステムです。

(c) NTFS

サーバ用の OS である Windows NT で新たに導入されたファイルシステムです。FAT32 との互換性はありません。

(d) exFAT

USB メモリやメモリカード等のリムーバブルメディア向けのファイルシステムです。

Windows Embedded CE 6.0 以降や Windows Vista SP1 以降で採用されています。

(e) CDFS

Windows 95 から採用された CD-ROM 用のファイルフォーマットです。CD-ROM のファイルシステムには ISO 9660 という共通仕様がありますが、8.3 形式（ファイル名 8 文字以下、拡張子 3 文字以下）のファイル名しか扱えない等制限があります。CDFS は、ISO 9660 の上位互換を保ちながら、255 文字までの長いファイル名に対応しています。

なお、DVD や Blu-ray では UDF（Universal Disk Format）というファイルフォーマットが使用されています。

UDF には、開発時期や機能の違いにより、1.02、1.50、2.00、2.01、2.50、2.60 などのリビジョンが存在します。

Windows のバージョンごとの使用可能なファイルシステムは、次の表のとおりです。

	FAT16	FAT32	exFAT	NTFS	CDFS	UDF 2.60
Windows XP	○	○	△※1	○	○	×
Windows Vista	○	○	△※2	○	○	△※3
Windows 7	○	○	○	○	○	○
Windows 8	○	○	○	○	○	○
Windows 8.1	○	○	○	○	○	○
Windows 10	○	○	○	○	○	○
Windows 11	○	○	○	○	○	○

※1　Service Pack 2または3を適用し、exFATファイルシステムに対応させる更新プロ
　　グラムをインストールする必要がある

※2　Service Pack 1以上を適用する必要がある

※3　読み込みのみ

Windowsのバージョンごとの使用可能なファイルシステム

②Mac OS

（ⅰ）ファイルシステムの種類

(a)　HFS +（Hierarchical File System Plus）
　　後述する APFS の導入以前に利用されていたファイルシステムです。

(b)　APFS（Apple File System）
　　Apple 社が開発したファイルシステムで、2017 年に導入されました。PC 用の
Mac OS だけでなく、iPhone 用の iOS、AppleWatch 用の watchOS、iPad の iPad-
OS 用のファイルシステムとして使われています。

③Linux
　　多くの Linux ディストリビューション（配布パッケージ）では、ext4（fourth
extended file system）というファイルシステムが使用されますが、ext2 や ext3 の
ような古いファイルシステムを使用するディストリビューションもあります。
　　ext4 ファイルシステムは、最大 16TB のファイルサイズで最大 1EB のボリューム
をサポートし、ext2 及び ext3 と下位互換性があります。

1-3-3 データ形式

1. 文字コード

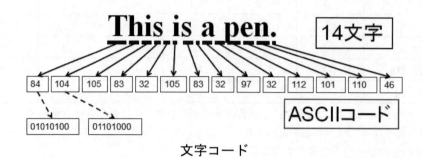

文字コード

　文字もコンピュータの中ではbit、つまり2進数の組合せで表現されます。例えばA という文字をどのように表現するかを約束事として取り決めたものを文字コードといいます。文字コードは各国や各コンピュータで互換性を保つことができるよう規格で決められています。

　代表的な文字コードには、次のようなものがあります。

コード名	特　徴
ASCIIコード （アスキー）	ANSI（米国規格協会）が制定した7ビットコードで、誤り検査のためのビットと合わせて1文字を8ビットで表現する。128種類の英数字を表現できるが、カナ文字や漢字は含まれない。
JISコード （ジス）	JISC（日本産業標準調査会）が制定したコード体系である。英数とカタカナを扱う8ビットコードと、全角文字を扱う16ビットコードがあり、その切り替えにエスケープシーケンスと呼ばれる切り替え用の文字が必要。
シフトJIS コード	JISコードを改良し、切り替え用の文字を不要にしたもの。漢字1文字を2バイト（16ビット）で表現する。
EUC	拡張UNIXコードとも呼ばれ、全角文字と半角カタカナ文字を2バイト又は3バイトで表現する。
Unicode （ユニコード）	ISO（国際標準化機構）が制定したコード体系である。当初2バイト（UCS-2）で規格されたが、その後、文字の追加や異体字表現の採用で4バイト（UCS-4）まで定義されている。なお、UCS-2やUSC-4を1バイト以上の不定長の文字コードに変換する仕様（Unicode Transformation Format）にUTF-8がある。UTF-8はASCIIコードと上位互換性があるためPC上で広く使用されている。

2. 文書（TXT、PDF）

文書をファイルに保存する際の形式には、次のようなものがあります。

①TXT

文字コードだけで構成されたファイル形式です。コンピュータや OS の種類に関係なく利用することができます。

②PDF（Portable Document Format）

イメージでデータを表示するファイル形式です。コンピュータやOSの種類に関係なく利用することができます。文字化けの心配がないため、インターネット上等で文書配布を行うときに使われます。

3. 画像、音声、動画データの表現

今日では、文字に加えて静止画、動画といった画像や音声等のマルチメディアを表現するデータをコンピュータで取り扱うことができるようになっています。マルチメディアデータは、ディジタル化したのち、一定の形式で符号化して利用します。

①画像

通常、画像はドット（点）の集まりで表現され、このような形式の画像データを bit マップ、またはラスターデータといいます。画像は、1インチ（2.5 cm）当たりいくつのドット（点）で表現するかによって、解像度が決定されます。

解像度は、画面では 72 dpi（dot per inch：1インチ当たりのドット数）、プリンタでは 300〜1,200 dpi 程度です。

カラーの画像データはドットごとに色の情報を保持しており、光の三原色である赤（R：red）、緑（G：green）、青（B：blue）の各色の輝度（色の明るさ）を変え表現しています。このドットを画素、もしくはピクセルといいます。

RGB の三原色を全て最高輝度にすると白色、全てを最低輝度にすると黒色となります。また三原色の輝度を同じ値にすると、灰色が表現可能です。

赤を最高輝度にし、残り2つを最低輝度にすれば赤色が表現できます。赤と青を組み合わせれば紫色になります。このようにして三原色とそれぞれの輝度を組み合わせて色を表現します。

各色の輝度情報に 2bit を割り当てると 64 色を表現できます。2bit を 10 進整数化すると 0〜3 までの 4 種類となり、各色（三原色それぞれ）に 4 種類設定されるので、4×4×4 の 64 通りの表現が可能となります。

各色の輝度情報に 4bit（2進数4桁）を割り当てた場合、4bit を 10 進整数化すると 0〜15 までの 16 種類となるため、16×16×16 の 4,096 色が表現可能となります。

各色の輝度情報に 8bit（2 進数 8 桁）を割り当てた場合、8bit を 10 進整数化すると 0〜255 までの 256 種類となるので、256×256×256＝1,677 万 7,216 色を表現可能です。

　この各色 8bit（三原色合計で 24bit）の画面の色は Windows コンピュータで True Color と呼ばれています。32bit の True Color も存在します。この場合、追加の 8bit は透明度等を表現するために、対応アプリケーションから利用されます。

　24bit、もしくは 32bit の True Color に対して、[16bit カラー]は、G のみ 6bit で 64 種類として、R と B をそれぞれ 5bit で 32 種類表現可能としたものです。結果として 64×32×32＝65,536 色が表現可能となります。Windows コンピュータでは High Color と呼ばれています。

　画像は非常に情報量が多いのが特徴です。例えば、640×480 の画像を 24bit カラーで表現しようとすると、1 ピクセル（3Byte）×640×480＝92 万 Byte が必要になります。

表現可能な色数	64 (4×4×4)	65,536 (32×64×32)	16,777,216 (256×256×256)
輝度情報	6bit	16bit	24bit
階調	R:4 段階 G:4 段階 B:4 段階	R:32 段階 G:64 段階 B:32 段階	R:256 段階 G:256 段階 B:256 段階

画像の表現方法

（ⅰ）代表的な画像形式

（a）BMP（Microsoft Windows Bitmap Image）

　Microsoft 社が Windows の静止画像の標準的なファイル形式として定めている方法で、データをドットの集まりとして、基本的に無圧縮で保存します。白黒（2 値）の画像からフルカラーまで扱うことができます。現在では Mac 用、PC 用を問わず、多くのプログラムで扱うことができます。

　例えば、10×10 ピクセルの BMP イメージには、100 ピクセルの色データが含まれます。この方法は、鮮明で品質の高い画像表示を可能にしますが、ファイルサイズが大きくなります。そのため、画面表示用ではなく印刷用として用いられることが多くなります。

（b）JPEG（Joint Photographic Experts Group）

　コンピュータ画像ファイル用の圧縮アルゴリズムの標準を開発、管理する ISO/IEC グループによって国際規格化された、ディジタルカメラやインターネット

上で広く利用される画像の圧縮形式です。正式なフォーマットは ISO/IEC 10918 で規定されています。

　JPEG ファイルは、圧縮品質の範囲（実際には圧縮アルゴリズム）を選択することによって作成され、通常は非可逆圧縮が行われます。

(c)　GIF（Graphic Interchange Format）

　元々は米国の PC 通信ネットワーク「CompuServe」で用いられていた形式ですが、JPEG と同様、インターネット上で広く用いられています。

　他の画像フォーマットがフルカラー（約 1,677 万色）を表示できるのに対し、GIF では最大 256 色までしか表示できません。ただし、特定色を透明化して画像の背景を透過表示する「透過 GIF」、複数画像を 1 つのファイルに収めてアニメーション表示する「GIF アニメーション」、ファイル読込みの進捗に合わせて段階的に画像を表示する「インタレース GIF」等が利用でき、これらの特長を活かして、Web ページ内のバナーやロゴ、背景、ボタン等に幅広く利用されています。

　GIF では、米 Unisys 社が特許を保有する「LZW 圧縮アルゴリズム」という、可逆圧縮形式が用いられています。

(d)　PNG（Portable Network Graphics）

　米 Unisys 社が、GIF 形式の画像を扱うソフトウェアに対し特許権を行使する、つまり特許料の支払要求を発表したことを受け、GIF に代わる画像フォーマットとして W3C（WWW に関する技術の標準化を推進する団体）によって開発された画像フォーマットです。

　PNG ファイルは可逆形式で圧縮され、フルカラーの表示や、特定色の透明化、半透明化、インタレース表示を行うことができますが、アニメーション表示は行えません。

②音声
（ⅰ）WAV 形式

　　Windows 標準のサウンドファイルの形式です。WAVE 形式とも呼ばれており、音声信号をディジタルデータに変換したものを記録するための保存形式等を規定しています。標準では PCM（無圧縮）方式等に対応しています。拡張子は.wav になります。

（ⅱ）PCM（Pulse Code Modulation）方式

　　サウンドをディジタルデータに変換する方式の一種です。

　　アナログデータであるサウンドは、コンピュータにより一定時間ごとに数値化（サンプリング：標本化ともいいます）して変換、記録されます。

　　サンプリングではサウンドを、次の 2 つの要素でディジタル化します。

・サンプリング周波数：1秒間に何回のディジタルデータ（つまり bit）に変換するかという基準。

・量子化 bit：何 bit でサウンドの高低を表現するかを決定する。

通常のオーディオ CD（CD-DA（Compact Disc Digital Audio））が PCM を採用しています。

CD-DA の PCM ではサンプリング周波数が 44.1KHz（1秒間に 44,100 回サンプリング）、量子化 bit 数が 16bit（1 回のサンプリングごとのサウンドの高低が 65,536 段階）でサウンドデータを表現しています。なお、これはモノラルの場合なので、ステレオ CD-DA の場合はこの倍の値になります。

つまり、CD-DA 相当の PCM サンプリングの WAV 形式では、モノラル 1 秒当たり 705,600bit＝88.2KB の容量を必要とします。

サンプリング周波数が低い（回数が少ない）ほど、サウンドの質は下がります。同様に、量子化 bit 数が小さいと、高音や低音等の表現ができなくなっていきます。ただし、サンプリング周波数や量子化 bit 数を小さくすることにより、サウンドファイルの容量を抑えることが可能となります。

（ⅲ）MP3（MPEG1 Audio Layer-3）形式

MP3 は、MPEG1 Audio Layer-3 の略で音声圧縮技術の規格の名称です。元々は MPEG-1（後述）用の音声圧縮形式として規定されたものです。

具体的には、WAVE ファイルから MP3 ファイルへの変換で、音質の劣化を最小限に留め、約 11 分の 1 の容量に圧縮することができます。

圧縮のメカニズムとしては、人間が聞き取れない音（高周波、低周波等）をカットする方式を用いているため、CD-DA と聞き比べてもあまり差が感じられません。

広く普及している規格ですが、その反面、著作権保護機能がないために問題にもなっています。

（ⅳ）MIDI（Musical Instruments Digital Interface）

シンセサイザなどの電子楽器で利用されている音声処理のファイル形式です。音そのものではなく、楽器制御用ディジタルコードの規格です。MIDI ファイルは、楽器の演奏情報を 2 桁ごとの 16 進数（00〜FF、10 進数では 0〜255）で記述したバイナリファイル（任意のビット列によって構成されるデータを格納したファイル）です。

③動画

動画の規格にはさまざまなものがありますが、ここでは MPEG（Moving Picture Experts Group：ISO により設置された動画形式の標準化に関わる専門組織）で規定された 3 種類について解説します。下記の 3 種類とも、音声付き動画のデータ形式です。

（ⅰ）MPEG-1（Moving Picture Experts Group phase 1）

　画質的には VHS 記録のビデオ相当の動画の規格です。日本国内にはあまり存在しませんが、Video-CD 規格（動画フォーマットの CD-ROM）で利用されています。

　再生時に動画と音声合わせて 1.5Mbps のデータ伝送を必要とします。

　計算上、1 分間の MPEG-1 データのファイルサイズは、60 秒×1.5Mbps＝60 秒×196,608B＝11,796,480B＝11.25MB となります。

（ⅱ）MPEG-2（Moving Picture Experts Group phase 2）

　DVD-Video や報道映像等で利用されている動画の規格になります。

　高音質、高画質ですが、反面ファイルサイズが巨大になります。

　再生時に動画と音声合わせて 4Mbps〜15Mbps のデータ伝送を必要とします。

　計算上、1 分間の 6Mbps 伝送による MPEG-2 データのファイルサイズは、60 秒×6Mbps＝60 秒×786,432B＝47,185,920B＝45MB となります。

（ⅲ）MPEG-4

　現在 MPEG-4 で規定されている動画符号化方式には、Part2 方式と Part10 方式があります。

　MPEG-4 (Part 2)方式は、通信速度の低い回線を利用して高圧縮率の映像配信を目的とした規格で、動画と音声を合わせて 64Kbps 程度のデータ転送速度で再生できることが特徴です。

　計算上、1 分間の 64Kbps 伝送による MPEG-4 データのファイルサイズは、60 秒×64Kbps＝60 秒×8,192B＝491,520B≒0.47MB となります。

　MPEG-4（Part10)は、ITU-T（国際電気通信連合−電気通信標準化部門）で規定された映像を符号化する方式で、H.264/AVC とも呼ばれています。H.264 は従来の MPEG-2 より 2 倍以上の圧縮効率を実現するといわれていて、携帯電話向けの低 bit レートから、HDTV クラスの高 bit レートまで利用されることを想定しています。

4. アーカイブ

　書庫とも呼ばれ、長期保管用に作成されたデータファイルです。作成の際に圧縮されることが一般的です。その際、動画像や静止画像、音声等とは異なり、圧縮データを完全に元のデータに復元することができる「可逆圧縮」が使用されます。

　①代表的な圧縮形式

（ⅰ）ZIP

　米国 PKWARE Inc.によって開発されたアーカイブ形式で、世界中で最も広く利用されています。圧縮ファイルには拡張子 ZIP が付きます。

（ⅱ）LHA

　　日本で開発されたフリーウェアの圧縮ユーティリティで、圧縮ファイルには、拡張子 LZH が付きます。PC 通信からインターネットに至るまで、特に日本国内で広く利用されましたが、ウイルス対策ソフトへの対応の遅れ等を理由に、使用を控えることが推奨されています。

（ⅲ）RAR

　　ロシアで開発された、データ圧縮、エラー回復、ファイルスパニングをサポートするアーカイブ形式です。圧縮ファイルには拡張子 RAR が付きます。一般に、ZIP 形式よりも圧縮率が高くなります。

1-3-4　仮想化技術

　コスト削減やセキュリティ強化が実現できる手段として、今日急速に普及している技術に「仮想化」があります。これは、CPUやハードディスク、ネットワーク等の物理リソースを、実際の数以上のリソースが稼働しているように見せることができる技術です。

1. サーバの仮想化

　1台の物理サーバを複数台の仮想サーバに分割して利用する仕組みです。それぞれの仮想サーバ上で個別にOSやアプリケーションを実行させることができ、独立したコンピュータのように使用することができます。サーバ仮想化による代表的なメリットは次のとおりです。

・サーバ台数の集約

　　仮想サーバでは、データセンタ内の物理的な設置スペースを大幅に減らすことができます。その結果、サーバ自体の消費電力や冷却のための電力、UPS、ネットワーク関連、運用・保守等に要するコストに対する大きな削減効果があります。

・事業継続／災害対策

　　災害が発生してメインサイトでの業務の継続が困難になった場合、仮想サーバのシステムとデータをバックアップサイトの仮想化環境にコピーして、同じシステム環境を立ち上げることにより、業務を速やかに再開することができます。

　①サーバ仮想化の手法

　　仮想サーバを作成する方法は、ホストOS型とハイパーバイザ型に大別されます。

　（ⅰ）ホストOS型

　　物理サーバ上で稼働する1つのOS（ホストOS）に仮想化ソフトをインストールし、その上で仮想マシンを立ち上げ、仮想化を実現します。

　　手軽に構築できる反面、ホストOS経由でハードウェアの入出力処理を実行するため、オーバヘッドが大きいのが欠点です。

　（ⅱ）ハイパーバイザ型

　　物理ハードウェアの上にハイパーバイザと呼ばれる仮想化を実現するためのレイヤーが作られ、その上で仮想マシンが実行されます。

　　ハイパーバイザがダイレクトにハードウェアを制御するため、ホストOS型と比べて、ゲストOSの動作速度の低下を最小限に抑えられるという長所があります。

仮想化を実現するソフトウェアをVMM（Virtual Machine Monitor）といい、一般に、次に挙げる運用管理機能を備えています。

①ライブマイグレーション
　稼働中の仮想サーバを停止させることなく別の物理サーバに移動させる機能です。この機能により、物理サーバの負荷状態に応じて仮想マシンを移動させる「負荷分散」や、物理サーバに障害が発生した場合に、仮想マシンを別の物理サーバで起動して処理を継続する「クラスタ機能」等が実現できます。

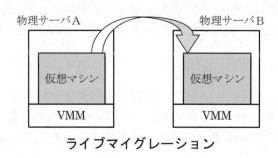

ライブマイグレーション

②シンプロビジョニング
　ストレージを仮想化することにより、実際に使用している量だけを割り当てる機能です。

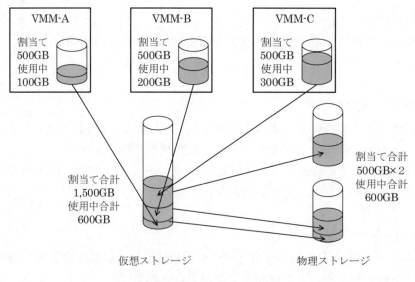

シンプロビジョニング

2. デスクトップ仮想化
　仮想化技術を用いて、クライアントPCのデスクトップ環境をサーバ側に集約し、サーバ上で稼働させる仕組みです。仮想デスクトップやクライアント仮想化、シンクラ

イアントシステム等とも呼ばれます。また、インターネット越しにパブリッククラウドからデスクトップ環境を提供した場合には、DaaS (Desktop as a Service)と呼ばれます。

　実行するアプリケーションはデータセンタ等に設置されたコンピュータ内にあるため、利用環境であるクライアント PC にはアプリケーションをインストールする必要がなく、また、クライアント PC は実行結果の画面を受け取るだけですので、クライアント PC にはデータ自体は残りません。

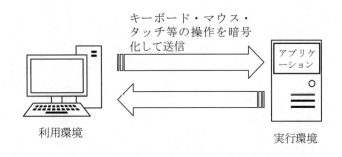

デスクトップ仮想化

3. 仮想デスクトップ

　コンピュータに接続された 1 つの物理的なディスプレイに対し、独立した複数の仮想的なデスクトップ環境や、ディスプレイの表示領域を超えるより広い連続したデスクトップ空間の提供を行う機能です。

第2章
ネットワークテクノロジ

2-1ネットワークの種類

2-1-1 ネットワークエリア

1. PAN（Personal Area Network）

　個人が利用するネットワークのことで、PC 又は携帯端末を中心として、数 m 程度の人の手が届く範囲にあるデバイスを接続しているネットワークを指します。ネットワーク媒体として、USB、無線 LAN（IEEE 802.11 シリーズ）、Bluetooth 等を使用します。

　無線 LAN や Bluetooth を利用している場合、WPAN（Wireless PAN）と呼ぶこともあります。Bluetooth では、PAN と同じ概念をピコネット（piconet）と呼んでいます。

2. LAN（Local Area Network）

　ビル内やオフィス内等、私有地内でコンピュータ同士を接続したネットワークのことです。私設のネットワークですので利用料金は電気代等の維持費用だけです。

　インターネットや公衆データ網等と違い、LAN はネットワークの規模が制限されていますが、伝送速度が 100Mbps〜10Gbps と、一般的に高速な通信を実現することができます。

　ここで、bps は、bits per second（bit／秒）の略で、1 秒間に送ることができる bit 数を表します。

3. WAN（Wide Area Network）

　本社−支店間等、地理的に離れた地点にあるコンピュータ同士又は LAN 同士を、NTT や KDDI 等の通信事業者が提供する回線サービス（専用線、IP-VPN、広域イーサネット）を使用して構築された広域なネットワークのことです。

　一般的にネットワークサービスの質と速度はコストに比例します。WAN で利用する回線も回線速度に応じてコストが高くなります。利用目的に応じて適切な接続機器を選択し、リモートアクセス技術を利用して社内 LAN やインターネットと遠隔地のコンピュータを接続し、セキュリティが確保され、かつ帯域効率の高い WAN を構築します。

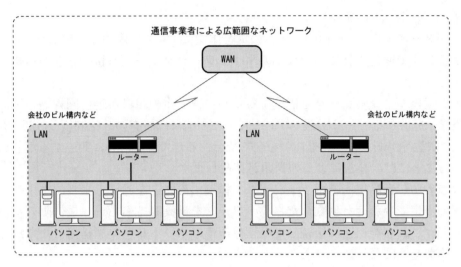

WAN

4. インターネット

　世界最大規模のネットワークがインターネットです。複数のネットワークが相互に接続されているため"ネットワークのネットワーク"と呼ばれることがあります。

　1990 年代から、急速に普及したインターネットは、通信分野ばかりではなく、私たちの生活に大きな影響を与えました。

　通信分野では、あらゆる通信技術をインターネットに取り込む方向に進んでいます。従来はインターネットに接続する手段として用いていた電話も、現在は"IP 電話"として、インターネットの技術が利用されています。

　インターネットの最大の価値は、世界規模のオープンなネットワーク、という点にあります。このネットワークを利用することで、世界中の人とコミュニケーションをとることができます。

　①インターネットの構成

　　インターネットは、複数の自律システム（AS：Autonomous System）がインターネットエクスチェンジ（IX：Internet Exchange）で相互に接続されています。

　　自律システムとは、独自のポリシーにより運営された範囲で、仮にインターネットから切り離されても独自に動作するネットワークです。自律システムの多くは ISP（Internet Service Provider）により運営されています。

　　インターネットのユーザは、自律システムを運用する ISP と契約し、通信事業者が提供するアクセス回線を使って自律システムに接続し、インターネットを利用します。

②インターネットの発展

　インターネットは、自律システムの集合体です。中央集権的な管理は行わず、独自のポリシーで運営されている大小のネットワークグループを接続しながら発達してきました。

　世界規模のネットワークを構築するために、特定の組織が通信回線等のインフラを整備・提供することは困難です。それぞれの国には特有の政治制度、言語、教育、文化、宗教等があります。それらを全て統合する形で、全世界に共通するポリシーを定めることには、非常に多くの課題が存在します。

　はじめから世界規模のネットワークを構築することを考えるより、まずそれぞれの国の実情に合わせた独立したネットワークを構築してもらい、最低限のルールを定めて、これらを相互に接続して全世界規模のネットワークを構築した方が、より現実的な選択になります。

　このように、自律したネットワークを相互接続することで、インターネットは巨大なネットワークとして発達を続けてきました。

2-1-2 ネットワークトポロジ

トポロジ（topology）とは、本来、位相幾何学、地形学という意味です。この意味から派生して、もののつながりや構成等を指す場合に用いられます。

トポロジは、ネットワークの接続方法によって、次に挙げるいくつかの種類があります。

1. バス型

バス（bus）トポロジとは、1本の伝送路にコンピュータや装置を並列に接続する形状のことです。ケーブルの両端にはターミネータという抵抗器を接続して終端であることを示します。

データ通信は双方向に行われるため、同時に複数のコンピュータからデータ送信を行うとデータの衝突（コリジョン）が発生します。これを回避するため、アクセスを制御する必要があります。

バストポロジは、単純でコストが安くすむため、比較的小さなLAN環境に向いています。

一方、故障の早期発見が難しい、配線の変更がしにくい等の欠点もあります。過去に多く使用されていたトポロジで、現在のLANではほとんど使われていません。

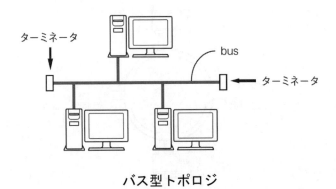

バス型トポロジ

2. スター型

中央にハブ又は変換器を置き、そのまわりにコンピュータを配置します。ハブとコンピュータをケーブルで接続した配置が星型になることから、スター型と呼ばれています。現在のLANでは主流のトポロジになります。ケーブルはコンピュータから1本ずつ配線されるので、ケーブルの故障に際して他のコンピュータに与える影響は少なくてすみます。ただし、ハブが故障すると全体に影響を及ぼします。

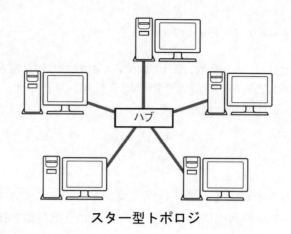

スター型トポロジ

3. リング型

　リング状に配置されている伝送路にコンピュータや装置を接続します。

　リング型は、トークンと呼ばれる情報をバケツリレーのように一方向に巡回させてデータを伝送します。したがって、伝送速度が下がりにくい、データのコリジョンが発生しない、という利点がありますが、1箇所が故障すると全体がダウンしてしまうという欠点もあります。古くは一部のLANで使用されましたが、現在はほとんど使われていません。

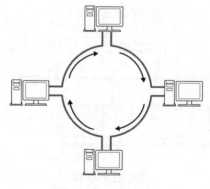

リング型トポロジ

4. メッシュ型

　バス、スター、リング型それぞれを組み合わせて構築されます。それぞれの型が細かい網目状に接続されているように見えることから、メッシュ型と呼ばれ、公衆回線網等で使用されています。

　基本的にポイントツーマルチポイント（1対多）又はマルチポイントツーマルチポイント（多対多：Any to Any とも呼ぶ）による接続であり、各端末がそれぞれ送信元になることができます。

また回線にトラブルが発生したとき代替経路をもつため、高い耐障害性（フォール
トトレランス）と安定した伝送性を必要とされる WAN 等で利用されます。一方、構成
が複雑なために構築が難しい、またコストがかかるという欠点があります。

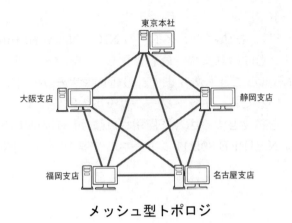

メッシュ型トポロジ

5. ハイブリッド型
　基本的なトポロジを組み合わせたトポロジをハイブリッド型といいます。メッシュ
型はハイブリッド型の一種です。

　以上の接続方法の他に、ネットワークの構成方法の違いで、次の 2 つのトポロジに
よって表現されます。
・物理トポロジ
　ケーブリング等により物理的に構成されたもの
・論理トポロジ
　スイッチの機能等により論理的に構成されたもの

2-2 ネットワークの構成

2-2-1 ネットワークの構成機器

1. ネットワークカード

　ネットワークカードは、拡張ボードタイプの NIC（Network Interface Card）のことで、LAN アダプタとも呼ばれます。最も普及しているイーサネットに接続するためのカードと位置付けられることもあります。最近のマザーボードは例外なくオンボードで NIC を装備しているため、ネットワークカードの需要は少ないですが、サーバマシン等で複数の NIC を必要とする場合に使用されます。その他の代表的なネットワークカードに、無線 LAN（IEEE 802.11 シリーズ）アダプタカード等があります。

2. LAN 間接続機器

①リピータハブ

　リピータハブとは、複数のホストを LAN 等のネットワークへ接続する際に、ケーブルを分岐及び中継するために使用される機器で、単にハブ、又は集線装置とも呼ばれます。10BASE-T が普及した当時に使用されていた接続機器で、現在はあまり利用されていません。

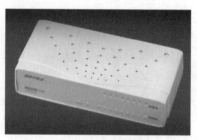

リピータハブ

　10BASE-T 等のツイストペアによるイーサネット接続では、ハブを中心にして各コンピュータをケーブルでスター状に接続することによりネットワークを構築します。

　機能としては、接続距離を延長するための信号増幅機能（リピータ機能）をもちます。

　ケーブルのコネクタを接続する部分をポートといい、4、8、12、16、24 ポート等の種類があります。

8 ポートのスイッチングハブ（後述）

　■コリジョンドメイン

　初期のイーサネットでは、データの衝突が起こる CSMA/CD 方式（詳細は後述）で通信を行いました。このときの、衝突が起こる範囲のことをコリジョンドメインと呼びます。リピータハブを使用したネットワークにおいて、このコリジョンドメイン内では、同時には 1 対 1 での通信しか行えません。

②ブリッジ

　10BASE5 や 10BASE2 等の同軸ケーブルのイーサネットで使用されていたレガ

シーデバイスです。

LAN のセグメント（何らかの基準により分割されたネットワークの物理的な範囲のこと）間の相互接続を中継する機器で、OSI 参照モデル（2-3-1 ネットワークモデルを参照）のデータリンク層（レイヤ2）でフレーム（データリンク層におけるデータの単位）を中継します。コリジョンドメインの分割のために設置されます。

ブリッジは、中継している複数のセグメントがある場合、MAC アドレス（機器毎に割り当てられている 48 ビットの識別番号のこと）を基に1つのセグメントで送受信されるフレームを他のセグメントへ送信しないようフィルタリングを行います。

■ブリッジの機能
ブリッジの基本動作は、次のようになります。
ブリッジがセグメント A 及び B のフレームを受信し、全てのフレームの送信元 MAC アドレスを調べます。

次の例ではホスト5がホスト4へ送信し、ホスト6がホスト2へ送信した結果、セグメント B にはホスト5及び6が存在することがブリッジ上でわかります。

このようにしてブリッジは、セグメントと MAC アドレスの関係を自動的に学習し、アドレステーブルへ MAC アドレスを登録します。

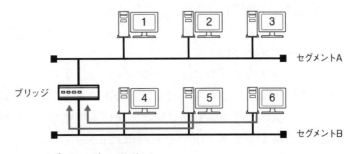

ブリッジアドレステーブル

MACアドレス	セグメント
1	A
2	
3	A
4	B
5	B
6	B

ブリッジの動作 1

ブリッジ上のアドレステーブルへの登録があり、宛先が送信元と同一セグメントのフレームを受信した場合、ブリッジはフレームの中継を行いません。
また、アドレステーブルへの登録がない場合は、フレーム内の送信元 MAC アドレスを元にアドレステーブルへ登録を行い、フレームを全セグメントへ中継します。
上記の例ではホスト5の宛先はホスト4であり同一セグメントのため、中継はせずにフレームを破棄します。

ホスト6の宛先はホスト2であり、アドレステーブルに存在しないため、フレームをセグメント A へ中継します。

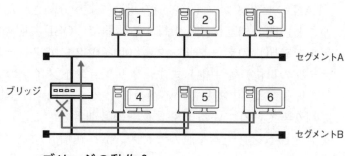

ブリッジアドレステーブル

MACアドレス	セグメント
1	A
2	A
3	A
4	B
5	B
6	B

ブリッジの動作2

　このように、ブリッジが受信したフレームの宛先と MAC アドレスが登録され
たブリッジのアドレステーブルを比較し、該当する端末が存在しないポートに対
してフィルタリングを行うことによって、該当するポートのみへフレームを中継
します。受信したポートと同じポートに宛先の端末があればフレームを破棄する
ので、ブリッジを越えたセグメントへ不要なフレームは中継されません。ただし、
アドレステーブルに存在しない宛先をもつフレームを受信した場合は、受信ポー
ト以外の全てのポートに対しブロードキャストします。なお、1 対 1 で行われる
通信をユニキャスト、1対多で行われる通信のことをブロードキャストと呼びま
す（詳細は後述）。

③スイッチングハブ

　現在のハブの主流がスイッチングハブで、単にス
イッチと呼ばれることもあります。OSI 参照モデル
のデータリンク層（レイヤ2）でフレーム中継する
機器で、レイヤ2スイッチとも呼ばれます。

スイッチングハブ

（ⅰ）スイッチングハブの仕組み

　　スイッチングハブの基本的動作はブリッジと同じです。ブリッジとの相違点
は、ブリッジはソフトウェアでMAC アドレスの判断を処理するのに対し、スイ
ッチングハブはASIC（Application Specific Integrated Circuit）という特定用
途向けIC（一般的に「チップ」と呼ばれます）によるハードウェアスイッチン
グを行っており、処理能力が向上しています。

　　スイッチングハブはブリッジと同様に、受信したフレームの MAC アドレス
に基づいて中継先のポートを選択しています。こうした仕組みによって、コリ
ジョンを抑え、ネットワークのパフォーマンスを向上することができるだけで
なく、100BASE-TX と 1000BASE-T、のように異なる速度のネットワークを混
在させることが可能になっています。また、スイッチングハブ同士を接続して
接続可能なポート数を増やすカスケード接続ができ、カスケード接続の台数に

は制限はありません。

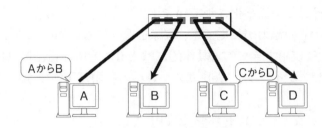

スイッチングハブの仕組み

（ⅱ）オートネゴシエーション機能

　1000BASE-T で全二重通信が使えると、理論的には上り下り合わせて 2Gbps という、高速通信が可能です。しかし、これらの機能は、通信する機器がお互いに対応していなければなりません。片方しか対応していないと、1000BASE-T →100BASE-TX、全二重通信→半二重通信といった具合に遅いほうの規格に合わせて動作します。このように、対応している機器同士が接続時に自動的に調べてくれる機能をオートネゴシエーションと呼びます。次のような機能が自動でネゴシエーションされます。

・100M/1G/10G 等の自動切り替え
・半二重、全二重の自動切り替え
・AutoMDI/MDI-X

　ポートの MDI（ストレート）と MDI-X（クロス）を接続先に応じて自動認識して切り替える機能のことです。ユーザは意識することなく、ポートを通常ポートとしてもカスケードポートとしても利用できるようになります。

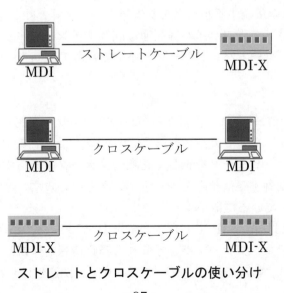

ストレートとクロスケーブルの使い分け

（ⅲ）PoE（Power over Ethernet）

PoE とは、ツイストペアケーブルを利用して電力を供給する技術のことです。IEEE 802.3af として標準化されています。

48V で 15.4W の電力が給電でき、電源を取りにくい場所に置く機器等に電力を供給するために使用できます。具体的には VoIP 対応の電話機（IP 電話）や無線LAN のアクセスポイント、Web カメラ等への利用が可能です。

（ⅳ）スパニングツリープロトコル（STP）

複数のスイッチングハブを用いた冗長構成の LAN においてループを回避する方法に、スパニングツリープロトコル（Spanning Tree Protocol）があります。これは、特定のポートをブロック状態にする（遮断する）通信プロトコルで、IEEE 802.1d で規格化されています。

④ルータ

異なるネットワーク同士を相互接続するネットワーク機器の総称で、LAN のWAN への接続、異機種 LAN 間の接続、経路の二重化等、幅広く利用されています。

OSI 参照モデルのネットワーク層（レイヤ 3）のプロトコルの処理を行い、通信経路が記述されたルーティングテーブルに従って、データを宛先のネットワークまで中継します。ネットワークアドレスを元に動作する機器になります。

ルータ

基幹ネットワークを構成するルータをコアルータ（数千万円〜）、基幹ネットワークの端に設置されるルータをエッジルータ（数万円〜数百万円）、WAN を介して遠隔地の LAN 同士を接続するルータをリモートルータ等と呼びます。

最近では、家庭等で光ファイバ等高速な回線でインターネットに接続する際に使うルータを特にブロードバンドルータと呼んでいます。

■ルータの役割

IP によって相互接続された、異なる複数のネットワーク間及び同一ネットワーク内にあるコンピュータ間でデータを送受信する際には、IP アドレスを使用することによって目的のコンピュータを正しく認識し、データを送信することができます。その情報経路を制御する仕組みをルーティングといいます。ネットワーク上で最適な経路選択を行っている機器がルータです。

IP パケットには送信元 IP アドレスと宛先 IP アドレスの情報が含まれています。

ルータはルーティングテーブルと呼ばれる経路情報を保持しています。ルーティングテーブルには、特定のネットワークアドレスと関連付けられた IP アドレスや、

ネットワークアドレスが既知でない場合に通信を転送する次のルータの IP アドレス（ネクストホップ）が含まれています。

　ルータはパケットを受け取ると、自分のルーティングテーブルとパケットの宛先アドレスを比較して、他のルータにパケットを転送するか、自分に直接接続されているネットワークの宛先ホストに直接転送するか決定します。

2-2-2 イーサネット

　LAN を構築するために標準的に使用されているのが "イーサネット" です。多くのベンダー（機器メーカー）がイーサネットに対応した機器を提供し、現在販売されているコンピュータはイーサネットに接続して通信する機能を標準で実装しています。

1. イーサネット規格

　イーサネットという言葉は、初期に普及した 10Mbps の規格（10BASE5 等）を指す場合もありますが、現在は多くのイーサネット規格の総称として使用されています。通信速度別にさまざまな規格が存在しますが、一般的には 100Mbps の "ファストイーサネット" と 1000Mbps の "ギガ bit イーサネット" が普及しています。

　イーサネットの規格名は、通信速度、伝送方式、媒体等で構成されます。

イーサネットの規格名の構成

2. 通信速度

　基本単位は "Mbps" です。1000Mbps を超える速度の規格は "Gbps" が基本単位になります。

	10Mbps	100Mbps	1000Mbps	10Gbps
規格例	10BASE-T	100BASE-TX	1000BASE-TX	10GBASE-SR

3. 伝送方法

　伝送方法には BASE 又は BROAD が入ります。BASE は "ベースバンド方式"、BROAD は "ブロードバンド方式" を表します。前者は、電線等の物理媒体に信号を直接乗せる方式で、後者は、データによって搬送波を変調して伝送する方式です。

4. 媒体等

　最後のアルファベットは伝送媒体やレーザの種類を表します。T ならツイストペア（Twist pair）ケーブルを用いる規格で、F なら光ファイバ（optical Fiber）ケーブルを用いる規格です。S は光ファイバで短波長（Shor レーザ velength）レーザを使う短距離向きの規格、L は光ファイバで長波長（Long wavelength）レーザを使う長距離向きの規格です。

　古い規格の中には数字が使われていて、通信可能な距離を意味するものもあります。

	規格例	媒体等	ケーブル長
数字	10BASE2	同軸ケーブル	185m
	10BASE5		500m
T	10BASE-T	ツイストペアケーブル	100m
	100BASE-TX		100m
	1000BASE-TX		100m
	10GBASE-T		※10GBASE-T Cat6→55m Cat6a/7→100m
F	10BASE-F	光ファイバ	2km
	100BASE-FX		
S，L	1000BASE-SX	光ファイバ	550m
	1000BASE-LX	レーザの種類	5km
	10GBASE-SR	S→短波長（短距離向）	65m
	10GBASE-LR	L→長波長（長距離向）	10km
C	1000BASE-CX	同軸ケーブル（Coaxial）	25m

規格例

【参考】　イーサネットの主な規格

通信速度	名　　　　称	規格名	通称
10Mbps	イーサネット	10BASE5	IEEE 802.3
		10BASE2	IEEE 802.3a
		10BASE-T	IEEE 802.3i
		10BASE-FL	IEEE 802.3j
100Mbps	ファストイーサネット	100BASE-TX	IEEE 802.3u
		100BASE-FX	
1000Mbps	ギガ bit イーサネット	1000BASE-LX	IEEE 802.3 z
		1000BASE-SX	
		1000BASE-TX	TIA/EIA-854
		1000BASE-T	IEEE 802.3ab
10Gbps	10 ギガ bit イーサネット	10GBASE-T	IEEE 802.3an
	10 ギガ bit イーサネット ※LAN-PHY（ラン・ファイ）	10GBASE-SR	IEEE 802.3ae
		10GBASE-LR	
		10GBASE-ER	
		10GBASE-ZR	
	10 ギガ bit イーサネット ※WAN-PHY（ワン・ファイ）	10GBASE-SW	
		10GBASE-LW	
		10GBASE-EW	
	10 ギガ bit イーサネット	10GBASE-LX4	
	10 ギガ bit イーサネット	10GBASE-CX	IEEE 802.3ak

5. アクセス制御（CSMA/CD 方式）

　CSMA/CD 方式は、イーサネットの媒体アクセス制御（MAC：Media Access Control）の方式です。"Carrier Sense Multiple Access with Collision Detection"の略で、"キャリア波感知多重アクセス／衝突検出機能付き"と訳すことができます。

　①CSMA/CD 方式の制御手順
　（ⅰ）キャリア波の感知
　　　イーサネットに接続された全ノード（端末）は、共有する通信媒体を監視し、他に通信中のノードがないかを監視します。
　　　通信中のノードがある場合には、衝突を避けるため、通信を待機（停止）します。待機中のノードは、他のノードの通信が終わったことを確認し、通信を開始します。

（ⅱ）多重アクセス

　　多重アクセスとは、複数のノードが１つの媒体にアクセスできることです。イーサネットは、回線が空いていればいつでもフレームを流すことができます。

（ⅲ）衝突検出機能

　　イーサネットは、通信媒体を複数のノードで共有するため、信号の衝突（混信）が発生します。これを"コリジョン"といいます。コリジョンが発生すると、フレームが壊れ、正常な通信ができません。

　　イーサネットは、コリジョンの発生を検出して、フレームを再送信する手順を定めています。

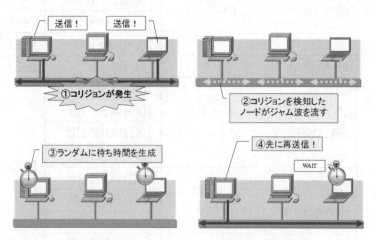

イーサネットでのコリジョン発生時の動作

■コリジョン

　　コリジョンの発生は、CSMA/CD 方式の弱点の一つです。CSMA/CD 方式は、ノード自身が媒体へのアクセスを制御します。媒体の空きを確認すると"早いもの勝ち"でアクセスするため、複数のノードが同時に媒体へアクセスするとコリジョンが発生します。CSMA/CD 方式では、コリジョンが発生した場合、次の手順でフレームの再送信を行います。

(a)コリジョンの検出

　　複数のノードが同時にフレームを送ると、媒体に定格電圧以上の電圧が流れます。各ノードは、この電圧を検知すると、コリジョンが発生したと理解します。

(b)ジャム波の送信

　　コリジョンを検出したノードは、媒体にジャム波を流します。ジャム波が流れると、各ノードは媒体にフレームを流すことを控えます。

(c)再送信

　　再送信は、"ランダムな時間"を待ち時間として使います。

ランダムな時間は"サイコロを転がす"ともいいます。各ノードがサイコロを転がすように、異なる待ち時間を決定して媒体にフレームを再送信します。
　　イーサネットは、このような制御を行うため、コリジョンが多発すると、急激に通信効率が低下します。

②コリジョンドメインの問題
　　コリジョンドメインとは、フレームの衝突が発生する範囲のことです。"1本の伝送媒体を共有している範囲"がコリジョンドメインになります。10BASE5、10BASE2で使用する"同軸ケーブル"や"リピータハブ"で構築したネットワークがコリジョンドメインになります。
　　コリジョンドメインに多くのノードが参加すると、通信を待機するノードが多くなり、コリジョンが頻繁に発生し、通信効率が著しく低下します。
　　例えば、100台のノードが参加するコリジョンドメインでは、1台のノードが媒体にフレームを流している間、他の99台はコリジョンを回避するために待機中になります。

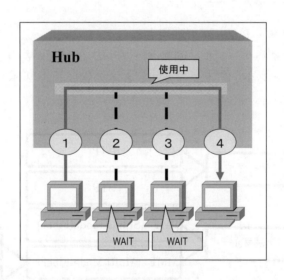

　　待機中のノードが多いと、コリジョンが発生する確率が高くなります。コリジョンが発生すると、再送信が行われ、その間にも待機中のノードが増え、更にコリジョンの発生確率が上がる、という悪循環になります。

③コリジョン問題の解決
　　コリジョンの問題は、イーサネット初期のバス型の規格（10BASE5等）やリピータハブを用いた場合に発生します。
　　現在は、コリジョンが発生しないようにフレームを処理する"スイッチ"（スイッチングハブ）が使用され、この問題は解消されています。

同軸ケーブルやリピータハブがスイッチに置き換えられたことで、コリジョンの発生が抑制され、効率的な通信を行うことができます。

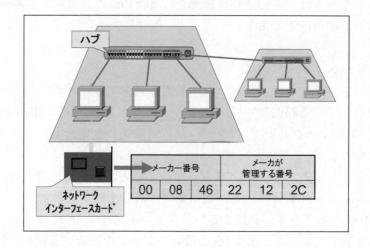

2-2-3 ネットワークケーブル

現在コンピュータネットワークで利用されるケーブルは、大きく分けてツイストペアケーブル、光ファイバケーブル、同軸ケーブルの 3 種類があります。最も広く利用されているのは、ツイストペアケーブルで、8 本の細い線を 2 本 1 組でより合わせた構造となっています。

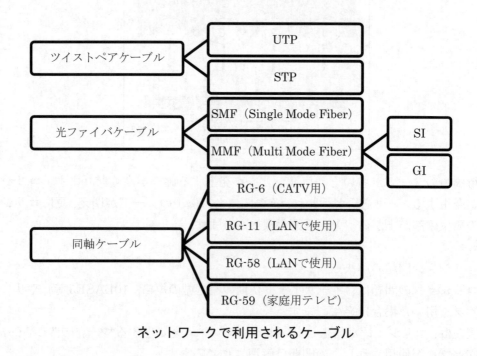

ネットワークで利用されるケーブル

1. ツイストペアケーブル

①ケーブルの構造

　ツイストペアケーブルは、2本の導体を1対としてひねったケーブルです。
同軸ケーブルに比べ価格が安く、ケーブルが細く、柔らかいことから敷設が容易な
ため、多く利用されています。撚対
線とも呼ばれます。ツイストペアケ
ーブルは2本の導体をひねること
で、外部からのノイズの影響を消す
ようにしています。

導線　　　　　　　　絶縁体

1対のツイストペアケーブル

　通常LANで利用するツイストペアケーブルは1対のペアケーブルを4つ束ねた
ものを使用します。これを8芯4対といいます。複数のケーブルを束ねる場合、対
毎にひねる間隔を変えることによってノイズの影響を受けないようにしています。

②ケーブルの種類

　ツイストペアケーブルは、電磁気の影響を受けやすくノイズにはあまり強いとは
いえません。そこで、ノイズ等の混入を防ぐためにシールドされたSTP（Shielded
Twisted Pair）と、シールドされていないUTP（Unshielded Twisted Pair）を、用
途や使用場所によって使い分けます。後者のUTPケーブルは、LANでは最も一般
的なケーブルで、LAN以外にも、電話等幅広い用途に利用されています。

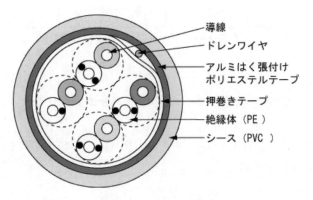

導線
ドレンワイヤ
アルミはく張付け
ポリエステルテープ
押巻きテープ
絶縁体（PE）
シース（PVC）

STPケーブルの構造

③ケーブルの特性

　LANで最も利用されているツイストペアケーブルには、使用するケーブルの品質
によって、カテゴリ1からカテゴリ7までの9種類があり、TIA/EIA
（Telecommunications Industry Association/Electronic Industries Association、ア
メリカ電気通信工業会/アメリカ電子工業会）という組織によって、TIA/EIA-568Aで
規定されています。

カテゴリ	適用範囲	最大周波数	ケーブルコスト
カテゴリ 1(CAT1)	音声(電話)	―	低い
カテゴリ 2(CAT2)	ISDN 基本インタフェース ディジタル PBX	1MHz	
カテゴリ 3(CAT3)	イーサネット(10BASE-T) トークンリング(4Mbps)	16MHz	
カテゴリ 4(CAT4)	トークンリング(16Mbps)	20MHz	
カテゴリ 5(CAT5)	高速 LAN (100BASE-T/ATM)	100MHz	
カテゴリ 5e(CAT5e)	高速 LAN (1000BASE-TX/ATM)	100MHz	
カテゴリ 6(CAT6)	高速 LAN (ATM622Mbps/1.2Gbps)	250MHz	
カテゴリ 6A(CAT6A)	高速 LAN (1000BASE-TX/10GBASE-T)	500MHz	
カテゴリ 7(CAT7)	高速 LAN (1000BASE-TX/10GBASE-T) 8芯4対を対毎に箔によりシールドし、さらに全体をシールドしている。STP のみ。	600MHz	高い

ツイストペアケーブルの規格一覧

④コネクタの規格

　一般的に、LAN で使用されるツイストペアケーブルのコネクタは RJ-45 になります。

　形状は、電話で使用されているコネクタ（RJ-11）と類似していますが、RJ-11 は4芯に対して RJ-45 は8芯です。

RJ-45 コネクタ

結線の規格には、T568A、T568B と呼ばれる米国の基準規格があります。UTP・STP の芯線の色の配置を定めた規格で、T568A（MDI）が標準で、T568B（MDI-X）は後日追加で認証されたものです。CAT5e まではそれぞれに性能差は認められませんが、CAT6 ではケーブルの製造方式により、差が出る場合があります。

<T568Aの結線>

1	白/緑		白/緑	1
2	緑		緑	2
3	白/橙		白/橙	3
4	青		青	4
5	白/青		白/青	5
6	橙		橙	6
7	白/茶		白/茶	7
8	茶		茶	8

<T568Bの結線>

1	白/橙		白/橙	1
2	橙		橙	2
3	白/緑		白/緑	3
4	青		青	4
5	白/青		白/青	5
6	緑		緑	6
7	白/茶		白/茶	7
8	茶		茶	8

T568A と T568B のピン配列の違い

⑤ストレートケーブルとクロスケーブル

　クロスケーブルとは、イーサネット等で、ポートが MDI 同士の端末（コンピュータとコンピュータなど）及び、ポートが MDI-X 同士の端末（ハブとハブなど）を直接結ぶために使われるケーブルになります。「リバースケーブル」とも呼ばれます。コンピュータとコンピュータ以外の機器を結ぶストレートケーブルをそのまま使うと、送信側の端子同士が結ばれてしまいます。そのため、両端の結線の順序を変えたクロスケーブルを使用します。クロスケーブルは途中で芯線を交差させ、送信側と受信側が正しく接続されるようになっています。

2. 光ファイバケーブル
　①光ファイバの特徴
　　■メリット
　　・広帯域
　　　光ファイバは広帯域な伝送特性を有しており、波長多重も可能で、かつ細径であるため、ケーブルとしての伝送容量を飛躍的に向上させることができます。
　　・低損失
　　　他の伝送媒体と比較して低損失であるので、中継間隔を数倍から数十倍程度長くできます。
　　・高信頼性
　　　光ファイバは高圧電力ケーブル、雷、その他の電気的、磁気ノイズの影響をほとんど受けません。

・軽量

　　光ファイバは、他の伝送媒体に比べて細径、軽量であるため、敷設や管理が
　容易です。

■デメリット
　・ツイストペアや同軸ケーブルに比べるとコストが高い
　・光ファイバはデリケートで、曲げに弱い
　・光ファイバの切断、接続には高精度の技術が必要
　・光ファイバに側圧等の外圧が加わると、伝送特性が変化してしまう

②ケーブルの構造

　　光ファイバは石英ガラスでできています。外径は 125μm（髪の毛は 100μm 位）
です。その 125μm の中に光の通る部分（コア）があり、コアの大きさが約 9.2μmの
ものが SMF（シングルモードファイバ）で、50μm 又は 62.5μmのものが MMF（マ
ルチモードファイバ）です。

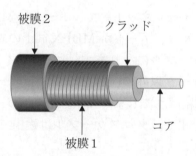

被膜2　　　　クラッド

コア

被膜1

光ファイバケーブルの構造

③ケーブルの種類

　　ケーブルには、SMF（シングルモードファイバ）と MMF（マルチモードファイ
バ）の 2 種類があります。ケーブルには「コアの径/クラッドの径」がプリントされ
ており、例えば 9.2/125 であれば SMF で光が通るコアの径が 9.2μm、クラッドの径
が 125μm であることを表し、62.5/125 であればMMFで光が通るコアの径が 62.5μm、
クラッドの径が 125μm を表しています。

　　SMF は、信号である光の伝搬モードが 1 つの光ケーブルです。光がケーブル内を
全反射しながら進む伝搬モードが 1 つしかないことから長距離の接続に適していま
す。
　　MMF は、伝搬モードが複数ある光ケーブルです。SMF に比べ伝送できる容量が
小さいため、長距離の接続には適していませんが、安価なため建物内等短い距離の

接続に利用されています。

④コネクタの規格

光ファイバ接続用のコネクタには、次のような種類があります。

種類	用途
SC、SCF	LAN、CATV、公衆通信回線、伝送システム
FC	LAN、CATV、公衆通信回線、計測器
ST	LAN、CATV、公衆通信回線、伝送システム、計測器
LC	構内配線、交換機
MT-RJ	LAN、伝送システム、交換機
MU	局内装置、光中継器

主な光ファイバコネクタ

これらのうち、SC コネクタが最も一般的であり、LAN の世界標準になっています。SC コネクタは、1987 年 NTT により開発されたもので、単芯タイプと 2 連タイプ（SCF コネクタ）があります。

SCF

3. 同軸ケーブル

①ケーブルの構造

同軸ケーブルは、信号を伝搬する導体の周囲に絶縁体を配置して別の導体で覆った構造のケーブルです。無線通信機器や放送機器、ネットワーク機器、電子計測器等、主に高周波信号の伝送用ケーブルとして用いられています。F 型コネクタを用いて接続します。

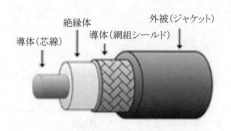

同軸ケーブルの構造

2-2-4 ワイヤレス LAN

1. 無線 LAN の規格

　無線 LAN は、IEEE 802.11 によって標準化が行われており、IEEE 802.11a、802.11b、802.11g、802.11n、802.11ac 等の規格があります。規格により、伝送速度、周波数帯域等が異なります。

　初期の 802.11 の最大通信速度は 2 Mbps でした。その後多くの技術が発明され、802.11n では、MIMO（Multiple-Input and Multiple-Output）と呼ばれる複数のアンテナを組み合わせてデータ送受信の帯域を広げる技術を採用して最大通信速度 600Mbps を実現しています。

　また、802.11ac は、MIMO や変調信号多値化等の採用で、最大通信速度 6.9Gbps（理論値）と大幅に高速化しています。

　2.4GHz 帯は、同じ周波数帯域を電子レンジ等の宅内機器が多く利用しています。そのため、干渉を受けやすく利用環境によっては速度が著しく落ちることもあります。2.4GHz 帯は比較的遠距離まで利用可能で、障害物がなければ 100m から 300m 程度まで利用可能ですが、5GHz 帯は障害物が無くても 30〜40m 程度です。また、障害物による影響も 2.4GHz は少ないですが、5GHz 帯は影響を受けやすいです。

　なお、5GHz 帯は基本的に屋内用であり、W52、W53、及び W56 の国際標準準拠規格のうち、屋外でも使用できるのは W56 のみです。

	802.11a	802.11b	802.11g	802.11n	802.11ac	802.11ax
電送速度	54Mbps	11Mbps	54Mbps	300Mbps / 600Mbps	6.9Gbps	9.6Gbps
周波数帯	5 GHz	2.4 GHz	2.4 GHz	2.4 GHz / 5 GHz	5GHz	2.4 GHz / 5 GHz
距離	△	○	○	○ / △	△	○ / △
障害物	△	○	○	○ / △	△	○ / △
MIMO	－	－	－	○	○	○

無線 LAN の規格

その後に登場した 802.11ad は、60GHz 周波数帯域を使用して最大通信速度 6.8Gbps（理論値）を目指しています。これまでの 2.4GHz 帯と 5GHz 帯を使用していた「Wi-Fi」と呼ばれている一連の無線 LAN の規格と一線を画すため、通称を「WiGig」としました。Wi-Fi と WiGig の両方に対応し、シームレスに連携する機能が盛り込まれ、さらに、Wi-Fi 仕様標準の第 6 世代に該当する Wi-Fi6 として認定された 802.11ax が登場しました。802.11ax は、2.4GHz 帯と 5GHz 帯の両方に対応し、最大通信速度は 9.6Gbps の規格です。Wi-Fi6 の認定に伴い、これまでは Wi-FI として区別されずに故障されていた、802.11n を Wi-Fi4、802.11ac を Wi-Fi5 と遡って規程されました。なお、Wi-Fi は後方互換があるため、WiFi6 の無線 LAN に対して、WiFi4、Wi-Fi5 のみに対応した端末を接続することも可能になっています。

2. 無線 LAN の設定

無線 LAN の電波は、隣接する部屋、上下階、建物の外にも届きます。設置場所の状況にもよりますが、無線 LAN を使用する場合、このような無線 LAN の特性を考慮したセキュリティ等の設定が必要です。

①チャネルの設定

無線で使用するチャネルを設定します。チャネルは無線 LAN の規格によって使用可能なチャネル数が異なります。

②MAC アドレスフィルタリング

無線 LAN に接続するクライアント PC の無線 LAN アダプタには、固有の MAC アドレスが付いています。この MAC アドレスを無線 LAN ルータに登録して、アクセス可能なクライアント PC を制限することができます。

多くの無線 LAN ルータでは、電波が届いている範囲内に存在するクライアント PC の MAC アドレスを認識してリスト表示する機能があり、これを選択して、アクセス可能リストに登録します。もし、アクセスを許可したい PC の MAC アドレスがリストされない場合は、手動で登録します。

③SSID ブロードキャスト

無線 LAN アクセスポイントは、SSID（Service Set Identifier）と呼ばれる、アクセスポイントの ID をもっていて、ビーコンと呼ばれる無線信号で伝送速度、使用する通信チャネルなどと共にブロードキャストします。ビーコンを配送するフレームには、アクセスポイント自身の MAC アドレスが含まれており、クライアント PC は、これらの情報からワイヤレスネットワークの存在を確認し、接続に必要な情報を手に入れます。

しかし、同時に部外者にアクセスポイントの存在を知られる事になるため、SSID のブロードキャストを停止することができます。

この機能は、ルータのメーカによりさまざまな呼び方があり、SSID ブロードキャ

スト（ON/OFF）、SSID ビーコン（ON/OFF）、SSID ステルス機能、ANY 接続拒否等の名称があります。

④暗号化

　ブロードバンドルータでは、一般的に WEP、WPA、WPA2 の 3 種類の暗号化方式を選択できます。WEP と WPA には脆弱性があるため、WPA2 で AES 暗号を選択することが一般的です。

　暗号化通信を利用する場合、暗号鍵（キー）の設定が必要です。ほとんどのブロードバンドルータで暗号鍵が初期設定されています。初期暗号鍵をそのまま使用してもセキュリティ強度に問題はありません。

　クライアント PC に暗号鍵を設定することで、無線 LAN の認証を兼ねることになり、手動で暗号鍵を設定するか、後述する WPS で自動設定します。

⑤WPS

　WPS（Wi-Fi Protected Setup）は、ある程度の専門知識が必要な無線 LAN の暗号化設定を、半自動的に行う仕組みです。2007 年に Wi-Fi アライアンスによって標準化されました。

　設定方法には、押しボタン方式（PBC 方式）と暗証コード方式（PIN 方式）があります。

　押しボタン方式では、アクセスポイント（親機）とクライアント端末（子機）でほぼ同時にボタンを押すことで、これらに暗号方式が設定されます。「ほぼ同時」は、無線 LAN 機種によって異なりますが、通常は一方のボタンを押してから最大 3 分以内に他方のボタンを押します。このとき、親機と子機は 1m 以内に近づけておきます。

　暗証コード方式は、4 桁又は 8 桁の数字を入力する方法です。無線 LAN ルータ本体に貼られているラベルに記載されている PIN コードをクライアント端末の専用ソフトに入力すると、暗号化設定が自動的に実施され、アクセスポイントに接続できるようになります。

　WPS と同じように、無線 LAN の暗号化設定を自動化するメーカ独自規格もあります。日本国内では、BUFFALO 社の「AOSS」や NEC 社の「らくらく無線スタート」等があり、無線 LAN に対応したゲーム機や携帯端末等でも採用されています。

らくらくスタートボタン

ブロードバンドルータ背面の「らくらくスタート」ボタン

3. 無線 LAN のチャネル

無線通信に使用する電波の周波数の幅のことをチャネルといいます。

（ⅰ）IEEE 802.11b

2.4GHz 帯の IEEE 802.11b では、日本国内では 1ch から 14ch までが使用できます。しかし、14ch は日本国内の独自規格で国際的には 1ch から 13ch までしかありません。隣接するチャネル（例えば 1ch と 2ch）は、周波数が重なる部分があるため同時に使用することはできません。電波が届く範囲内で、複数のアクセスポイントを同時に使用する場合、5ch 以上の隔たりをもったチャネルを設定しなければなりません。例えば、1ch、6ch、11ch は同時に使用できます。14ch だけは特別で、他のチャネルとの間隔が離れているため、11ch と 14ch が同時に使用できます。この結果、日本国内では、最大 4 チャネル（1ch、6ch、11ch、14ch）を同時に使用することができます。14ch がない国際規格対応製品では、同時使用チャネルは最大 3 チャネルになります。

チャネルの設定は、ブロードバンドルータ（アクセスポイント）で行います。クライアント側は、通常は自動で設定されます。また、ブロードバンドルータの製品によっては、他のアクセスポイントと同一チャネルを使用することによる電波干渉を回避する適切なチャネルを自動設定する機能をもつものもあります。

（ⅱ）IEEE 802.11g

同じく 2.4GHz 帯を使用する IEEE 802.11g では、1ch から 13ch までのチャネルがあります。802.11g の場合、日本国内でも 13ch までしかありません。

（ⅲ）IEEE 802.11a

　5GHz 帯を使用する IEEE 802.11a のチャネル事情は、さらに複雑です。日本における 5GHz 帯の使用可能周波数は、当初、日本独自の 5.2GHz 帯 4 チャネル（J52）でしたが、国際的な互換性を考慮して、2005 年の総務省省令により、他国の標準的な 5.2GHz 帯の 4 チャネル（W52）に加えて、新たに 5.3GHz 帯の 4 チャネル（W53）が追加され合計 8 チャネルが使用可能になりました。さらに、2007 年に省令が改正され 5.6GHz 帯の 11 チャネル（W56）が追加され、合計 19 チャネルが使用可能になりました。

　市販されている製品には、対応するチャネルに応じて「J52」「W52」「W53」「W56」と表示されています。ほとんどの製品は、複数の帯域に対応しており「J52 / W52 / W53 / W56」のように表示されています。

　なお、「J52」対応品は 2008 年 6 月以降販売が禁止されました。ただし、既存品を使用することは可能です。

		アクセスポイント			
		J52	W52	W52 / W53	W52 / W53 / W56
ク ラ イ ア ン ト PC	J52	○	×	×	×
	J52 / W52	○	○	△ W52 接続のみ	△ W52 接続のみ
	J52 / W52 / W53	○	○	○	△ W52/W53 接続のみ
	W52 / W53	×	○	○	△ W52/W53 接続のみ
	J52 / W52 / W53 / W56	○	○	○	○
	W52 / W53 / W56	×	○	○	○

IEEE 802.11a のチャネル規格の互換性

（ⅳ）IEEE 802.11n（Wi-Fi4）

　IEEE 802.11n は 2.4GHz 帯と 5GHz 帯を選択して使用できます。日本国内では、2.4GHz 帯は 802.11b と同じ 14 チャネル、5GHz 帯では 802.11a と同じ 19 チャネルが使用できます。しかし、802.11n は複数のチャネルを結合してあたかも 1 つのチャネルのように利用するチャネルボンディングと呼ばれる手法で、高速化を実現しています。そのため、802.11n の特徴である高速通信を利用する場合、電波の届く範囲で同時に使用できるチャネル数は、2.4GHz 帯で 2 つ、5GHz 帯で 9 つになります。

（ⅴ）IEEE 802.11ac（Wi-Fi5）

　　IEEE 802.11a や IEEE 802.11n と同じ 5GHz 帯を使用し、2.4GHz は使用しません。

　　80MHz チャネルボンディングが必須で、160MHz チャネルボンディング、80MHz＋80MHz チャネルボンディング、256QAM、MU-MIMO 等を採用することで、伝送速度をさらに高速化させています。

（ⅵ）IEEE 802.11ax（Wi-Fi6）

　　IEEE802.11n と同様に、2.4GHz 帯と 5 GHz 帯を使用します。802.11ax の最大の特徴は、多くの端末が集まる環境において、端末のスループットを改善することができることです。例えば、駅や空港などの交通機関、学校などの教育施設などにおいて、快適な無線 LAN 接続サービスを提供することができます。1024QAM、MU-MIMO、OFDMA 等を採用することで、802.11ac に比べて高速化及び同時接続数の増加を実現しています。

	802.11a	802.11b	802.11g	802.11n	802.11ac	802.11ax
電送速度	54Mbps	11Mbps	54Mbps	300Mbps / 600Mbps	6.9Gbps	9.6Gbps
周波数帯	5 GHz	2.4 GHz	2.4 GHz	2.4 GHz / 5 GHz	5GHz	2.4 GHz / 5 GHz
使用可能チャネル数	19	14	13	14 / 19	1/2/4/8	1/2/4/8
同時使用チャネル数	19	4	3	2 / 9	8	8
チャネルボンディング	－	－	－	○	○	○

無線 LAN のチャネル数と同時使用チャネル数のまとめ

4.　CSMA/CA 方式

　IEEE 802.11 は、アクセス制御に CSMA/CA（Career Sense Multiple Access with Collision Avoidance）方式を用います。この方式は、前述したイーサネットの CSMA/CD に似た制御を行います。

　無線 LAN は有線 LAN と異なり、伝送媒体を使用しないため、コリジョン（この場合は、信号の混信）を検出することは困難です。

　CSMA/CD 方式ではコリジョンが発生することを前提に、その検出と回復（再送信）の手順を定めていましたが、CSMA/CA 方式は、混信を回避（Collision Avoidance＝コリジョンを回避）するようにアクセス制御を行います。

　CSMA/CA 方式の制御は次のようになります。

　（1）　送信元の端末は、一度電波の受信を試み、他の端末が通信しているかどうかを監視

　（2）　他の端末の通信終了後、一斉に通信を開始するとコリジョンが発生する可能

性が高いため、端末はランダムな待ち時間を生成し、通信を開始

(1)と(2)を繰り返し行うことで、混信が発生しないように制御

2-2-5 Wide Area Network（WAN）

個人ユーザ又はSOHO環境で、インターネットに接続するための回線として、今日では光ファイバやCATV等による常時接続が一般的ですが、過去にはアナログ回線を用いたダイヤルアップ接続が利用されていました。

1. PPP（Point to Point Protocol）

ダイヤルアップ接続においては、PPP（Point to Point Protocol）が用いられます。

PPPを使用すると、2点間のデバイスを接続し、ユーザ名とパスワードで認証し、2つのデバイスが使用するネットワークプロトコルをネゴシエートすることができます。

PPPは、次の2つのプロトコルから構成されます。

・LCP（Link Control Protocol） ・・・ PPPのリンクの確立、維持、解放
・NCP（Network Control Protocol） ・・・ 上位（レイヤ3）のプロトコルの設定

RFCでは、PPP接続を次の5つのフェーズに分類しています。

・リンクデッドフェーズ

PPP接続開始前の、接続されていない状態です。この状態からLCPが接続を開始します。

・リンク確立フェーズ

LCPが対向側のLCPと情報をやり取りして、必要な設定やオプション項目を決定します。オプションには、次のようなものがあります。

オプション項目	概要
認証	発呼側のユーザを着呼が認証
圧縮	データ部分の圧縮
エラー検出	障害状況の識別
マルチリンク	複数の回線を論理的に1つの回線とする
PPPコールバック	コールバック機能の使用

LCPのオプション

・認証フェーズ

ユーザ名とパスワード等を用いて、ユーザを認証します。

・ネットワーク層プロトコルフェーズ

NCP がネットワーク層のプロトコルに関する設定を行います。ネットワーク層のプロトコルには、IP ではないもの、例えば IPX（NetWare）、NetBEUI（Microsoft）等も使用可能です。

・リンク終了フェーズ

PPP 接続の両端末間で終了パケットを交換し、切断を行います。一方の端末が先に切断した場合、他方の端末は一定時間待った後、切断を実行します。

2. インターネット接続回線

アナログ回線も含め、インターネットに接続するために使用される回線には、次のようなものがあります。

①公衆アナログ回線

必要なときにインターネットプロバイダのアクセスポイントにダイヤルアップして接続します。伝送速度は最大 56Kbps です。現在はインターネットアクセス回線としてほとんど使われていません。ユーザ宅にはモデムが必要です。

■モデム

モデム（modem）は、日本語で変復調装置と呼ばれ、アナログからディジタルへ、また、ディジタルからアナログへ信号を変換する装置です。アナログからディジタルへ変換することを Modulate（変調する）、逆にディジタルからアナログに変換することを Demodulate（復調する）といい、モデムはその両方をする装置であることから、その名前が付きました。

従来は、アナログ電話回線を使ってデータ通信する場合にモデムを使用しました。

②ISDN（Integrated Services Digital Network）

現在はインターネットアクセス回線としてはほとんど使われていない接続方法で、2024 年にサービス提供が終了することが決まっています。必要なときにインターネットプロバイダのアクセスポイントにダイヤルアップするタイプと、定額料金で常時接続できるタイプがあります。B チャネルと呼ばれる 64Kbps のチャネルと D チャネルと呼ばれる 16Kbps チャネルを組み合わせて提供されます。代表的なものに B チャネル 2 本、D チャネル 1 本で構成される基本インタフェース（BRI）と B チャネル 23 本、D チャネル 1 本で構成される一次群速度インターフェース（PRI）があります。基本インタフェースの伝送速度は 64Kbps が基本で、2 チャネル同時使用して 128Kbps で接続するサービスもあります。ユーザ宅には TA（Terminal Adapter）が必要です。

なお、NTT 東日本と西日本は、固定電話網を 2024 年 1 月に IP 網へ移行すると発

表しており、それに伴い、2024年初頭頃に「INSネットディジタル通信モード」の
サービス提供が終了します。

③xDSL（x Digital Subscriber Line）
　日本では2000年代前半に普及した接続方法で、大手通信事業者のサービス提供
は、2024年には終了する予定です。既存のアナログ回線を利用した高速インターネ
ットサービスで、上り下りの速度が非対称なADSLが代表的です。ADSLは下り最
大50Mbpsまでのサービスがありますが、通信事業者の基地局からユーザ宅までの
距離や、アナログ回線の品質等の環境に影響されます。
　また、集合住宅等で、建物の入口までFTTHを使用し、建物内は既存の電話回線
を利用するVDSLもあります。ユーザ宅には専用のモデムや同一の回線上を流れる
音声信号（低周波）とデータ信号（高周波）を分離するスプリッタと呼ばれる周波数
分離装置が必要です。

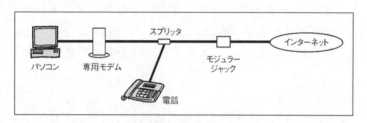

ADSL 構成図

　ADSL接続においては、PPPoE又はPPPoAというプロトコルが用いられること
が一般的です。

（ⅰ）PPPoE（PPP over Ethernet）
　　Ethernet上のコンピュータを、PPPの機能によってリモートサイトに接続する
　ためのプロトコルです。ネットワークカードのMACアドレスによって端末が識
　別され、LAN上からのユーザ認証やIPアドレスの割り当て等が可能になります。
　　多くのADSL接続サービスがPPPoEを採用していますが、ADSLのサービス
　は、データリンク層のプロトコルにATMを使用しているため、厳密にはPPPoEoA
　（PPP over Ethernet over ATM）です。
　　PPPoEの動作原理は、次のようになります。
　(a)　ユーザは、ISP等から配布されるPPPoE接続用ソフトウェアを起動し、
　　　　ユーザID、パスワード等を入力します。
　(b)　PCからPPP接続セッション要求が流れます。
　(c)　モデムは、PCのEthernetカードから流れてくるPPPoEの信号を受信し、
　　　　ATMセルに分割します（モデムは、RFC 1483で規定されているブリッジ
　　　　方式で動作します。）

(d) モデムは、ATM セルを ADSL 信号に変調し、ADSL ラインに送出します。

(e) DSLAM は、ADSL 信号を復調し、ATM ネットワーク内で規定されている物理インタフェースの信号形式に変換し、ブロードバンドアクセスサーバに転送します。

(f) ブロードバンドアクセスサーバは、ATM セルを受け取り組み立て、受信データが PPPoE であることを認識し、PPP 接続フェーズを開始します。

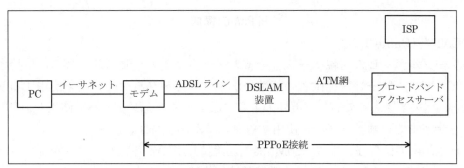

PPPoE の構成

（ⅱ）PPPoA（PPP over ATM）

ATM ネットワーク上で PPP 接続を行うための仕様です。

一般的な PPPoA の動作原理は、次のようになります。

(a) ユーザは、事前にモデム設定用のソフトを利用し、モデムにユーザ ID、パスワード等を登録しておきます。

(b) モデムは、初期化の際に（電源投入、リセット動作、PC からのデータ通信開始時等）PPP セッション要求を送出します。

(c) モデムは、PPPoA に従い、USB 等のユーザインタフェースから流れてきた信号を ATM セルに分割します。

(d) さらに、ATM セルを ADSL 信号に変調し、ADSL ラインに送出します。

(e) DSLAM は、ADSL 信号を復調し、ATM ネットワーク内で規定されている物理インタフェースの信号形式に変換し、ブロードバンドアクセスサーバに転送します。

(f) ブロードバンドアクセスサーバは、ATM セルを受け取り組み立て、受信データが PPPoA であることを認識し、PPP 接続フェーズを開始します。

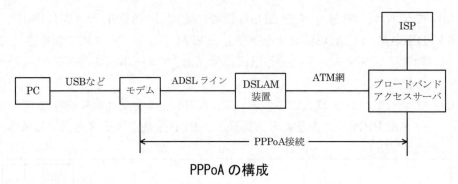

PPPoA の構成

①CATV（Cable TV）

ケーブルテレビの同軸ケーブルをインターネットアクセスサービスに併用するサービスです。サービス提供者の基地局からすべてメタルケーブルを使用するサービスと、ユーザ宅近くの設備（電柱の上等に設置）まで光ファイバを使用し、そこからユーザ宅まで同軸ケーブルを使用するタイプがあります。

日本国内では現在、下り320Mbps（理論値）までの各種サービスが提供されています。ADSL と同様に、通信速度は環境に影響されます。ユーザ宅にはケーブルモデムが必要です。

⑤FTTH（Fiber To The Home）

伝送メディアに光ファイバを使用し、最大伝送速度100Mbpsや10Gbpsなどのサービスがあります。日本国内では、インターネット接続とIP電話を併用する場合もあります。現在のインターネット接続の主流のサービスといえるでしょう。ユーザ宅には光回線終端装置（ONU）が必要です。

⑥ホットスポット

無線 LAN を利用したインターネットへの接続サービスを利用できる場所をホットスポット、無線 LAN スポット、フリースポットと呼ぶ場合もあります。無線 LAN に対応した PC や携帯端末で利用できます。無料で利用できるサービスと、プロバイダ等との契約が必要なサービスがあります。

⑦テザリング

スマートフォン（携帯電話を含む）をルータとして利用し、PCがインターネットに接続することをテザリングといいます。携帯電話と PC は無線 LAN で接続し、携帯電話の通信事業者ネットワークがインターネットプロバイダの役割を果たします。

⑧3G（3rd Generation）、LTE（Long Term Evolution）≒ 4G

現在のモバイル通信の主流となっている通信規格です。LTE は 3.9G とも呼ばれ、4G へスムーズに移行するための規格として利用されていますが、世界的に 4G と呼称するのが認められたため、携帯電話会社によっては 4G としている場合がありま

す。最大通信速度は、通信事業者やエリアによって異なりますが、3G と比べて大幅に改善されています。

　ほとんどの携帯電話やスマートフォンで 3G、LTE の両規格を兼用できるようになっています。

　LTE で利用できる周波数帯を LTE バンドと呼び、携帯電話等の通信方法の規格標準化を行う団体 3GPP による技術仕様「TS 36.101」に記載されています。

　日本の携帯通信事業者の対応周波数（帯域バンド）は、次のようになります。

　なお、700MHz〜900MHz の帯域は、つながりやすい特性をもつ、小型機器へのアンテナの実装が比較的容易等の理由により、携帯電話等での利用に適しているとされ、プラチナバンド、ゴールデンバンド、プレミアムバンド等と呼ばれます。

LTE バンド	使用周波数（MHz）		二重化モード	備考
	上り通信	下り通信		
1	1920〜1980	2110〜2170	FDD	docomo、au、ソフトバンク
3	1710〜1785	1805〜1880	FDD	docomo、au、ソフトバンク、楽天
8	880〜915	925〜960	FDD	ソフトバンク
11	1427.9〜1447.9	1475.9〜1495.9	FDD	au、ソフトバンク
18	815〜830	860〜875	FDD	au
19	830〜845	875〜890	FDD	docomo
21	1447.9〜1462.9	1495.9〜1510.9	FDD	docomo
26	814〜849	859〜894	FDD	au
28	703〜748	758〜803	FDD	docomo、au、ソフトバンク
41	2496〜2690	2496〜2690	TDD	WCP、UQ
42	3400〜3600	3400〜3600	TDD	docomo、au、ソフトバンク

携帯通信事業者の対応周波数

　総務省の「各携帯電話事業者の通信方式と周波数帯について」では、次のようになります。

事業者 ＼ 周波数帯	700MHz帯	800MHz帯		900MHz帯	1.5GHz帯		1.7GHz帯	2.0GHz帯	3.5GHz帯
	バンド28	バンド18/26	バンド19	バンド8	バンド11	バンド21	バンド3	バンド1	バンド42
NTTdocomo	○		○			○	○	○	○
KDDI(au)	○	○			○			○	○
ソフトバンク(Y!mobile 含む)	○			○	○		○	○	○
楽天							○		

各事業者が LTE で使用している周波数帯（2021 年 6 現在）

⑨5G（5th Generation）
　携帯電話などの通信に用いられる次世代通信規格の一つです。5Gの特徴として
は、次の3点が挙げられます。
　　－高速・大容量
　　－超高信頼性・低遅延
　　－多接続

　LTEの普及により、移動通信システムの高速化・大容量化が図られ、スマートフォ
ンの普及によるトラフィックの増大に対応してきました。しかしながら、近年で
は4K/8K動画などの動画コンテンツの大容量化や、多分野における動画コンテンツ
のニーズ増加により、LTEでは賄えないトラフィック量に増加することが予想され
ています。これらの大容量コンテンツをユーザが快適に利用できるようにすること
が求められています。また、ウェアラブルデバイスやIoTデバイスなどの普及によ
り、現状と比較して極めて多くの端末が接続することをサポートしなければなりま
せん。
　5G通信は、sub6（3.7GHz帯及び4.5GHz帯）とミリ波（28GHz）と呼ばれる
周波数帯が利用されます。sub6はミリ波に比べて広いエリアをカバーできること
から、エリアを迅速に拡大するためにsub6から普及していくことが考えられま
す。しかしながら現時点では、エリア拡大に時間が掛かることから、4G周波数帯
の5G転用も行われています。

⑩専用線
　専用線は、利用者毎に確保された通信回線です。回線を独占的に使用できる反面、
高額な料金が発生するのが欠点です。
　有線／無線、二地点間／スター型／マルチドロップ型等、さまざまな種類があり
ますが、主な特徴は次のとおりです。

利点	欠点
・公衆網の影響を受けない ・情報漏洩、盗聴、改ざん等のリスクが小さい ・通信頻度が多く、占有時間が長い場合には、公衆網より安価になる ・二地点間の場合には、接続動作が不要 ・技術的負担が私設線より小さい ・回線の相互接続や分岐、周波数分割使用や時分割使用によって、効率的な回線構成が組める	・遠距離同士の接続では非常に高額になる ・特定箇所の障害の影響範囲が大きい

専用線の特徴

品目	利用用途	速度・帯域・用途	端末区間	通信方式等	備考
帯域品目 (アナログ伝送)	自由利用	3.4kHz	2線/4線	適宜	音声帯域 300Hz～3.4kHz
		3.4kHz (S)	4線		音声帯域 300Hz～3.4kHz 伝送特性を改善
	目的利用	音声伝送	2線/4線	電話	音声帯域 300Hz～3.4kHz
符号品目 (ディジタル伝送)	50bps	アースリターン※	2線	全二重通信	
		メタリックリターン※		単向・半二重通信	

※ アースリターン：大地と電線を使って通信、メタリックリターン：2本の電線をループにして通信

主な一般専用線のサービス品目

3. VPN（Virtual Private Network）

　VPN は、インターネットや共有回線を経由して構築される仮想的なプライベートネットワークです。元々は、社外から社内にあるパソコンにアクセスして遠隔操作する等のリモートアクセスにおけるコスト削減を実現する技術として考案されました。

　一般的なリモートアクセスでは、公衆回線網を通じて社内 LAN 接続する方法が取られますが、VPN では、出先や自宅等から社内 LAN にアクセスする際、インターネットサービスプロバイダのアクセスポイントにアクセスし、「トンネリング」という技術を用いて社内 LAN にアクセスします。

　トンネリングは、通信データパケットをカプセル化し、その内容を第三者が判別不能にしてセキュリティを高める技術です。

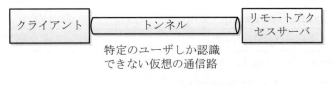

トンネリング

　通信品質等の問題があるものの、近くにインターネットサービスプロバイダのアクセスポイントがあれば、大幅なコスト削減が可能になります。

　現在では、VPN で利用されるトンネリングの技術が、セキュリティ強化や通信コストの削減に有効な点が注目され、インターネット経由の通信だけではなく、公衆回線網を利用した企業間通信等にも用いられています。

①VPN の種類

（ⅰ）IP-VPN

　通信事業者が提供する閉域 IP ネットワーク（インターネットに接続せず IP を利用するネットワーク）を用いて提供される VPN サービスです。

　MPLS（Multi Protocol Label Switching）により、利用者毎のネットワークを仮想的に分離します。MPLS では、ネットワークの経路選択に、宛先が書かれた短い識別子（ラベル）を使用します。

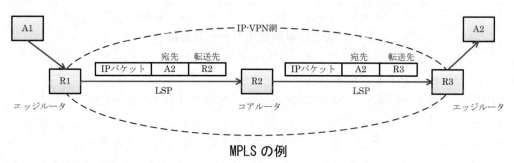

MPLS の例

（ⅱ）インターネット VPN

　利用者がインターネット上でセキュリティプロトコルを用いて通信を行うことで構築する VPN です。

セキュリティプロトコル	概要
PPTP（Point to Point Tunneling Protocol） L2F（Layer 2 Fowarding） L2TP（Layer 2 Tunneling Protocol）	データリンク層で動作
IPsec（IP Security Protocol）	ネットワーク層で動作
SSL（Secure Sockets Layer） TLS（Transport Layer Security） SOCKS	トランスポート層で動作

代表的なセキュリティプロトコル

(a)　PPTP（Point to Point Tunneling Protocol）

　Microsoft 社によって開発された、認証、暗号化、及び PPP ネゴシエーションに基づくトンネリングプロトコルです。

　PPP のパケットを IP パケットにカプセル化して、IP ネットワーク上でトンネルさせて運び、リモートアクセスサーバとの間で PPP 接続を確立します。そのため、インターネット等の公衆ネットワーク上でもデータを安全に送信することができます。

　トンネリングには、GRE（Generic Routing Encapsulation）というプロトコルが使用され、カプセル化したパケットデータは RC4 で暗号化されます。

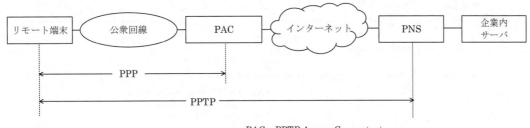

PAC : PPTP Access Concentrator
PNS : PPTP Network Server

PPTP の構成

利点	欠点
・最大 128bit のセッションキーを用いた暗号化が可能。 ・ユーザ名、パスワード、及びサーバのアドレスのみで、サーバとの間に信頼性の高い接続が確立できる。 ・OS の種類には依存せず、幅広く利用できる。 ・設定等を行うための専門知識が不要。 ・暗号化のレベルが低いため、最も高速であり、コンテンツの利用にかけられた地域制限の解除に利用できる。	・LAN 間接続等の PPP 以外のプロトコルを使った接続には利用できない。 ・仕様が古いため、今日的なプロトコルに比べて安全性が低い。 ・オンラインセキュリティと匿名性の維持には適していない。 ・NSA（アメリカ国家安全保障局）により解読されている。

PPTP の特徴

(b) L2F（Layer 2 Fowarding）

Cisco Systems 社が開発した、PPP 接続におけるセキュアな仮想ネットワーク確立のためのトンネリングプロトコルです。L2F 自体は暗号化や機密性確保のための機能は提供せず、これらは、組み合わせて使用するプロトコルに依存します。

(c) L2TP（Layer 2 Tunneling Protocol）

PPTP と L2F の特性を組み合わせて開発されたトンネリングプロトコルです。L2F と同様に、L2TP も暗号化や機密性確保のための機能をもっていないため、これらの機能を実現するために、通常は IPSec が使用されます。

PPTP では通信トンネルは 1 本に限定されますが、L2TP では、カプセル化を行う L2TP 対応機器（LAC）からの問合せに対して、ユーザ名とトンネル終点情報を対応付けた情報を返答する TMS という装置があり、複数のトンネルを作ることができます。

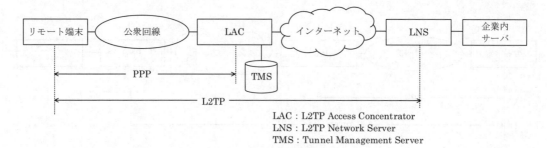

リモート端末　　公衆回線　　　LAC　　　インターネット　　LNS　　企業内サーバ

PPP

TMS

L2TP

LAC : L2TP Access Concentrator
LNS : L2TP Network Server
TMS : Tunnel Management Server

L2TP の構成

利点	欠点
・OS の種類には依存せず、幅広く利用できる。 ・設定等を行うための専門知識が不要。 ・既知の脆弱性が存在しない。	・解読が可能であり、L2TP を使用した通信を政府機関が傍受しているといわれている。 ・二重の暗号化により、他のプロトコルよりも速度が遅い。 ・NAT を使用するルータでの設定が難しい。

L2TP の特徴

(d) IPsec VPN

　　トンネリングや暗号化に IPsec を用いて構築された VPN です。

　　IPsec（Internet Protocol Security）は、インターネット等の公共インフラでの安全な通信の実現を目指し、データのセキュリティを保護するために使用されるプロトコルです。OSI 基本参照モデルのネットワーク層での認証や暗号化の機能を提供します。

　　実際の IPsec 通信に先立ち、通信相手との間で SA（Security Association）と呼ばれる論理的なコネクションを確立します。SA は VPN 通信を行うトラフィック毎に確立され、トラフィック情報、暗号アルゴリズム、認証アルゴリズム等のトラフィックに適用するセキュリティ情報を含んでいます。

　　SA の確立後、VPN 装置が SA の情報に基づいて VPN 通信処理を行います。

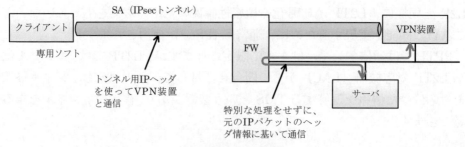

クライアント　　SA（IPsec トンネル）　　FW　　VPN装置

専用ソフト

サーバ

トンネル用IPヘッダを使ってVPN装置と通信

特別な処理をせずに、元のIPパケットのヘッダ情報に基いて通信

IPsec VPN の例

(e) SSL VPN

WWW における標準的な暗号化方式の SSL によって VPN を構築します。

特別なクライアントソフトウェアを必要とせず、標準的な Web ブラウザやメールソフト等の SSL に対応するソフトで VPN 装置に接続することができます。

実行するアプリケーションが SSL に対応していない場合には、Java や ActiveX 等で作られたモジュールによって HTTPS に変換し、SSL 通信を行います。

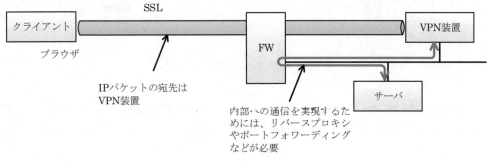

SSL VPN の例

■ リバースプロキシ方式

SSL と、インターネットから受け取ったリクエストを Web サーバに中継するリバースプロキシを組み合わせ、LAN 内部のサーバにアクセスすることを可能にした方式です。

通信の SSL 化にアプリケーション自体に実装されている SSL 機能を使うため、SSL に未対応のアプリケーションは実行できません。

■ ポートフォワーディング方式

クライアント端末に Java や ActiveX で作られたモジュールを追加することにより、SSL に未対応のアプリケーションでも SSL 通信を可能にする方法です。

ポートフォワーディングを用いて任意のアプリケーションの通信を HTTPS のポート番号に変換し、ファイアウォールを通過させます。

(f) 広域イーサネット

顧客のイーサネットフレームを透過的に転送し、遠隔地の拠点を接続するサービスです。1つの LAN であるかのようなネットワーク構成にすることが可能です。

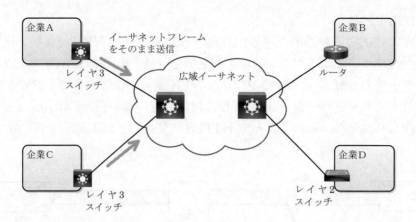

広域イーサネットのイメージ

　複数の顧客のイーサネットフレームを 1 つの網で転送させるために、IEEE 802.1Q の VLAN タグや MPLS を用いて、顧客のイーサネットフレームを分離します。

　広域イーサネットでは、イーサネットフレームが運ぶネットワーク層のプロトコルは IP に限定されず、任意のプロトコルが選択できます。また、拠点間のルーティングプロトコルにも制限はありません。

2-3　ネットワークプロトコルとアドレス

2-3-1　ネットワークモデル

1. OSI 参照モデル

　国際標準機関の ISO（International Organization for Standardization）や ITU-US（国際電気通信連合－電気通信標準化部門）が、通信プロトコルを標準化するベースとして発表したのが、OSI 参照モデルです。

　かつては、多くのベンダーが独自のネットワークモデルを使用していました。OSI 参照モデルは、これらの独自モデルを統合する目的で制定されました。

　OSI 参照モデルは、上位の"アプリケーション層"から下位の"物理層"まで、7層に分かれています。

　下位層は、主にデータを高品質でネットワーク上に伝送する機能を受けもち、上位層は、下位層のサービスを利用するとともに、アプリケーションソフトのデータを処理します。なお、各層のプロトコルが取り扱うデータの単位を PDU（Protocol Data Unit）と呼び、各層ごとに異なる名称を使用します。

層	通信層（名称）	機能概要
第7層	アプリケーション層	ユーザが実行するさまざまなサービス 目的別のプロトコルの実装
第6層	プレゼンテーション層	データの表現形式、データの変換
第5層	セッション層	通信の開始と終了、セッション間の調整
第4層	トランスポート層	通信の品質保証と目的のサービスへのデータ引渡し
第3層	ネットワーク層	通信ノード間のエンド・ツー・エンドの通信
第2層	データリンク層	隣接ノード間の通信
第1層	物理層	電気信号への変換、信号の伝送、 ケーブルのピン数、物理的な接続等

OSI 参照モデル

レイヤ	PDU
アプリケーション層～セッション層	メッセージ
トランスポート層	セグメント、データグラム
ネットワーク層	パケット
データリンク層	フレーム
物理層	ビット

PDU の名称

2. TCP/IP モデル

　ネットワークモデルには、OSI 参照モデルの他、TCP/IP モデルが存在します。OSI 参照モデルと TCP/IP モデル（DoD モデル）の機能は、次のように対応します。

OSI 参照モデル		TCP/IP モデル	
第 7 層	アプリケーション層	アプリケーション層	第 4 層
第 6 層	プレゼンテーション層		
第 5 層	セッション層		
第 4 層	トランスポート層	トランスポート層	第 3 層
第 3 層	ネットワーク層	インターネット層	第 2 層
第 2 層	データリンク層	ネットワークインタフェース層	第 1 層
第 1 層	物理層		

OSI 参照モデルと TCP/IP モデルの対応

　OSI 参照モデルは 1984 年に完成しました。これ以降、通信プロトコルは、OSI 参照モデルをベースに開発される予定でした。

　しかし、1980 年代後半からインターネットが急速に普及し、インターネット上で使用されていた TCP/IP が実質上の標準プロトコル（デファクトスタンダード）としての地位を確立します。その結果、OSI 参照モデルに準拠したプロトコルは普及しませんでした。

　TCP/IP の各プロトコルは、OSI 参照モデルとの対応は考えられていません。実際のプロトコルの実装は TCP/IP モデルが標準として用いられています。

　現在は、OSI 参照モデルは通信機能を説明するためのモデルとして使用されています。

2-3-2　通信プロトコル

1. ARP（Address Resolution Protocol）

　ARP は、IP アドレスと MAC アドレスを対応させるプロトコルです。

　IP アドレスは、DNS（Domain Name System）等のプロトコルで調べることができます。しかし、IP アドレスがわかっても MAC アドレスがわからなければ通信できません。

　そこで、ARP を使用することで、宛先ノードの IP アドレスから、宛先ノードの MAC アドレスを調べます。

■ARP の動作

　送信元のノードは、MAC アドレスを調べるために、"ARP 要求パケット"をネットワークにブロードキャストします。ARP 要求パケットを受け取ったノードは、その要求が自分の IP アドレスに該当するものだった場合、"ARP 応答パケット"を返します。ARP 応答パケットには、宛先ノードの MAC アドレスが含まれます。送信元ノードはこの MAC アドレスを IP アドレスと対応させ、"ARP テーブル"にキャッシュします。これ以降の通信は、ARP テーブルのキャッシュを使いながら行われます。

```
C:¥>arp -a
Interface: 192.168.100.110 --- 0x3
Internet Address        Physical Address      Type
192.168.100.111         00-0d-0b-04-3f-40     dynamic
192.168.100.112         00 17 31 8a-d4-2f     dynamic
192.168.100.113         00-0d-5e-58-7e-5a     dynamic
```

arp テーブルのキャッシュ

2. IP（Internet protocol）

　IP は、データをパケットという単位に分割して、IP アドレスに基づいて最終的な宛先の端末に届ける役割を担っています。

3. ICMP（Internet Control Message Protocol）

　ICMP は、IP を補助するプロトコルで"エラー報告プロトコル"と呼ばれます。

　IP は、エンド・ツー・エンドの通信を実現する機能を提供しますが、経路途中で発生した障害や、パケットの消滅を検知することはできません。到達しないネットワークにパケットを送信し続けることは、ネットワークの帯域を、無駄に使用することになります。

　そこで、ICMP が通信経路上のエラーを報告することで、無駄にパケットを送信し続けることを防止します。

　・エラー報告

　　　ICMP は、経路のどこで、どのようなエラーが発生したのかを、送信元ホストに報告します。報告は経路途中のルータや通信相手から行われ"タイプ"と"コード"の組み合わせで、エラー内容がわかるようになっています。

　・到達性の診断

　　　ICMP は、エラー報告以外に"到達性の診断"にも使われます。

　　　送信元が"ICMP Echo Message"を送信し、宛先から"ICMP Echo Reply Message"が返ってくると、宛先まで IP パケットが到達しているため、ネットワーク自体は正常に動作している、と判断できます。複数のネットワークを経由した通信では、

複数のルータがルーティングしながらパケットを目的のネットワークまで配送します。その際、IP のヘッダにある TTL（Time To Live：生存時間）の数値を減算します。この値がゼロになっても目的のネットワークまで到達しない場合、ルータはこのパケットを破棄し、送信元のノードに ICMP の時間超過メッセージでエラーを報告します。

　ネットワーク障害の際に、良く使用される"ping コマンド"は、ICMP のこの機能を利用しています。

タイプ	コード	名　　称	内　　容
00	0	エコー要求メッセージ	宛先ホストにエコーメッセージの返送を要求
03	0～12	到達不能メッセージ	宛先ホストへの到達不能を通知
04	0	発信抑制メッセージ	ルータのバッファを使い切って、パケットを破棄したことを通知
05	0～3	ルート変更メッセージ	現在より適切なルートへの誘導
08	0	エコー応答メッセージ	エコー要求への返答
11	0 又は 1	時間超過メッセージ	生存時間超過によるパケット破棄を通知
12	0 又は 1	パラメータ異常メッセージ	IP ヘッダの設定値が異常なことを通知

ICMP メッセージ

4. TCP と UDP

　TCP と UDP は、1 台のコンピュータの中で同時に複数動いているプロセスを識別し、送信側と受信側のプロセス間の通信経路を確立する役割を担っています。ここで、プロセスとは、アプリケーションと考えてください。例えば、クライアント PC で Web ブラウザを起動しながら、メールソフトも同時に起動している場合、Web ブラウザが 1 つのプロセス、メールソフトがもう 1 つのプロセスになります。また、同じ Web ブラウザで、同時に複数のページを開いて複数の Web サイトを見ている場合、ページ毎に 1 つのプロセスとして認識されます。

- 132 -

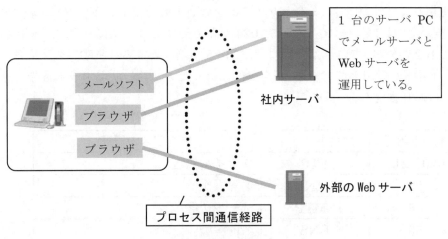

図中テキスト:

1 台のサーバ PC
でメールサーバと
Web サーバを
運用している。

メールソフト

ブラウザ

ブラウザ

社内サーバ

外部の Web サーバ

プロセス間通信経路

プロセス間通信経路のイメージ

TCP と UDP は、どちらも OSI 参照モデルの第 4 層（トランスポート層）のプロトコルですが、正反対の性質をもっています。

TCP は、受信応答確認や再送信等による通信の信頼性を保証する機能をもっており、これをコネクション型といいます。一方、UDP はコネクションレス型と呼ばれ、信頼性を保証しませんが、簡潔で高速な通信を実現します。

TCP は、Web コンテンツの送受信(HTTP)、メール送信(SMTP)、メール受信(POP3)、ファイル転送（FTP）等、比較的遅延に寛容なテキストデータの送受信に使用されます。

UDP は、DHCP、DNS 等の自動制御のデータ送受信や、電話、動画等のリアルタイム通信に使用されます。

プロトコル	長所	短所
TCP	信頼性を提供	低速
UDP	簡潔で高速	信頼性機能がない

TCP と UDP の違い

■ポート番号

TCP と UDP は、プロセスを識別するためにポート番号を使用します。ポート番号は、0 から 65535 までの範囲の数値で、1 台のコンピュータの中で重複しないことが必要です。グローバル IP アドレスとポート番号を組み合わせることで、世界中のインターネット環境の中で一意なプロセスを識別することができます。

ポート番号は、サーバ側とクライアント側で使用方法が異なります。サーバ側のプロセスは、通常、プロトコルに割り当てられているウェルノウンポートと呼ばれるスタティックなポート番号を使用します。

一方、クライアント側は、1024～65535 の間の空いているポート番号をダイナミ

ックに使用します。例えば、メールソフトを起動したときにそのコンピュータで 1024 が空いていればメールソフトに 1024 が割り当てられ、次にブラウザを起動したときに 1025 が空いていればブラウザに 1025 が割り当てられます。クライアント側のポート番号の割り当ては OS が自動的に行うため、ユーザがポート番号を意識する必要はありません。

ポート番号	プロトコル名	サービスの概要
20、21	FTP	ファイル転送
23	TELNET	遠隔操作
25	SMTP	メール送信
53	DNS	名前解決
80	HTTP	Web 通信
110	POP3	メール受信
143	IMAP	メール受信
443	HTTPS	HTTP を SSL/TLS で保護した通信
3389	RDP	リモートデスクトップ

主なウェルノウンポート

■MTU（Maximum Transmission Unit）

MTU は、パケットやフレーム単位で送受信するインターネット等のネットワークにおいて、1 単位で送受信できる最大 Byte 長です。TCP は、MTU を使用して伝送における各パケットの最大サイズを決定します。

通常、OS が一般的な利用者に適したデフォルトの MTU 値を提供しますが、MTU が小さすぎると、ヘッダのオーバヘッドが相対的に多くなり、送信及び処理する必要がある ACK が増え、効率が低下します。逆に、MTU が大きすぎると、そのサイズのパケットを処理できないルータにより再送要求が発生し、やはり効率が低下します。

■MSS（Maximum Segment Size：最大セグメント長）

TCP は上位アプリケーションからのデータを複数のセグメント（TCP で送受信されるデータの伝送単位）に分割します。その分割後のセグメントに格納されるデータの最大 Byte 長を MSS といいます。ただし、これには TCP ヘッダの大きさは含まれません。例えば、Ethernet では、Ethernet ヘッダが 14Byte、FCS が 4Byte、TCP ヘッダが 20Byte、IP ヘッダが 20Byte ですので、これらの合計を Ethernet フレームの最大長 1,518Byte から除いた、1,460Byte が MSS の値となります。

MSS は、MTU から TCP/IP ヘッダの 40Byte を除いた、「MSS＝MTU－40」で計算することができます。

2-3-3 アプリケーションプロトコル

コンピュータを購入すると、インターネット上の標準的なサービスを利用するためのアプリケーションがインストールされています。代表的なアプリケーションには、Web ブラウザやメーラー等があります。ユーザがこれらのアプリケーションを実行すると、使用する通信サービスに対応したプロトコルが動作します。

1. FTP (File Transfer Protocol)

FTP サーバと FTP クライアントの間で、ファイルの転送を行うプロトコルです。既定のポート番号は、データコネクション用（ファイル転送用）に TCP20 番、制御コネクション用に TCP21 番を使います。

①FTP の認証・アクセス制御

FTP は、ユーザ毎に認証を行い、それぞれにアクセス権を設定することができます。あるユーザは、ファイルのアップロードとダウンロード、あるユーザはダウンロードのみが可能等、ユーザ毎に設定が可能です。

FTP のユーザ認証は暗号化されないため、セキュリティ面で問題があります。インターネット上での重要なデータを共有する場合には、サーバの運用に注意が必要です。

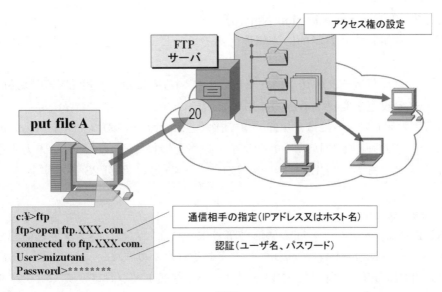

FTP

②FTP のモード

FTP のファイル転送は、接続を開始する方向と、転送するデータの種類に対してそれぞれ二つのモードが存在します。

・接続のモード

　接続モードにはアクティブモードとパッシブモードがあり、アクティブモードは、FTP サーバ側から FTP クライアントに接続し、TCP20 番と TCP21 番を使用します。パッシブモードは、FTP クライアントから FTP サーバ側に接続し、21 番ポートのみ使用します。

・ファイル転送のモード

　ファイル転送のモードは、"ASCII モード"と"バイナリモード"を使い分けます。

　ASCII モードは、文字データが含まれたテキストファイル等の転送に用います。このモードは、オペレーティングシステムによって、改行コード等の扱いが異なるため、受信側でフォーマットの変換を行う場合に使用します。バイナリモードは、通常のデータの送受信に用います。データ変換等は行わず、連続したビット列で転送します。

2. FTPS（FTP over SSL/TLS）

　FTPS は、ユーザ ID やパスワードをはじめ、転送される全てのデータを暗号化します。そのため、機密性の高いデータを転送するためのより安全な選択肢となります。FTPS の既定のポート番号は 990 です。なお、類似のプロトコルに SFTP がありますが、これは SSH で暗号化された通信路を使用しますが、FTPS とは異なるプロトコルです。

3. TELNET（Telecommunication Network）

　通信回線を利用して、対話的に遠隔地にあるコンピュータを利用するためのプロトコルです。

　他のプロトコルがデータの送受信を目的としているのに対し、TELNET は遠隔地のコンピュータの設定を変更するために用います。

　TELNET クライアントには、リモートで接続されたサーバのコマンド入力画面が表示されます。この画面上で接続したクライアントを操作するコマンドを入力することで、設定を変更します。TELNET の既定のポート番号は、TCP23 番です。

4. SSH（Secure Shell）

　TELNET では、サーバとの間の通信が暗号化されないため、パケットを盗聴された場合、パスワードや設定内容が漏れてしまうおそれがあります。

　SSH は、TELNET と同様に、遠隔地のサーバに接続して、設定変更やファイルの転送を行うプロトコルですが、サーバとクライアントとの間での通信が暗号化されるため、安全な通信を行うことができます。SSH の既定のポート番号は、TCP22 番です。

5. HTTP（Hyper Text Transfer Protocol）

　Web サーバと Web ブラウザが、通信に用いるプロトコルです。

主に HTML 文書を送受信するために使用しますが、シンプルなプロトコルのため、HTML 以外にも画像、動画等さまざまなデータの送受信を行うことができます。既定のポート番号は TCP80 番です。

■Cookie（クッキー）

　HTTP の通信は、データの送受信が終わると、その時点でセッションを切断します。あるページで入力したデータを別のページで利用したい場合、セッションを切断するとデータが消えてしまいます。そこでセッション間を結び付ける"Cookie"を使います。

　Cookie はサーバから送信され、クライアントに自動的に保存される小さなデータで、別のページに移動した際には自動的にサーバに送信されます。

　Web 上でのショッピングサイトでは、複数のページで商品を選択し、最後に注文ページに進みますが、別々のページで選択した商品の情報が残っています。これは Cookie にそれぞれのページで注文した商品情報が保存され、ページを移動するたびにサーバが読み出しているからです。

　この他、ユーザ認証に用いるデータやサイトの訪問履歴等の情報も保存されます。

6. HTTPS (Hyper Text Transfer Protocol over SSL/TLS)

　HTTP がセキュリティを実現するために、SSL/TLS を利用する形態を HTTPS といいます。Web ブラウザから Web サーバに、クレジットカードの暗証番号等の個人情報を、安全に送信することができます。既定のポート番号は TCP443 番です。

7. SMTP (Simple Mail Transfer Protocol)

　メールの送受信は、役割によってプロトコルを使い分けます。SMTP は、メールの送信、中継、配信の役割を受けもちます。

　電子メールソフト（メーラー）からメールサーバへのメール送信や、メールサーバが別のサーバへメールの転送を行う場合に用いられます。既定のポート番号は TCP25 番です。SMTP を使って送信したメールは、受信先ホストが使用するメールボックス内に保存されます。

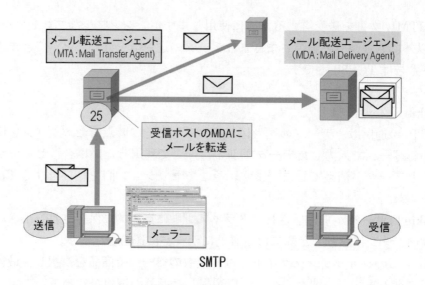

SMTP

■MIME（Multipurpose Internet Mail Extensions）

　バイナリファイルをインターネット上の電子メール添付ファイルとして送信するために広く使用されているインターネット標準の規格です。インターネットの電子メールプロトコル SMTP の、次のような制限を解消するために考案されました。

・実行可能ファイルとバイナリオブジェクトを転送できない。

・ASCII コード（ラテン文字を表現するための 7bit コード）以外の、8bit コードで表現される日本語、中国語、フランス語等の言語のテキストデータを送信することができない。

・特定のサイズより大きなサイズのメールが拒否されることがある。

・画像、映像、音声等の非テキストデータを処理できない。

　MIME を使用すると、電子メールに ASCII コード以外のビデオイメージやサウンド等のファイルが含まれた場合に、それをテキスト文字に変換する仕組みが提供されます。

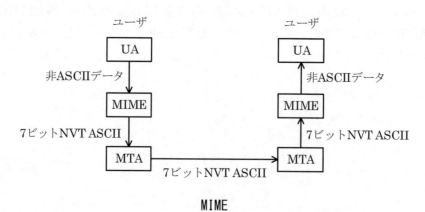

MIME

■S/MIME（Secure / Multipurpose Internet Mail Extensions）

　画像や音声等のマルチメディアデータを電子メールで送信するためのプロトコル MIME に、後述する共通鍵暗号方式、公開鍵暗号方式、ハッシュ関数を組み合わせて暗号化機能を加えたプロトコルです。

　S/MIME を使うことで、送信者のなりすまし、メールの盗聴、改ざんを防ぐことができます。

　なお、S/MIME を用いる場合には、受信者はあらかじめ自身の公開鍵が本物であることを証明する公開鍵証明書を取得しておく必要があります。

■PGP（Pretty Good Privacy）

　電子メールメッセージとファイルを暗号化、署名、及び検証するために使用されるソフトウェアです。フリーウェア版と商用版が、それぞれ www.pgpi.org、及び www.pgp.com からダウンロード可能で、PGP ソフトウェアがインストールされると、各種のメールソフトによって、上記の機能が利用できるようになります。

　PGP では、公開鍵と秘密鍵を組み合わせ用いることで電子メールを保護します。公開鍵が正当であることを確認するために、鍵を保持している他のユーザをどれだけ信頼しているかに直接関係する「信頼の和」モデルによって設計されています。これは、ある公開鍵が正当なもち主のものであることを保証する署名をお互いに付け合うことで、未知の公開鍵を受け取った際、自分が信頼するユーザの署名がそれに含まれていれば、その公開鍵が正当だと考える、というものです。なお、S/MIME と PGP には互換性はありません。

目的	使用する鍵
暗号化	受信者の公開鍵
復号	受信者の秘密鍵
署名	送信者の秘密鍵
検証	送信者の公開鍵

※秘密鍵の使用時、パスフレーズを入力

PGP の鍵

8. POP3（Post Office Protocol Version3）

　POP3 の役割はメールの受信です。SMTP により、メールはユーザのメールボックスまで配信されます。POP3 は、メールボックスからメールをダウンロードする際に使われます。既定のポート番号は TCP110 番です。

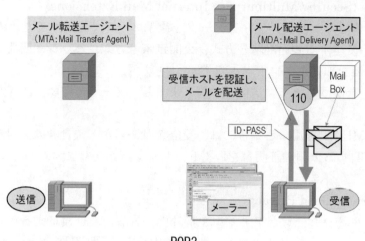

メール転送エージェント
（MTA：Mail Transfer Agent）

メール配送エージェント
（MDA：Mail Delivery Agent）

Mail Box

受信ホストを認証し、メールを配送

110

ID・PASS

送信

メーラー

受信

POP3

9. IMAP4（Internet Message Access Protocol version 4 ）

　POP3 は、メールの管理をクライアントが行うことを前提としており、クライアントがメールを受信すると、そのメールはメールボックスから削除されます。

　複数のコンピュータでメールを共有する場合は、POP3 の仕様では不都合が生じることがあり、そのような場合に用いられるのが IMAP4 です。

　IMAP4 は、メールの管理をサーバが行います。クライアントはサーバに接続することで、メールの表示、検索、削除等の操作を行うことができます。メールが削除されるまでは、複数のクライアントで共有することができ、簡易的なグループウェアとしても使用することができます。既定のポート番号は TCP143 番です。

10. DHCP

　DHCP（Dynamic Host Configuration Protocol）は、クライアント PC の起動時又はネットワークへのログオン時に、IP アドレス等の TCP/IP 情報を自動的かつ動的に割り当てるためのプロトコルです。設定される情報は、IP アドレス、サブネットマスク、デフォルトゲートウェイ、DNS サーバアドレス等です。

　DHCP のクライアントには、ブロードキャストと呼ばれる通信で DHCP サーバを探す仕組みが用意されています。そのため、クライアント PC は DHCP サーバの IP アドレスを知らなくても DHCP を利用することができます。

　クライアントは、DHCP サーバを見つけた後、接続要求パケットを送信し、それを受信した DHCP サーバが IP アドレス等の情報を返答します。

　アドレス等の情報は、期限を設けて一時的に貸し出す（リースする）という考え方で、リース期限が過ぎると、クライアントは IP アドレスを解放し、再度 DHCP サーバにリクエストを送り、改めて IP アドレス等の情報の割り当てを受けます。なお、ネットワークに割り当てる連続する IP アドレスの範囲をスコープといいます。実際にクライアントに割り当てられるのは、この範囲内からクライアントに配布しない IP アド

レスの範囲（除外範囲）などを除いたもので、これを DHCP アドレスプールといいます。DHCP クライアントの数は、DHCP アドレスプールの数を超えることはできません。

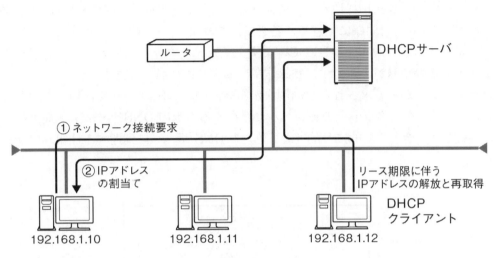

DHCP の仕組み

11. DNS

TCP/IP を使用する全てのコンピュータは IP アドレスによって識別されています。IP アドレスは、例えば「192.168.0.1」のような形式になっており、これはネットワークコンピュータに限らず、ブラウザのアドレス欄に入力する Web ページの URL にも当てはまります。

ただし、IP アドレスそのものでは扱いが不便なため、人間にとって理解しやすい英数字で表現した「ドメイン名」が通常は用いられます。例えば、「http://202.232.146.151/」と入力しなくても、「https://www.kantei.go.jp/」という覚えやすく入力もしやすい URL を入力することで、Web サイトにアクセスできます。

一般的にドメイン名や URL と呼ばれているものは、実際には「ホスト名＋組織に割り当てられたドメイン名」で構成されています。上記の例「https://www.kantei.go.jp/」も、日本の政府組織の首相官邸というドメイン名（kantei.go.jp）に存在する www という名前のホストを指しています。

このように組織名（ドメイン名）に連結されたホスト名を、完全修飾ドメイン名（FQDN：Fully Qualified Domain Name）といいます。

このドメイン名を IP アドレスに変換したり、逆に IP アドレスをドメイン名に変換したりする仕組みを名前解決と呼び、そのためのプロトコルが DNS（Domain Name System）です。

名前解決に関する情報は DNS サーバ側で集中管理し、各クライアントコンピュータやアプリケーションから要求される名前確認の問合せに応答しています。

通常、1つのドメイン（組織）内に1つ以上のDNSサーバの設置が義務付けられています。しかし、このような分散型の管理を行う場合は、ホスト名の一意性をいかにして保証するかという問題が出てきます。そこで、導入されたのが、ドメインツリーと呼ばれる階層構造です。

なお、インターネットのドメインツリー上で利用する組織名（ドメイン名）は、グローバルIPアドレスと同様に一意である必要があります。そのため、インターネットでのドメイン名も国際的に管理されています。インターネット上でのドメイン名利用にはドメイン名の登録が必要です。登録作業は通常、ISPが行います。

クライアントから要求された名前解決が組織内のDNSサーバで検知できなかった場合には、インターネット上の各レベルに存在する複数のDNSサーバに、最上位から順に接続していき、最終的に目的（最下位）のDNSサーバに到達する仕組みになっています。

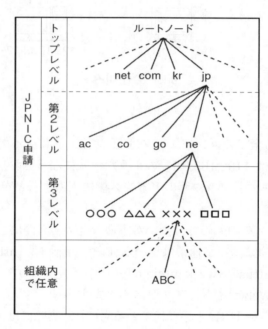

ドメインツリー

①DNSへの登録

取得したドメイン名を使用するためには、名前解決ができるように、そのドメイン名を管理するDNSサーバを準備して、そのドメイン内で管理するサーバの名前とIPアドレス等を登録します。

例えば、取得したドメイン名が"abc.co.jp"で、このドメイン名を使ってWebサーバとメールサーバを運用するとします。そして、自ドメイン（abc.co.jp）を管理するためのDNSサーバを含む3台のサーバを、次のように準備するものとします。

用　途	ドメイン名（ホスト名）	IP アドレス
DNS サーバ	ns.abc.co.jp	210.xxx.xxx.123
Web サーバ	www.abc.co.jp	210.xxx.xxx.124
メールサーバ	mail.abc.co.jp	210.xxx.xxx.125

DNS への登録例

②自ドメインを管理する DNS サーバへの登録

　DNS サーバは、クライアントからの問合せにゾーンファイルの情報を使って回答します。このため、Web サーバとメールサーバのドメイン名と IP アドレスをセットで DNS サーバ（ns.abc.co.jp）のゾーンファイルに登録します。

　このサーバ（ns.abc.co.jp）のゾーンファイルに登録する内容は、abc.co.jp のドメイン名を取得したユーザに任されています。上記のように、サーバの名前（ホスト名）を登録することもできますし、更に細かいドメイン（サブドメイン）を登録することもできます。これを"権限委譲"といい、上位ドメインの組織は下位ドメインの管理組織に登録内容を任せています。

③上位ドメインを管理する DNS サーバへの登録

　DNS は複数のサーバで分散管理されています。ローカル DNS サーバ（DNS キャッシュサーバ）は、クライアントの要求を処理するために、ルート⇒第 1 レベル⇒第 2 レベル⇒第 3 レベルと、上位ドメインのサーバから下位ドメインのサーバに、順次問合せを行います。

　DNS サーバのゾーンファイルには、下位ドメインの DNS サーバの情報が登録されていて、この情報から次の問合せ先になる下位ドメインの DNS サーバを紹介しています。名前解決が行われるためには、下位の DNS サーバの情報は、上位の DNS サーバに登録されている必要があります。

　abc.co.jp の上位ドメインは"co.jp"です。ns.abc.co.jp のドメイン名（ホスト名）と IP アドレス 210.xxx.xxx.123 を"co.jp"の DNS サーバに登録します。

④名前解決の手順

　ローカル DNS サーバはクライアントからの問合せ（要求）を処理するため、①ルートネームサーバ、②jp サーバの DNS サーバと上位ドメインから順に問合せを行っています。

　③の問合せでは、"co.jp"サーバに"abc.co.jp"ドメインを管理する DNS サーバの IP アドレスを要求します。co.jp サーバには、abc.co.jp を管理する"ns.abc.co.jp"が登録済みのため、IP アドレス"210.xxx.xxx.123"を回答します。

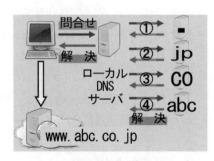

名前解決の手順

④の問合せで、ns.abc.co.jp に要求が到達します。ns.abc.co.jp には自ドメインで管理する www.abc.co.jp の IP アドレス 210.xxx.xxx.124 が登録されているため、このアドレスを回答して名前解決が完了します。

⑤DNS の主なレコード

DNS への情報登録は、DNS サーバのゾーンファイルに対して行います。ゾーンファイルには、登録する内容により複数のレコードがあります。主なレコードには、以下のものがあります。

レコード	登録内容
NS（Name Server）	ドメインの DNS サーバと IP アドレス
A（Address）	サーバのドメイン名（ホスト名）と IP アドレス
MX（Mail eXchange）	メインのメールサーバ
CNAME（Canonical Name）	別名を定義

ゾーンファイル内の主なレコード

例えば、ゾーンファイルの内容が次の図のようなとき、

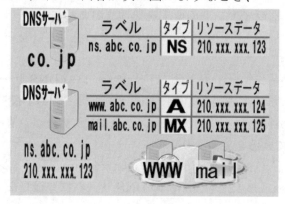

・NS レコードから、co.jp ドメインには更に下位のドメインがあることがわかり、その下位ドメインの問合せ先を回答することができます。
・A レコードから、"www.abc.co.jp"の名前解決要求に対し、"210.xxx.xxx.124"が回答されることがわかります。
・MX レコードから、ドメインのメールサーバが、ドメイン名 "mail.abc.co.jp"、IP アドレス "210.xxx.xxx.125" のサーバであり、メールがそこに配送されることがわかります。なお、MX レコードには優先順位を付けることができ、優先度が高いメールサーバがダウンした場合に、代わりにメールを配送するサーバを指定することができます。

⑥正引きと逆引き

　DNS によりドメイン名と IP アドレスが関連付けられます。この情報の利用方法には正引きと逆引きがあります。

（ⅰ）正引き

　DNS を利用してドメイン名から IP アドレスを解決することです。前述したＡレコードは正引きに使用する情報です。通常、ネットワークサービスの提供や利用は、正引きを使って行われます。なお、正引き用のゾーン情報のことを前方参照ゾーンといいます。

（ⅱ）逆引き

　正引きとは逆に、IP アドレスからドメイン名を解決します。

　逆引きは通信相手の身元を調査する目的で使用します。この場合の身元とは、通信相手の属するドメイン名のことです。

　コンピュータ同士の通信は、ドメイン名ではなく IP アドレスで行われます。しかし、IP アドレスではどのようなコンピュータからアクセスがあったのかわかりにくいため、逆引きを使ってドメイン名（ホスト名）を取得します。そして、取得したドメイン名が信頼できるドメイン名であれば接続を認め、それ以外は拒否する、といった使い方ができます。

　なお、逆引き用のゾーン情報のことを逆引き参照ゾーンといいます。

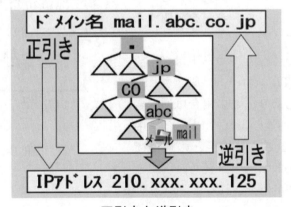

正引きと逆引き

　逆引きには「通信記録の統計」や「SPAM メール対策」等の使い方があります。逆引きも正引きと同様に、ルートネームサーバから下位の DNS サーバに問合せを行います。

■通信記録の統計

　通信記録に残った IP アドレスからドメイン名を取得することで、どのようなド

メインからのアクセスが多かったか等の統計をとることができます。

■SPAM メール対策
　メールサーバは、他のメールサーバと SMTP で通信します。逆引きを使うことで、通信するメールサーバを限定することができます。不要なメール転送を防止し、SPAM メールへの対策が可能です。

　右の図では、メールサーバは IP アドレス 210.xxx.xxx.125 のメールサーバから SMTP による接続を受けています。

　接続は IP アドレスで行われるため、この時点では、接続相手のドメイン名はわかりません。

　そこで逆引きを使って、通信相手の身元にあたるドメイン名を調べます。

　逆引きの結果、取得したドメイン名が信頼

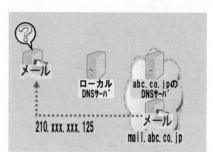

SPAM メール対策

できれば接続を許可してメールの転送を受け付けます。信頼できないドメイン名だった場合や逆引きに失敗する場合には接続を拒否します。

（ⅲ）PTR レコード（PoinTeR）
　逆引きに使われるレコードが PTR レコードです。IP アドレスに対応するドメイン名を明らかにして、身元を証明することができます。

　正引きで使われる A レコードは必ず設定しますが、PTR レコードは設定されていないケースもあり、この場合は逆引きに失敗します。前述のように、ドメイン名で接続を限定している相手との通信では、逆引きに失敗すると身元を証明できないため、接続が拒否されることがあります。

PTR レコード

⑦ISP 切替時
　DNS はゾーンファイルの各レコードに情報を登録することで、正引きや逆引きが可能になります。この登録情報には、DNS サーバや Web サーバ、メールサーバ等のドメイン名や IP アドレスが含まれています。

　ISP を切り替えると、割り当てられるグローバル IP アドレスが変更になります。

　サーバを運用していれば、新たに割り当てられた IP アドレスに変更し、更に DNS の登録情報も変更します。

右の図では、co.jp の NS レコードに "ns.abc.co.jp" が登録されています。ns.abc.co.jp の A レコードには "www.abc.co.jp"、MX レコードには "mail.abc.co.jp" が登録されています。IP アドレスが変更になった場合には、各レコードの IP アドレスの情報を修正する必要があります。

ISP 切替時の修正範囲

12. SMB（Server Message Block）

SMB（Server Message Block）とは、Windows OS における共有フォルダや共有プリンタで利用されているアプリケーションプロトコルです。

従来は NetBEUI と呼ばれる通信プロトコル上で利用されていましたが、現在は TCP/IP 上で動作可能となっています。

具体的には、Windows OS をインストールする際に付けるコンピュータ名を基に、相手との通信を行います。

Windows の "ネットワーク" アイコンをクリックし、コンピュータの一覧が表示されるのは、この SMB の機能によります。

コマンドラインの場合には、「net」コマンドを用い、ネットワーク上の共有フォルダ、共有プリンタをもつコンピュータを検索したり、共有フォルダをネットワークドライブとして、ドライブレター（例：F:ドライブ等）に割り当てたりすることが可能です。

「net」コマンドの構文は次のとおりです。

```
NET
    [ACCOUNTS | COMPUTER | CONFIG | CONTINUE | FILE | GROUP |
    HELP | HELPMSG | LOCALGROUP | PAUSE | SESSION | SHARE |
    START STATISTICS | STOP | TIME | USE | USER | VIEW]
```

Net コマンドの構文

例えば、

　　　net view ￥￥コンピュータ名

で共有リソースの一覧が表示されます。

13. SNMP（Simple Network Management Protocol）

TCP/IP ネットワークにける機器を管理する手法のデファクトスタンダードです。ルータ、スイッチ、サーバ等、TCP/IP ネットワークに接続された通信機器に対し、ネットワーク経由で監視、制御するためのアプリケーション層プロトコルです。

SNMP システム、つまり SNMP により管理されるネットワークは、基本的に次の 3 つの要素から構成されます。

・SNMP マネージャ

管理対象デバイスへの情報要求及び収集した情報を処理する、ネットワーク管理ステーション（NMS：Network Management Station）と呼ばれるソフトウェアで、通常は Windows サーバ上や Linux サーバ上で動作させます。

・管理対象

管理の対象となる、ワークステーション、プリンタ、ビデオカメラ、ルータ、スイッチ等のデバイスで、これらの上でエージェントと呼ばれるソフトウェアを動作させます。

・MIB（Management Information Base：管理情報ベース）

エージェントが、収集した情報を蓄積するツリー構造のデータベースです。集められた情報は、SNMP マネージャからの要求に応じて参照、返答、更新されます。

エージェントは、管理対象となる機器の情報を MIB に蓄え、マネージャとの間で、次のような管理情報（PDU：Protocol Data Unit）をやり取りします。

・管理情報の要求と応答（Get、Response）

マネージャは、Get を送信して管理対象となる機器の情報をエージェントに要求します。エージェントはマネージャから要求された情報を MIB から取得して Reaponse でマネージャに応答します。

・管理情報の設定変更の要求と応答（Set）

マネージャが管理対象となる機器の設定変更を要求した場合、エージェントは要求された設定変更を実行し、その結果をマネージャに報告します。

・管理対象となる機器の状態変化の通知（Trap）

エージェントは、管理対象となる機器の異常や状態変化をマネージャに通知します。

SNMP は拡張可能なプロトコルであり、SNMP マネージャが管理対象デバイスから取得できる情報として、例えば、ワークステーションの現在の CPU 負荷やプリンタに残っている紙の量等、さまざまなニーズに対応することができます。

2-3-4 ネットワークアドレス

1. MAC アドレス

MAC（Media Access Control）アドレスは、ネットワークインタフェースに割り当てられた 32 ビットの固有の番号で、16 進数 6 桁で表現します。ハードウェアのベンダーが、機器の製造段階で設定します。前半の 3 桁（16 ビット）で OUI（Organizationally Unique Identifier：ベンダーコード）を表し、後半の 3 桁（16 ビット）でベンダー管理番号（ベンダーが管理する重複しない機器の番号）を表します。

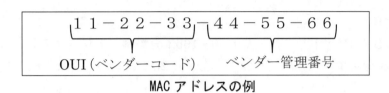

MAC アドレスの例

MAC アドレスの役割は、直接の通信が可能なノード間（隣接ノード間）で、データを取得するノードを特定することです。

イーサネットの通信は、フレームの送受信で行われます。イーサネットフレームのヘッダの先頭には、受信ノードを識別する MAC アドレス、それに続く部分には送信ノードを識別する MAC アドレスが書き込まれます。

MAC アドレスが設定される代表的なハードウェアが NIC（Network Interface Card）です。これを取り付けたノードは、MAC アドレスにより識別されます。

また、最近のコンピュータは、イーサネット等へのネットワークインタフェースを標準で搭載しているため、はじめから MAC アドレスが設定されています。

2. IP アドレスのクラス

IP アドレスとは、インターネット上で個々のコンピュータを識別するためのアドレスのことです。MAC アドレスとは異なり、ユーザが端末に設定します。IP アドレスにはアドレスを 32bit で表す IPv4 と、IP アドレス枯渇対策として登場した 128bit の IPv6 が運用されています。IPv4 体系の IP アドレスは、通常の使用を目的としたクラス A〜C と、特殊な用途のクラス D と E があります。

クラスの概念によるアドレスの管理は、IP の基礎知識として必須の習得項目ですが、実際には IP アドレスを無駄なく有効に活用することができず、IP アドレス不足の原因となるため、現在はクラスの概念を廃した CIDR（Classless Inter-Domain Routing）という技術が導入され、使用されています。

①クラス A

クラス A の IP アドレスは、先頭からの 8bit 分がネットワークアドレスで、それ以降の 24bit 分がホストアドレスです。先頭の 1bit が「0」で始まり、10 進数表記

では、「0.0.0.0」から「127.255.255.255」までの範囲になります。ただし、全ての bit が「0」のネットワークと先頭の 8bit が 10 進数で「127」のアドレスは、特殊なアドレスとして予約されています。

1 つのネットワーク中で 16,777,214 個のホストを接続することができます。なお、127 から開始されるアドレスはループバックアドレスと呼ばれ、ネットワーク設定の自己診断用に用いられます。

ループバックアドレスは「127.0.0.1」から「127.255.255.254」までの範囲であれば自由に指定することが可能ですが、一般的には「127.0.0.1」を用います。

②クラス B

クラス B の IP アドレスは、先頭から 16bit 分がネットワークアドレスで、それ以降の 16bit 分がホストアドレスです。先頭の 2bit が「10」で始まります。

③クラス C

クラス C の IP アドレスは、先頭から 24bit 分がネットワークアドレスで、それ以降の 8bit 分がホストアドレスです。先頭の 3bit が「110」で始まります。

④クラス D

クラス D の IP アドレスは、先頭から 32bit 分、つまり全てがネットワークアドレスで、ホストアドレスの部分はありません。先頭の 4bit が「1110」で始まります。クラス D はマルチキャスト通信に使用されるアドレスです。

クラス	範囲（10 進表記）	ネットワークアドレスのbit 数	備考
A	0.0.0.0〜127.255.255.255	8	大規模ネットワーク用 16,777,214 ホスト／ネットワーク
B	128.0.0.0〜191.255.255.255	16	中規模ネットワーク用 65,534 ホスト／ネットワーク
C	192.0.0.0〜223.255.255.255	24	小規模ネットワーク用 254 ホスト／ネットワーク
D	224.0.0.0〜239.255.255.255	—	マルチキャスト用

IP アドレスのクラス

3. グローバル IP アドレスとプライベート IP アドレス

①グローバル IP アドレス

インターネットに接続されているホストには、一意の、つまり他のホストと重複しない IP アドレスが割り当てられている必要があります。1 つのネットワーク上に

同じ IP アドレスをもつホストが複数存在すると、データ送信に宛先を特定すること
ができなくなり、正しい宛先に情報が届かないこともあり得ます。このため、インタ
ーネットに接続されているホストには、インターネット上で一意の IP アドレスを割
り当てて管理します。このような IP アドレスをグローバル IP アドレス（パブリッ
ク IP アドレス）といいます。

このような要求を満たすために、インターネットに直接接続されたあらゆるホス
トに割り当てるための IP アドレスを管理する公的な機関が存在します。

IANA（Internet Assigned Numbers Authority）という組織が、各国毎の割り当
て調整組織に依頼して行っています。アジア・太平洋地域における IP アドレスの割
り当ては、IANA から依頼されている APNIC（Asia Pacific Network Information
Centre）が受けもち、日本国内については、そこからさらに依頼を受けた JPNIC
（Japan Network Information Center）が実際の割り当て作業を行っています。

②プライベート IP アドレス

LAN の内部等、インターネットが介在しない範囲では、他のネットワークで使用
されている IP アドレスと重複しても問題はありません。ただし、適当に割り当てた
IP アドレスを使用していると、1 つのネットワーク内で IP アドレスが重複し、問
題が発生する場合があります。このため、私的なネットワークで使用するための IP
アドレスが予約されており、このような IP アドレスをプライベート IP アドレスと
いいます。

クラス	アドレス範囲
クラス A	10. 0. 0. 0～ 10.255.255.255
クラス B	172. 16. 0. 0～ 172. 31.255.255
クラス C	192.168. 0. 0～ 192.168.255.255

プライベート IP アドレスの範囲

プライベート IP アドレスを使用する場合は、グローバル IP アドレスとは異なり、
公的な機関（日本では JPNIC）に申請する必要はありません。しかし、プライベー
ト IP アドレスが送信元アドレス又は宛先アドレスとして指定されている IP パケッ
トをインターネットに送信することは許可されていません。

したがって、プライベート IP アドレスが設定されているコンピュータは、インタ
ーネットに直接アクセスすることはできません。そこで、NAPT（Network Address
Port Translation）や、プロキシサーバ等のアドレス変換技術を利用してインターネ
ットに接続します。

4. ネットワークアドレス

ネットワークグループを識別するアドレスです。ネットワーク内で一番小さいアドレス、つまりホストに該当する bit を 0 にしたアドレスが該当します。

ネットワークアドレスは、例えば、ルータがパケット転送先のネットワークグループを識別する際に用います。このため、このアドレスを特定のノードに設定することはできません。

5. サブネット分割

IPv4 において、サブネットマスクを利用して、ネットワークアドレスに隣接したホストアドレスの一部をサブネットアドレスとして定義することをサブネット分割と呼びます。これにより、ネットワークに接続可能なホストの台数は減少しますが、より多くのネットワークに IP アドレスを割り振ることができます。

なお、サブネットマスクとは、「ネットワークアドレス＋サブネットアドレス」と「ホストアドレス」を識別するために、前者に相当するビットには 1 を、後者に相当するビットには 0 を設定したものです。

（例）クラスCで、ホストアドレス部の先頭 3 ビットをサブネットマスクとして定義する

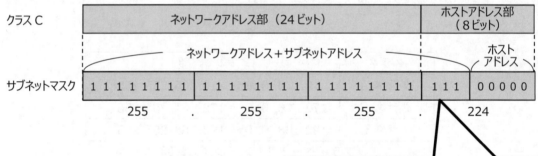

・サブネットマスクを「255.255.255.224」とすると、ホストアドレスの先頭 3 ビットは、サブネットとして用いるため、8 つのグループに細分化できる。
・それぞれのサブネットに属するホストは、「全て 0」と「全て 1」を除いた割り当てが可能。

サブネット	ホスト	10 進数
000	00001〜11110	1〜30
001	00001〜11110	33〜62
010	00001〜11110	65〜94
011	00001〜11110	97〜126
100	00001〜11110	129〜158
101	00001〜11110	161〜190
110	00001〜11110	193〜222

サブネットマスク

6. ブロードキャストアドレス

　ネットワークグループ内の全ノードと通信するアドレスです。ネットワーク内で、一番大きいアドレス、つまりホストに該当する bit を 1 にしたアドレスが該当します。

　ブロードキャストとは、不特定の相手に同じデータを送信することです。この通信を行う場合には、宛先のアドレスにブロードキャストアドレスを指定します。

　ブロードキャストは情報収集や情報共有に使用します。例えば、全ノードに対してある条件をブロードキャストし、その条件に該当するノードから応答をもらう、といった通信です。用途が決められているため、このアドレスを特定のノードに設定することはできません。

　このように、ネットワーク内には、用途が決められているためにノードには設定できないアドレスが 2 つ存在します。したがって、1 つのネットワーク内のノード数は、利用できるアドレス数からネットワークアドレスとブロードキャストアドレスの 2 つをマイナスしたものになります。

　なお、ブロードキャストアドレスには次の 4 つのタイプがあり、いずれも宛先のみに指定できますが、ルータはブロードキャストパケットを転送しません。つまり、ブロードキャストパケットをルータの先にある宛先に送ることは、基本的にはできません。

①ネットワークブロードキャスト

　クラス分けされたアドレスに対して、全てのホスト bit を 1 に設定したアドレスです。例えば、クラス B のネットワーク ID 131.107.0.0/16 のネットワークブロードキャストアドレスは 131.107.255.255 です。ネットワークブロードキャストは、そのネットワーク内の全てのホストにパケットを送信するために使用されます。

②サブネットブロードキャスト

　サブネット分割されたネットワークにおいて、全てのホスト bit を 1 に設定したアドレスです。例えば、クラス B のアドレスをサブネット分割した 131.107.26.0/24 のネットワークにおけるサブネットブロードキャストは 131.107.26.255 です。サブネットブロードキャストは、サブネット化されたネットワーク、スーパーネット化されたネットワーク、又はそれ以外のクラスタに属していないネットワークの全てのホストにパケットを送信するために使用されます。

③全サブネット向けブロードキャスト

　サブネット分割されたネットワークにおいて、サブネット分割する前のクラス分けされたアドレスのホスト bit を 1 に設定したアドレスです。このアドレスを指定したパケットは、全てのサブネットの全てのホストに送信されます。

　例えば、サブネット化されたネットワーク 131.107.26.0/24 の全サブネット向けブロードキャストは 131.107.255.255 です。

　CIDR の出現により、全サブネット向けブロードキャストアドレスはもはや意味

のないものになりました。RFC 1812 によれば、全サブネット向けブロードキャストの使用は推奨されません。

④制限ブロードキャスト

　IP アドレスの 32bit 全てを 1 にしたアドレス、すなわち 255.255.255.255 で指定されるアドレスです。これは、ローカルネットワーク上で、あるノードからネットワークアドレスが不明な他の全てのノードに対して送信する際に使用され、通常は BOOTP や DHCP 等の自動構成プロセス中のノードによってのみ使用されます。

7. マルチキャストアドレス

　1 対多の配信に使用され、宛先 IP アドレスとしてのみ使用できます。ブロードキャストパケットとは異なり、ルータはマルチキャストパケットを転送します。

　送信ホストが宛先にマルチキャストアドレスを使用して送信すると、それをリッスン（listen）しているネットワーク上の全てのノードがパケットを受信して処理します。

　特定のマルチキャストアドレスのトラフィックを待ち受けるホストは、ホストグループと呼ばれます。ホストグループのメンバは、ネットワークのどこにでも配置することができ、ホストグループへの参加やホストグループからの離脱は自由に行えますが、ルータがマルチキャストトラフィックをホストグループメンバに転送するには、マルチキャストグループのメンバの所在をルータが認識している必要があります。

　マルチキャストアドレスはクラス D の範囲、つまり 224.0.0.0～239.255.255.255 です。このうち、224.0.0.0～224.0.0.255 の範囲は、ローカルサブネットトラフィック用に予約されています。

■VLSM（Variable Length Subnet Mask：可変長サブネットマスク）

　1 つの IP ネットワークをサブネットに分割する際に、複数の長さのサブネットマスクを利用する技術です。ホスト数が大きく異なるサブネットを無駄なく作成することが可能となります。

　通常使用される FLSM（Fixed Length Subnet Mask：固定長サブネットマスク）では、作られるサブネットのサイズは全て同じになります。しかし、実際には各々のサブネットに含まれるホストの数には大きな違いがあることが一般的であり、サブネット毎に、アドレスが不足する、あるいは余る等のアンバランスな状況が生じます。

　VLSM が有効な場合、大きなサブネットを小さなサブネットの組合せに分割することができるため、このような状況を回避することができます。

　例えば、クラス C アドレスの空間では、全体で $2^8-2=254$ 台までのホストを収容することができます。これを FLSM によって 4 つのサブネットに分割する場合、各サブネットに収容できるホストの最大数は、$2^6-2=62$ 台となります。したがって、特定のサブネットに収容すべきホストが 63 台以上であった場合には、対応でき

なくなります。

　一方、VLSM を使用すると、アドレス空間をそれぞれが 126 台のホストを収容できる 2 つのサブネットに分割して、一方はそのまま使用し、他方はそれぞれが 62 台のホストを収容可能な 2 つのサブネットに分割して、一方はそのまま使用し、他方はそれぞれが 30 台のホストを収容可能な 2 つのサブネットに分割する、等ということが可能です。

　なお、ルーティングプロトコルに RIPv1 を使用するネットワークでは、VLSM を使うことはできません。

8. IPv6

　現在使用されている IP アドレスは 32bit で表記する IPv4（IPversion4）規格で、約 43 億個（2 の 32 乗）の IP アドレス空間を使用することができます。

　しかし、90 年代後半以降のインターネットの爆発的普及によって、世界的に深刻な IP アドレスの不足が懸念されています。現在では、非効率なクラス単位のアドレスの配布は行われていません。また、サブネットマスクによるクラス B の分割や CIDR によるクラス C の連続 IP アドレスの割り当て等により、IPv4 のアドレス空間を有効に配布して対応してきました。

　しかし、2011 年 2 月に世界レベルでアドレス管理を行っている IANA では、APNIC（アジア太平洋地域のアドレス管理団体）等の地域インターネットレジストリに新規に割り当てられる IPv4 アドレスが無くなりました。そして、2011 年 11 月に APNIC でも割り当て可能な IPv4 アドレスの在庫が無くなりました。日本のアドレスを管理している JPNIC は、アドレス在庫を APNIC と共有しているため、同様に在庫が無くなりました。現在、日本国内ではインターネットプロバイダに残された在庫を割り当てていますが、それが尽きるのは時間の問題です。

　一方、IPv6（IPversion6）は 95 年に次世代の IP 規格として正式に発表され、2000 年頃から実用が始まりました。大手のプロバイダは IPv6 のサービスを開始しています。また、Windows も Windows 2000 以降から IPv6 に対応しています。

　IPv4 アドレスの新規割り当てができなくなっても、既に割り当てられているアドレスはそのまま利用できます。したがって、当面の間、あるいは半永久的に IPv4 と IPv6 の両方を使うことになりますが、IPv4 と IPv6 には互換性がありません。そのため、サーバ及びクライアントコンピュータは、IPv4 と IPv6 の両方に対応している必要があります。これをデュアルスタックといいます。

　2012 年 6 月には「IPv6 Launch Day」と題されたイベントが世界的に開催され、参加した団体は、恒久的にデュアルスタックサービスを提供することになりました。このイベントには、Google、Facebook、Yahoo、MSN 等の大手サイトをはじめ、各国の通信機器ベンダー、通信事業者等が参加しました。

　①IPv6 の主な特徴

・32bit から 128bit への IP アドレス空間の拡大
・IP アドレスの自動生成（プラグアンドプレイ）
・ヘッダの簡略化
・セキュリティ機能を基本仕様に含む
・フロー制御によるリアルタイム通信の強化
・拡張性（拡張ヘッダの実装、暗号化）

②IPv6 アドレス

　IPv4 では 32bit であった IP アドレスが、IPv6 では 128bit に拡張されました。43 億×43 億×43 億×43 億個（3.4×10 の 38 乗）という途方もない数のアドレスを使用することができるようになり、IP アドレス数の不足の問題は解消されます。

③IPv6 アドレスの表記方法

　IPv6 では 16bit 毎にコロンで区切り、16 進数で表記する仕様になります。
　例えば、次のようになります。

$$fe80 : 0000 : 0000 : 0000 : 4007 : 40ff : fe0f : 009f /64$$

　このうち、前半 64bit 部分を「プレフィックス」、後半 64bit 部分を「インタフェース ID」と呼びます。なお、末尾の「/64」はプレフィックス値と呼ばれ、前半の何ビットがプレフィックスなのかを表現しています。
　IPv6 では 1 つ又は複数の「0」を省略する簡略表記が認められていますが、次の仕様に従う必要があります。
・各ブロック内の先頭の 0 は省略できる。

$$fe80 : 0000 : 0000 : 0000 : 4007 : 40ff : fe0f : 009f$$
$$\rightarrow fe80 : 0 : 0 : 0 : 4007 : 40ff : fe0f : 9f$$

・0 の連続するブロックは、1 か所に限りコロン 2 つ（：：）に省略できる。

$$fe80 : 0 : 0 : 0 : 4007 : 40ff : fe0f : 9f$$
$$\rightarrow fe80 ：：4007 : 40ff : fe0f : 9f$$

9. アドレス変換

①NAT（Network Address Translation）

LAN 内のノードにはプライベート IP アドレスが設定され、インターネット上のノードにはグローバル IP アドレスが設定されます。

プライベート IP アドレスは、一定の範囲からユーザが任意に選択するため、同じアドレスを設定したノードが多数存在します。このノードが直接インターネットに接続されると、同じ IP アドレスのノードが多数存在することになるため、プライベート IP アドレスでのインターネット接続はできないようになっています。

しかし、このままでは、LAN 内のノードはインターネット上で提供されているサービスを一切利用することができません。そこで、プライベート IP アドレスをグローバル IP アドレスに変換する技術を利用します。この技術を NAT といいます。

この技術により、プライベート IP アドレスを設定した LAN 内のノードもインターネットを利用でき、更に 1 つのグローバル IP アドレスを複数のノードで共有することができます。

②NAPT（Network Address Port Translation）

ポート番号とプライベート IP アドレスの複数の組合せを、1 つのグローバル IP アドレスに変換する手法です。Linux での実装を IP マスカレード、Cisco では PAT といいます。

NAT では、プライベート IP アドレスとグローバル IP アドレスとの対応は、ある時点においては 1 つに限定されるため、複数のノードが同時にインターネット接続を行うためには、それらのノード数分の NAT デバイスを用意する必要がありますが、NAPT では 1 つのデバイス（通常はルータ）のみで、これを実現することができます。

インターネットへの接続を要求する各ノードのプライベート IP アドレスとポート番号が、NAPT デバイスを通過する際に、グローバル IP アドレスとポート番号に変換されます。

なお、NAPT には次のような欠点があります。

・インターネット側からのアクセスができない

インターネットからは 1 つのグローバル IP アドレスしか認識できませんので、インターネット側からのアクセスが行えません。ただし、IP マスカレードの変換テーブルをあらかじめ固定で登録しておく「静的 IP マスカレード」を使用することで、これを回避することができます。

・ICMP（Internet Control Message Protocol）が利用できない

ICMP にはポート番号の概念がないため、使用できません。ただし、多くのルータは ping をサポートしています。

10. ポートフォワーディング

　あらかじめ定めたローカルホストの特定のポートに届いたパケットを、あらかじめ定めたリモートホストの特定ポートへ転送する機能です。

2-3-5　IPアドレスの設定

1. 静的アドレス

　一般に、手動で固定的に設定されているものをスタティック（静的）、状況に応じて自動的に変更されるものをダイナミック（動的）といいます。IPアドレスも、手動で設定するアドレスをスタティックなアドレスといい、手動で設定を変更しない限り同じアドレスを固定的に使用します。これに対し、DHCPやAPIPAによって自動的に設定されるアドレスは、ダイナミックなアドレスといい、PCを再起動した場合、前回と同じアドレスを使用するとは限りません。

　通常、各種サーバやプリンタにはスタティックなアドレスを設定し、クライアントPCにはダイナミックなアドレスを設定します。

　クライアントPCに設定すべきTCP/IP関連パラメータには、以下の4種類があります。

　・IPアドレス
　・サブネットマスク
　・デフォルトゲートウェイ
　・DNSサーバのIPアドレス

2. サブネットマスク

　サブネットマスクは、対応するIPアドレスの先頭からどこまでがネットワークアドレスで、どこからがホストアドレスかを定義するために存在します。サブネットマスクを2進数で表記すると、IPアドレスと同じ32bitの長さをもち、先頭からいくつかの1が連続し、その後0が連続します。1が連続する部分がネットワークアドレスを意味し、0が連続する部分がホストアドレスを意味します。

	ネットワークアドレス			ホストアドレス
IPアドレス	192 .	168 .	1 .	25
サブネットマスク	255 .	255 .	255 .	0
	11111111 .	11111111 .	11111111 .	00000000

サブネットマスク

■サブネットマスクの表記方法

　通常、ネットワークを表す場合、「192.168.1.0」「255.255.255.0」のように表しますが、ネットワークアドレスが先頭から何 bit 目までなのかを示すプレフィックスという数値を使用して、サブネットマスクを示します。プレフィックスは、「/xx」の形式でネットワークアドレスに付加され、「128.0.0.x/16」や「192.0.0.x/24」のように表記します。したがって、

　　・「192.168.1.0」「255.255.255.0」
　　・「192.168.1.0/24」

は、どちらも同じネットワークを示します。

3. デフォルトゲートウェイ

　TCP/IP では、ルータで区切られる範囲を 1 つのネットワークの単位として捉えています。あるホストが、ルータを越えて他のホストと通信するには、最寄りのルータの IP アドレスを知っていなければなりません。ここで、「最寄りのルータ」とは、送信元ホストと同じネットワークに存在するルータのことで、これをデフォルトゲートウェイといいます。もし、送信元ホストと同じネットワークにルータが複数存在する場合、どれか 1 台をデフォルトゲートウェイとして設定します。

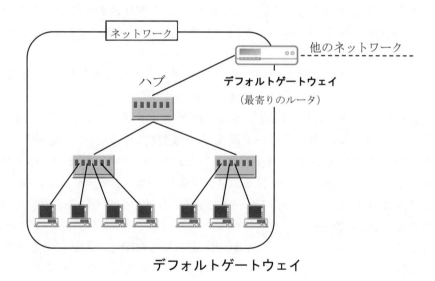

デフォルトゲートウェイ

4. ルーティングプロトコル

　ルータが経路選択の際に用いるルーティングテーブルには、宛先の IP アドレス、サブネットマスク、デフォルトゲートウェイの IP アドレス、インタフェース（使用ポート）等が記載されています。

宛先の IP アドレス	サブネットマスク	デフォルトゲートウェイ	インタフェース
10.12.14.0	255.255.255.0	0.0.0.0	fa0/0
76.30.4.0	255.255.254.0	0.0.0.0	fa0/1
0.0.0.0	0.0.0.0	76.30.4.1	fa0/1

ルーティングテーブルの例

　ルーティングテーブルの内容は、ネットワーク管理者等が手動で設定する方法と、ネットワーク上のルータ同士が、経路制御に必要な情報を交換して自動的に作成する方法があり、前者をスタティックルーティング、後者をダイナミックルーティングといいます。

　スタティックルーティングによって作成された経路（スタティックルート）の情報は、他のルータへ通知されることはなく、また、ネットワークの状態が変化し、他のルートの方が有効だったとしても、自動的にそのルートに切り替わることはありません。したがって、スタティックルーティングは、小規模なネットワークにおいてのみ使用されます。

　ダイナミックルーティングにおいて、ルーティングテーブルを作成するために用いられるプロトコルをルーティングプロトコルと呼びます。

　ルータの起動時、ルータは自身に直接接続されたネットワークしか認識しませんが、ルーティングプロトコルを用いてルータ同士が情報交換を行い、その情報を基にルーティングテーブルを作成します。ネットワーク上のすべてのルータがすべての経路を認識している状態のことをコンバージェンス（収束）といいます。そして、ルーティングテーブルの中からリモートネットワークに到達するためのルートを探索し、見つかったものの中から最適なルートを選択します。

　ルーティングプロトコルは、その適用領域によって、IGP と EGP に分類されます。また、使用するアルゴリズムによって、ディスタンスベクタ型、リンクステート型等に分類されます。

代表的なルーティングプロトコルには、次のようなものがあります。

適用領域	ルーティング方式	ルーティングプロトコル	メトリック	ルーテッドプロトコル	コンバージェンス時間
IGP小規模	ディスタンスベクタ型	RIP	ホップ数	IP	長い
		IGRP	帯域幅、遅延、その他	IP	長い
IGP中規模	リンクステート型	OSPF	コスト	IP	短い
		IS-IS	定数（narrow、wide）	IP	短い
	ハイブリッド型	EIGRP	帯域幅、遅延、その他	IP、IPX、AppleTalk	短い
EGP大規模	パス属性型	BGP-4	パス属性		

代表的なルーティングプロトコルと仕様

■IGP（Interior Gateway Protocol）

自律システム（AS）内で動作する、すなわち、1つのISPや企業内部でのルーティングを行うために使用されるルーティングプロトコルです。

■EGP（Exterior Gateway Protocol）

自律システム（AS）同士の接続、すなわち、複数のISPの間でルーティングを行うために使用されるルーティングプロトコルです。

■AS（Autonomous System：自律システム）

会社や大学組織のネットワーク、ISPのネットワーク等、統一的な運用ポリシーによって管理されたネットワークを意味します。各ASには、IANAが管理する16bitからなる固有の番号（AS番号）が割り当てられます。

■ディスタンスベクタ型

ルーティングメトリックとしてホップ数を用い、ホップ数が最小のルートを最適ルートと判断します。

リンクステート型よりも計算が単純なため、小規模ネットワークにおいて広く使用されます。

■リンクステート型

ルーティングメトリックとしてコストを用い、コストが最も小さいルートを最適ルートと判断します。

コストは、ネットワーク管理者が各ルータのインタフェースに設定する値で、通常はインタフェースが接続されたリンクの帯域幅を反映させます。

■ルーティングメトリック
　ルーティングテーブルの中に保持され、ルーティングプロトコルが最適経路を決定する際の判断材料に用いる数値です。

■ルーテッドプロトコル
　ルーティングプロトコルによって決定された最適経路に従い、実際にルーティングされるプロトコルです。

（ⅰ）RIPv1（Routing Information Protocol Ver.1）
　1980年代に開発されたルーティングプロトコルです。ホップ数（経路上のルータの台数）をメトリックとし、次のような特徴をもちます。
・ホップ数の最大が15
・30秒毎にブロードキャストでルーティングテーブル全体を送信
・CIDRやVLSMに未対応
・RIPv1ルータは認証に未対応

（ⅱ）RIPv2（Routing Information Protocol Ver.2）
　1994年に開発され、現在も使用されているルーティングプロトコルで、RIPv1の多くの問題のうち、次のような修正が施されています。
・CIDRやVLSMに対応
・ルーティングテーブルの送信にマルチキャストを使用
・認証機能の追加

（ⅲ）OSPF（Open Shortest Path First）
　インターネット上で最も広く使用される、CIDRやVLSMに対応するIGPです。AS間を結ぶエッジルータでBGPを使用している場合でも、エリアと呼ばれるAS内部ではOSPFを使用します。エリアはバックボーンエリアと非バックボーンエリアに分けられ、バックボーンエリアはOSPFネットワークの基本のエリアとなり、エリア0と呼ばれます。OSPFには次のような特徴があります。
・経路情報が確定するまでの時間がRIPよりも圧倒的に短い
・経路情報に変更があった場合にのみ差分情報を送信
・計算が複雑なため、ルータに対する負荷が高い
　OSPFでは、LSA（Link State Advertisement）という情報を基にルーティングテーブルを作成します。その際のメトリックには、コスト（帯域幅の逆数）が使用され、コストが最小の経路を最適と判断します。
　通常、ネットワーク内で最初に起動したルータが代表ルータとなり、他のルータが代表ルータにLSA（ルータLSA）を送ります。代表ルータに集められたLSA

を基に、代表ルータがネットワーク全体の LSA（ネットワーク LSA）を作成して、各ルータに配布します。各ルータは、これを基に実際のルーティングテーブルを作成します。

（iv）IS-IS（Intermediate System to Intermediate System）

OSPF の基になった IGP で、多くの点が OSPF と共通です。現在では、改良が施された Integrated IS-IS として、一部のシステムで用いられています。

（ⅴ）BGP-4（Border Gateway Protocol Ver.4）

ある ISP のネットワークと他の ISP のネットワーク間等、AS 間のルーティング情報を交換する EGP のデファクトスタンダードです。

メトリックには、経路情報に付加される属性情報である「パス属性」が用いられ、デフォルトのパス属性は AS_PATH（宛先 AS までに通過する AS 数の少ない経路を優先）です。

（ⅵ）IGRP/EIGRP（Interior Gateway Routing Protocol/Enhanced IGRP）

RIP に相当する、Cisco Sytems 社独自の IGP です。IGRP では、最大ホップ数が 255、メトリック値に帯域幅を加え、遅延や信頼性を考慮することが可能等の RIPv1 に対する拡張が施されています。EIGRP では、CIDR や VLSM への対応等が図られています。

②経路選択の手順

　ルータがルーティングテーブルを参照して、最適経路を選択するときには、次の手順に従います。

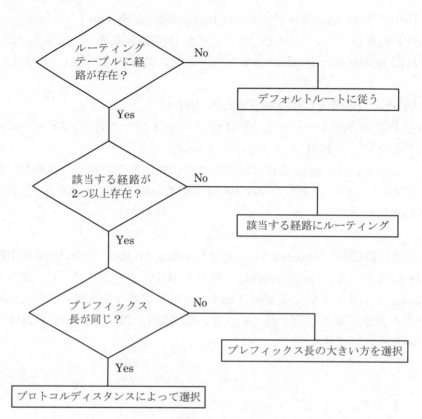

ルーティングテーブルに経路が存在？ — No → デフォルトルートに従う

Yes ↓

該当する経路が2つ以上存在？ — No → 該当する経路にルーティング

Yes ↓

プレフィックス長が同じ？ — No → プレフィックス長の大きい方を選択

Yes ↓

プロトコルディスタンスによって選択

経路選択の手順

■ロングストマッチの法則（最長一致の法則）

　ルーティングテーブルからある経路を検索した際に、該当する経路が複数ある場合には、プレフィックス長が最も大きいものを選択するというルールです。

　例えば、経路表で192.168.0.8を検索して、192.168.0.0/24 と 192.168.0.0/25 が見つかった場合、プレフィックス長の大きい/25 への経路を選択します。

■プロトコルディスタンス（ルートプリファレンス）

　同じネットワークへの経路が複数ある場合に、どれを採用するかをプロトコルの優先度によって選ぶ方法です。Cisco では、これをアドミニストレーティブディスタンスと呼びます。

ルート情報	アドミニストレーティブ ディスタンス値	優先度
直接接続ルート	0	高
スタティックルート	1	↑
EIGRP・サマリールート	5	
BGP・外部	20	
EIGRP・内部	90	
IGRP	100	
OSPF	110	
IS-IS	115	
RIP	120	
EGP	140	
ODR	160	
EIGRP・外部	170	
BGP・内部	200	
ルーティングテーブルに記載なし	255	低

Cisco Systems 社製機器におけるデフォルトの
アドミニストレーティブディスタンス値

5. クライアント PC の DNS 設定

DNS（DomainNameSystem）は、ドメイン名を IP アドレスに解決する仕組みです。ドメイン名から IP アドレスに変換することを名前解決又は単に「解決する」といいます。例えば、www.example.com というドメイン名が付けられたサーバの IP アドレスを DNS を使って解決することができます。

クライアント PC で DNS の仕組みを利用するためには、DNS サーバの IP アドレスを知っていなければなりません。企業内のクライアント PC では自社の DNS サーバを使用し、個人ユーザは契約しているインターネットプロバイダの DNS サーバを利用するのが一般的です。

6. IP アドレスの自動設定

DHCP（Dynamic Host Configuration Protocol）は、クライアント PC の起動時又はネットワークにログオンして接続する際に、各種 IP アドレス等の TCP/IP 情報を自動的かつ動的に割り当ててくれるプロトコルです。設定される情報は、IP アドレス、サブネットマスク、デフォルトゲートウェイ、DNS サーバアドレス等の情報です。

DHCP を利用するための条件は以下の 2 つです。
・クライアント PC と同一のネットワーク内に DHCP サーバが存在すること*
・クライアント PC のネットワーク設定が自動設定になっていること

クライアント PC は、DHCP サーバの IP アドレスを知らなくても、自動的に DHCP を探して必要な情報を設定してくれます。

＊ルータで DHCP リレーエージェントの機能を有効にしておくことにより、異なるネットワークに存在する DHCP サーバの利用が可能となります。

7. IP アドレスの手動設定

Windows 7 以降の場合、「ネットワークと共有センター」の「アダプタの設定変更」で、設定したい接続を選択し、TCP/IPv4 のプロパティ画面で、IP アドレス、サブネットマスク、デフォルトゲートウェイ、DNS サーバの IP アドレスを設定します。

手動で設定した IP アドレスはスタティックなアドレスです。

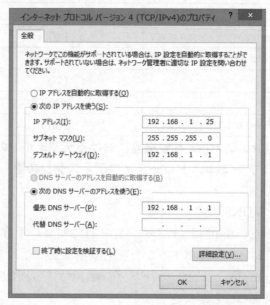

Windows の TCP/IPv4 の設定画面（手動設定）

2-4 ネットワークサービス

2-4-1 代表的なネットワークサービス

1. Domain Name System（DNS）

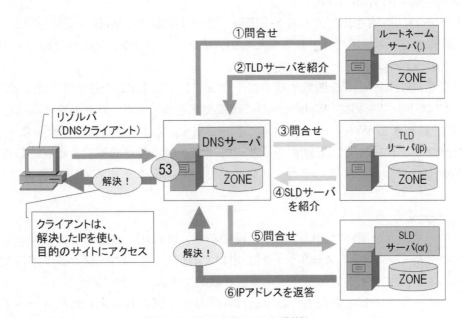

Domain Name System (DNS)

ホスト名からIPアドレスを取得する "名前解決" のためのプロトコルです。DNSク
ライアント（リゾルバ）がDNSサーバに問合せを行います。

DNSサーバには、ホスト名とIPアドレスの対応表（ゾーンファイル）があり、DNS
クライアントから問合せがあると、IPアドレスを返します。DNSの規定のポート番号
はUDP53番です。

①DNSの動作

ドメイン名は、複数のDNSサーバにより、階層的に管理されています。

DNSサーバは、クライアントから名前解決を求められると、自分の保持している
データベース（ゾーンファイル）を参照し、この中に該当するIPアドレスがあれば、
クライアントに返答します。

自分のデータベースに存在しない場合は、"ルートネームサーバ" に問合せを行いま
す。ルートネームサーバからは "トップレベルドメインサーバ" のIPアドレスが返っ
てきます。次にトップレベルドメインサーバに問合せを行うと、"セカンドレベルド
メインサーバ" のアドレスが返ってきます。

最後に、セカンドレベルドメインサーバから、ホスト名に該当するアドレスが返

ってきます。このアドレスをクライアントに送るとともに、自分のデータベースにキャッシュします。

　このようにドメイン名は、複数のサーバに分散して管理され、複数のサーバに問合せを行うことで、名前解決が行われます。

2. WWW（World Wide Web）

　Web サーバに格納されたテキストや画像、音声（総称して Web ページと呼ぶ）等を検索、閲覧するシステムです。普段私たちが「インターネット」と呼んでいるものの多くは、このシステムのことを指します。

　ブラウザ（Web ページを閲覧するソフトウェア）から URL を指定すると、DNS によって IP アドレスを得て、Web サーバに接続要求を出します。要求を受け取った Web サーバは、該当する Web ページを即座に応答します。ブラウザでは受け取った Web ページを適切な形式に展開、配置することによって、利用者が閲覧できる状態になります。Web ページの多くにはハイパーリンクが付いていることも WWW の特徴です。

3. 電子メールサービス

　インターネットを用いた通信手段の一種であり、既に広く普及しているサービスです。通常はメールソフト、メールサーバを用いて通信を行います。ブラウザのみでメールサービスを利用できるフリーメール等も一般的です。

　初めてメールサービスを利用する場合は、プロバイダから与えられたメールアドレスとパスワードを用いて、PC 上で使用設定を行う必要がありますが、家庭でメールサービスを利用する場合は、プロバイダから送付された CD-ROM 等に保存されているツールを用いて、インターネットへの接続設定と同時に設定を行うことが多いです。

4. ファイル転送サービス

　メールには、テキスト情報以外に、作成したファイルや画像、音声等を添付することができますが、大きな容量をもったファイルを添付する場合はサーバに負担が掛かるので、オンラインストレージ等のファイル転送サービスを用いるのが望ましいです。添付したいファイルをアップロードして、発行された URL をメールに添付して相手に送信すると、相手はその URL からファイルをダウンロードできます。無料で使用できることも多く、添付できるファイル容量は数十 MB 程度が主流です。会員登録したり、有料のサービスを利用したりすると、数 GB のファイルを添付できるようになります。

5. IP 電話

　IP 電話は、電話網の一部もしくは全てに VoIP 技術を利用する電話サービス、あるいは、VoIP 技術を利用して、インターネットプロトコル及びインターネット又はイントラネットを介した音声通信の処理を可能にする電話機です。

　アナログ音声信号をディジタル信号に変換し、インターネットプロトコルを介して

転送するための、通話の開始から終了までの一連の手順の取り決めを「呼制御プロトコル」といい、最も古くから利用されてきた H.323 や、現在主流の SIP（Session Initiation Protocol）等がその代表的なものです。

呼制御 プロトコル	H.323	SIP
標準化団体	ITU-T	IETF
概要	音声／動画像／データの送受信と発呼信号のやりとりの方式を規定	HTTP 等インターネットプロトコルをベースに開発
データ形式	バイナリ	テキスト
通信方式	ピア・ツー・ピア	ピア・ツー・ピア
長所	標準化時期が早いため、製品実装の実績が多い	製品への実装が容易で、実装する製品や対応するサービスが増加し、将来性が高い
短所	呼制御手順が複雑	拡張仕様に関する標準化が遅れている

代表的な呼制御プロトコルと特徴

①H.323

IP ネットワーク上にある電話番号管理サーバ（ゲートキーパ）を使って呼制御を行います。

呼制御では、通信先の IP アドレスや、接続が許可されているかどうかを調べる RAS（Registration Admission and Status）制御と、通信先の IP 電話に接続する呼制御の 2 つの機能を使います。

（ⅰ）準備
(a) H.323 の端末を起動すると電話番号管理サーバを見つけ出す。
(b) 端末は、自分の IP アドレスや呼び出すための電子メール形式のアドレス等を電話番号管理サーバに登録。RAS 制御や呼制御のメッセージを交換するための準備も行う。

（ⅱ）呼出し
(a) IP 電話端末の受話器を上げ通信先の電話番号をダイヤル。
(b) ゲートキーパに問い合わせが行く。
(c) ゲートキーパは電話番号に対応した IP アドレスを返答。
(d) IP 電話端末は、受け取った IP アドレスを基に通信先の IP 電話端末を呼び出す。
(e) 通信先の端末は発信元の IP アドレスが着信を許可されているかどうかを、ゲートキーパに問い合わせる。

(f) 着信が許可されている IP アドレスであると確認ができたら、通信先側の端末
が呼び出し音を鳴らす。

(g) 受信側が受話器を上げると、発信元の端末に通話開始のメッセージを送信す
る。

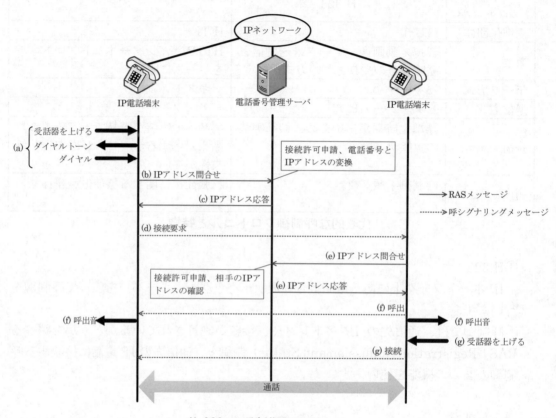

H.323 の呼制御シーケンス

②SIP

SIP は、次のような要素により構成されます。

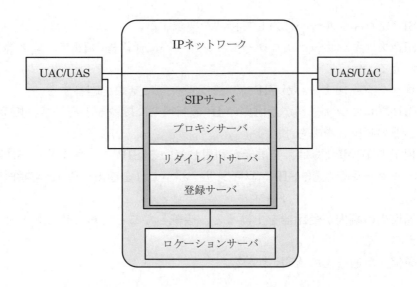

構成要素	概要
UAC（User Agent Client）	電話をかける側の端末
UAS（UserAgent Server）	電話を受ける側の端末
プロキシサーバ	電話をかける場所を特定し、相手先を呼び出す
リダイレクトサーバ	相手のアドレスが変更された場合、端末に新たなアドレスを通知
登録サーバ	端末の新規登録や更新、削除等の処理を実行
ロケーションサーバ	端末の情報を保持し、他のサーバからの要求に応じて端末の位置情報等を提供

SIP の構成要素

通信先の端末を探して呼び出す、という動作は H.323 の呼制御と同じですが、次の点が異なります。

・全ての呼制御は端末から SIP プロキシサーバに依頼。

・通信先の IP アドレスの認証作業は行わない。

・SIP の通信は HTTP をベースとしており、SIP メソッドによって表現される「リクエスト」と、応答コードによって表現される「レスポンス」のやり取りによって行われる。

（ⅰ）準備

SIP サーバ内の登録サーバを介して、端末情報をロケーションサーバへ登録する。

（ⅱ）接続

（a）通信先の端末を「taro@abcd.com」のようなメールアドレスの形式で指定して、

SIP プロキシサーバに対して接続を要求する。

(b) SIP プロキシサーバがロケーションサーバに通信先の IP アドレス等を問い合わせる。

(c) ロケーションサーバが SIP プロキシサーバに結果を応答する。

(d) SIP プロキシサーバが通信先の IP 電話端末に接続要求を送り、相手の IP 電話機の呼出音を鳴らす。

(e) 相手の IP 電話機は、発信元が利用している SIP プロキシサーバに呼出中のメッセージを返し、SIP プロキシサーバがこれを通信元の IP 電話機に中継する。

(f) 通信先の端末が受話器を上げると、接続したことを知らせるメッセージが伝えられる。

(g) 発信元が通信先に ACK を送る。

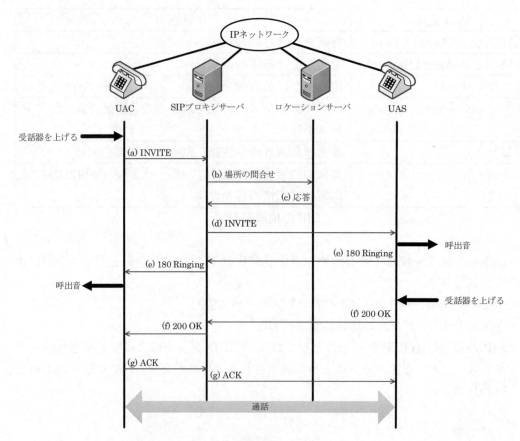

SIP の呼制御シーケンス

上図中の INVITE、180 Ringing 等が UAC と UAS の間でやり取りされるメッセージで、リクエストメッセージとそれに対するレスポンスメッセージには、それぞれ次のような種類があります。

SIP メソッド	概要
INVITE	UAC と UAS 間でのセッション（呼）を確立
ACK	INVITE に対する最終レスポンス受信確認
CANCEL	セッション確立の取消し
BYE	セッションの終了
OPTIONS	相手の機能、能力の問合せ
REGISTER	位置情報をロケーションサーバに登録
INFO	セッション状態の通知

リクエストメッセージ（UAC→UAS）

応答コード	詳細	意味
100	Trying	リクエスト受信
180	Ringing	処理中
200	OK	リクエスト成功
400	Bad Request	リクエストミス

レスポンスメッセージ（UAS→UAC）

（ⅲ）通話

　接続確立後、IP 電話端末同士で通信を行います。音声データの送受信には、RTP 等任意のプロトコルが使われます。どのようなプロトコルを使うかは、SIP のメッセージに SDP（Session Description Protocol）という書式で指定します。

③IP 電話関連プロトコル

（ⅰ）RTP（リアルタイム転送プロトコル）

　音声データを運ぶアプリケーションプロトコルです。RTCP（RTP 制御プロトコル）と組み合わせて使われ、送信端末と受信端末の間に RTP セッションを設定します。これは一方向セッションなので、双方向（全二重）通信を行う場合には、伝送方向の異なる二つの RTP セッションを設定します。

　RTP と RTCP はトランスポート層プロトコルとして TCP と UDP のどちらでも使用できますが、IP 電話では通常、UDP が使われます。

（ⅱ）RSVP

　サーバとクライアントとの間で一定の伝送速度のデータ通信を行うために必要なルータやリンク等の資源を、クライアントの要求に応じて確保する技術です。

(a) クライアントがノード（ルータ）に対して必要な帯域幅（伝送速度）の予約を要求

(b) 要求を受けたノードが条件を満たすノードとリンクを選んで帯域幅を確保

(c) この予約と確保の作業がホップバイホップで進む

（ⅲ）ENUM（E.164 Number Mapping）

　ITU-T と IETF による、DNS を使った電話番号と通信先の端末の IP アドレスを対応付けるための仕様です。

　ENUM では、IP 電話の電話番号と端末に接続するための情報を記述した URI（Uniform Resource Identifier）とを対応付けます。URI はインターネット上のリソースへのアクセス手段とリソースを表す文字列を組み合わせ、IP 電話では「sip:taro@o-hara.ac.jp」のように記述します。

2-5　クラウドコンピューティング

　クラウドコンピューティング（cloud computing）は、コンピュータ資源をインターネット等のネットワーク経由で活用することで、利用者が自分にあったサービスを必要に応じてプロバイダから受ける形態です。

1. クラウドコンピューティング概要

　クラウドコンピューティングとは、各種コンピューティングリソース（ネットワーク、サーバ、ストレージ、アプリケーション等）を、ネットワークを通じて、どこからでも、簡便に、必要に応じてアクセスすることを可能とするサービスモデルです。

　ユーザはクラウドプロバイダが提供するサービスをユーザ数や使用期間に応じて必要なだけ利用し、従量制の料金を支払います。従来保有していたコンピューティングリソース（ネットワークやサーバ、ソフトウェア等）の整備や管理が不要となり、初期投資や開発、管理コストの削減、開発期間の短縮のメリットがあります。

　クラウドと同様のサービスは、以前から ASP（Application Service Provider）サービスやホスティングサービスとして提供されていましたが、クラウドはこれらを包括した概念として用いられます。

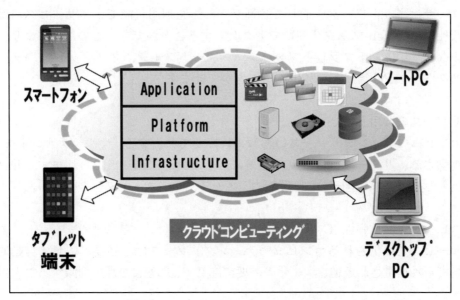

クラウドコンピューティングの概念

2. NIST によるクラウドコンピューティングの定義

　NIST（National Institute of Standards and Technology、米国国立標準技術研究所）は SP（Special Publication）800-145 において、「クラウドコンピューティングは、共用の構成可能なコンピューティングリソース（ネットワーク、サーバ、ストレージ、アプリケーション、サービス）の集積に、どこからでも、簡便に、必要に応じて、ネットワーク経由でアクセスすることを可能とするモデルであり、最小限の利用手続き又はサービスプロバイダとのやりとりで速やかに割当てられ提供されるものです。このクラウドモデルは 5 つの基本的な特徴と 3 つのサービスモデル、及び 4 つの実装モデルによって構成される。」と定義しています。

3. 5 つの基本的な特徴
①オンデマンド・セルフサービス
　ユーザはサービス提供者と直接やり取りすることなく、必要に応じて、コンピューティング能力（サーバやネットワークストレージ等のサービス）を一方的に設定することができます。

②幅広いネットワークアクセス
　ユーザはネットワークを通じて各種サービスを利用可能です。サービスには標準的な仕組み（Web ブラウザ等）でアクセスすることができ、このことにより、さまざまなクライアントプラットフォーム（スマートフォン、タブレット、ノート PC、デスクトップ PC 等）から利用することができます。

③リソースの共用
　コンピューティングリソースは複数のユーザで共用する「マルチテナントモデル」で提供され、リソースはユーザの需要に応じて動的に割り当てられます。リソースの例としては、ストレージ、処理能力、メモリ、及びネットワーク帯域があります。

④スピーディな拡張性（スケーラビリティ）
　サービスで提供されるコンピューティングリソースは、必要に応じて自動的に割り当てられ提供される他、ユーザの需要に応じて、即座に拡張・削減することができます。

⑤サービスが計測可能であること
　サービスの種類や利用状況を計測し、計測結果に応じた料金が従量的に発生します。計測はストレージ、処理能力、メモリ、及びネットワーク帯域の利用状況、実利用中のユーザアカウント数等を対象として行われます。

4. 3 つのサービスモデル

①SaaS（Software as a Service）

　クラウド上で稼働しているソフトウェアの機能を利用するモデルです。サービスはクライアント側の装置上で動作する Web ブラウザや、装置に専用のクライアントアプリケーションをインストールして利用します。

　Web ブラウザを使用する場合、指定された URL にアクセスするだけでクラウドを利用することができますが、ブラウザ上で動作させるため、機能が制限されます。

　専用のクライアントアプリケーションを使用する場合、アプリケーションをインストールする手間がかかりますが、ブラウザよりも多くの機能を利用することができます。

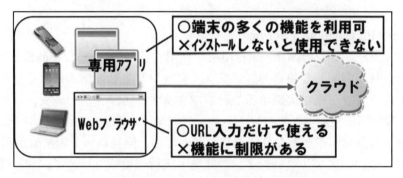

Web ブラウザと専用アプリによるクラウド利用の比較

　クラウド上のソフトウェアはプロバイダ側が管理するため、従来のパッケージソフトウェアとは異なり、ユーザ側でのソフトウェアのインストールやアップデートの管理は不要又は最小限になります。また、ソフトウェアを利用する環境（ネットワークやサーバ、ストレージ等）の整備も不要です。従業員数の増減やソフトウェアの利用期間にも柔軟に対応可能で、ソフトウェア利用にともなう無駄なコストを削減することができます。なお、サービスの管理責任はプロバイダ側にありますが、一部責任（管理者としての設定等）はユーザ側にあります。

　SaaS の主な利用例としては電子メール（Gmail、Yahoo Mail 等）や SNS（Facebook、Twitter、LINE 等）、グループウェア、顧客管理システム（CRM：Customer Relationship Management）、統合基幹業務システム（ERP：Enterprise Resource Planning）等があります。

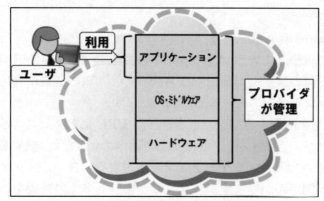

SaaS のイメージ

②PaaS（Platform as a Service）

　アプリケーションの開発・実行環境を利用するモデルです。SaaS とは異なり、ユーザは自社が開発した独自のアプリケーションや自社で購入した任意のアプリケーションをクラウド上に実装することができます。アプリケーションの開発や動作に必要な環境（開発環境、オペレーティングシステム、サーバ、ストレージ、ネットワーク等）の整備が不要となり、開発期間の短縮、開発コストの削減が可能です。

　なお、上記のアプリケーションの開発・実行環境はプロバイダ側に管理責任がありますが、ユーザが実装したアプリケーションの管理責任はユーザ側にあります。

　PaaS の主な利用例としては「Google App Engine」、「Windows Azure Platform」、「Amazon Web Services（AWS）」があります。

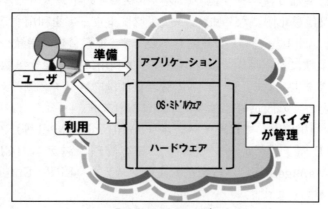

PaaS のイメージ

③IaaS（Infrastructure as a Service）

　演算機能やストレージ、ネットワーク等の基礎的なコンピューティングリソースを利用するモデルです。ユーザはオペレーティングシステムやアプリケーション等、任意のソフトウェアを動作させることができます。以前は HaaS（Hardware as a Service）とも呼ばれていました。

IaaS のユーザはサーバやネットワーク等、システムを動作させる基盤を準備する必要がなくなり、管理をプロバイダに委託することができます。

IaaS の主な利用例としては「Amazon EC2」、「Windows Azure」があります。

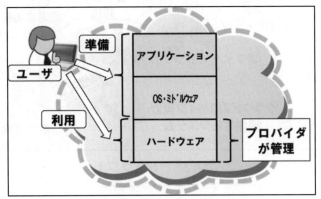

IaaS のイメージ

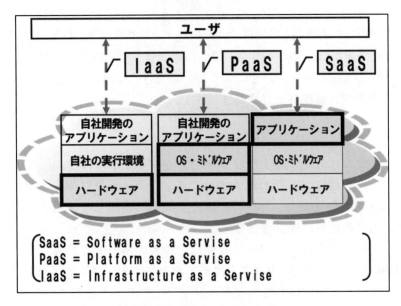

SaaS、PaaS、IaaS の比較

5. 4つの実装モデル

①プライベートクラウド

単一の組織がクラウドを占有して使用するモデルです。サービスを提供するインフラストラクチャを占有できるため、他のモデルと比較してセキュリティ面でのメリットがあります。サービスを提供するインフラストラクチャはその組織内又は組織外に存在し、運用はプロバイダに委託します。

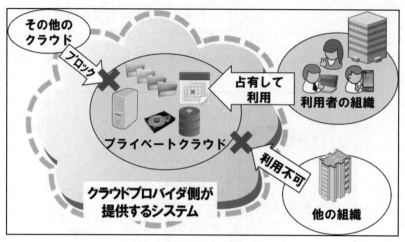

プライベートクラウド

②コミュニティクラウド

　複数の組織からなる「共同体」がインフラストラクチャを占有して使用するモデルです。共同体での情報共有（任務、セキュリティ、ポリシ等）のために利用します。所有、管理及び運用は、共同体内の１つの組織又は複数の組織、プロバイダ等の第三者、あるいはこれらの組み合わせにより行われます。また、インフラストラクチャの存在場所も組織内、組織外とさまざまです。

③パブリッククラウド

　複数のユーザがインフラストラクチャを共有するモデルです。所有、管理及び運用はさまざまな組織により行われますが、インフラストラクチャの存在場所はプロバイダの施設内になります。特定の組織や共同体が占有して使用するのではなく、広く一般の利用のために提供されます。

　パブリッククラウドは、リソースを任意の複数のユーザで共有する「マルチテナント」で提供されるため、利用コストは低くなりますが、プライベートクラウドやコミュニティクラウドと比較して、セキュリティ上のリスクが高くなります。

　パブリッククラウドは有料、無料を問わず多くのサービスが提供されています。無料で利用できるメールや各種SNS等、広告による収益をベースとしたサービスは、パブリッククラウドの一例です。

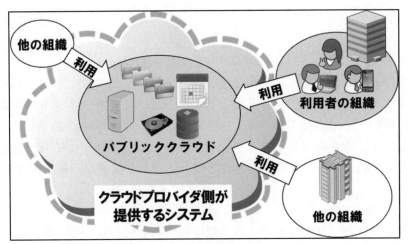

パブリッククラウド

④ハイブリッドクラウド

　前記①～③を組み合わせたモデルです。複数の独立したクラウドが標準化された、又は固有の技術により相互にデータやアプリケーションを移動可能にしています。セキュリティを重視する業務ではプライベートクラウドを利用し、一般的な業務ではパブリッククラウドを利用する等の利用方法があります。顧客管理システム（CRM）や統合基幹業務システム（ERP）はプライベートクラウドで運用し、メールはパブリッククラウドで運用するのは、ハイブリッドクラウドの一例です。

　自社で構築したシステム（オンプレミス）と、他のクラウドを連動させる場合もハイブリッドクラウドと呼ばれます。

6. クラウドサービス導入のための検討事項

　これまで述べたように、クラウドサービスには多くのメリットがあります。しかし、クラウドサービスの導入にあたっては、さまざまな面での検討が必要です。

①サービス内容

　クラウド導入により提供されるサービス機能が、現在の自社の経営環境を考慮した上で、必要十分なサービス内容かどうかを検討します。業務の中でクラウド化する部分とクラウド化しない部分を分け、十分なサービスを受けられる部分をクラウド化します。

②コスト面

　クラウド化により実際にコスト削減が可能かどうか検討します。クラウドは、オンプレミスと比較して初期費用を削減できるメリットがありますが、利用するサービス内容、範囲、期間等に応じてコストが発生するため、長期的にはかえってコストが増加する可能性もあります。費用対効果を十分に検討した上で、利用するサービ

スを決定します。

③ネットワーク回線

　クラウドを快適に利用するためには、高速で安定したネットワーク回線が必要です。クラウドはネットワークを基盤としたサービスであり、ネットワークのトラフィックが増加する可能性があります。特にインターネットへのアクセス回線には注意が必要です。現在のネットワーク回線が、クラウドの利用に十分な帯域が確保されているかを調査し、不足が予想される場合にはより高速な回線を準備します。

④システム環境

　クラウドプロバイダが要求する利用環境を確認し、社内のシステム環境がこれに合致しているかどうかを調査します。クラウドを利用する PC やスマートフォン、タブレット等の環境が統一されていない場合には注意が必要です。ブラウザベースで利用する場合、ブラウザの種類やバージョンにより正常に動作しない可能性があります。また、アプリケーションベースで利用する場合、アプリが提供されるプラットフォームやアプリが動作する環境を確認する必要もあります。

⑤セキュリティ

　クラウド導入による新たなリスクへの対応が必要です。クラウドはインターネット等のネットワークを経由したサービスであり、常に盗聴や漏えい、改ざん、破壊、アカウントの乗っ取り等のセキュリティ上のリスクが存在します。リスクアセスメント（リスク特定、リスク分析、リスク評価）、リスク対応（回避、低減、共有、保有）を行い、リスクの顕在化を未然に防ぐ対策やリスク発生時の被害が最小となるような対策を検討します。また、リスクが顕在化した場合の事業への影響度についても検討します。

⑥サービスレベルアグリーメント（SLA）の確認

　サービスレベルアグリーメント（SLA、Service Level Agreement）は、サービス品質に対するサービス提供者側の運営ルールを文書化したものです。クラウドサービスの利用契約を締結する際に、契約文書として使用されることもあります。

　SLA には、主にセキュリティ（機密性、完全性、可用性）に関する事項や運用保守に関する事項、コンプライアンスに関する事項等が明記されています。ユーザは SLA を参照することでクラウドプロバイダのサービス品質に関する事項や、障害に対する責任の所在、保証の有無を確認することができます。

⑦サービス契約書の確認

　契約前にサービス契約書の内容確認が必要です。サービス契約書には、サービスの保証内容やトラブル発生時のクラウドプロバイダの免責規定、ユーザの義務等が

記述されています。保証には可用性、稼働停止に関する補償、データの保護、ユーザ情報の法的取り扱い等が含まれます。

⑧サービス停止への対応
　サービス停止時の影響を把握し、行動計画を策定します。
　サービス停止は、技術的な問題で発生する他、クラウドプロバイダの事情（コスト削減、事業停止、倒産等）で発生する可能性もあります。特に基幹的な業務をクラウド化したり、重要なデータをクラウド上に保存したりしていた場合、業務の継続性に多大な影響を及ぼすことになります。

⑨プロバイダ移行の準備
　他のプロバイダやサービスへスムーズに移行できるかどうか調査します。
　サービス内容が自社の要求を満たさない場合や、クラウドプロバイダのサービス停止等により、プロバイダの移行が必要になる場合があります。クラウド導入前に、移行の容易さや移行にあたって必要な手順、移行期間等の確認が必要です。

第3章
ネットワークの構築と運用

3-1　ネットワークの構築

3-1-1　ネットワーク接続サービス

1. ホームネットワークとエンタープライズネットワーク

　ネットワークを利用する場所からみると大きく2つに分類されます。
　　　■ホームネットワーク（家庭向け）
　　　■エンタープライズネットワーク（企業向け）
　ホームネットワークとエンタープライズネットワークの違いは、
　　　■使用する機器、回線、アプリケーションの種類
　　　■ネットワークの物理的な規模

　ホームネットワークでは、ネットワークの回線として光ファイバや CATV 等を使用し、e メールや Web サイトの閲覧が中心となります。電話に関しても通常の電話回線で通話や FAX をするケースが大半になります。

　一方、エンタープライズネットワークでは、インターネット回線だけでなく、内線電話用の IP 網が存在します。また、各拠点間の通信のための回線も必要になります。各地区の拠点を回線で結んだり、グローバルな企業になれば、世界中の都市に点在する拠点同士をネットワークで結ぶことも珍しいことではありません。

　次に、使用しているアプリケーションに注目してみます。エンタープライズネットワークでは、e メール、インターネットブラウジングはもちろんのこと、グループウェア、社内ポータル、業務アプリケーション等さまざまなものが使用されています。

　このように、家庭向けと企業向けでは、使用されている回線やアプリケーション、規模等に大きな違いがあります。さらに、企業向けに導入するネットワーク機器は、高性能で高い信頼性が求められます。最近では、セキュリティを考慮することも当然の事柄になっています。

　一般的に、インターネットを利用するためには ISP（インターネットサービスプロバイダ）と呼ばれる企業、団体が提供しているネットワークへの接続が必要になります。

　このネットワークは、いわゆる WAN と呼ばれる部分になります。WAN 回線を個人・企業を対象にしたサービスとして提供するためにネットワークを構築しています。

　代表的なサービスとして、専用線、IP-VPN、広域イーサネット等があります。規模としては大規模で高い信頼性が求められます。

2. ホームネットワークの設計

　自宅でネットワークを利用する場合に検討、実施すべき内容は一般的に次のようになります。コンピュータに不慣れな人でも安心してネットワークに接続できるように、事業者側でさまざまな工夫がされているため、契約後は説明書や指示に従って操作するだけで簡単に使えるようになります。

　①ISP の選定と契約
　（ⅰ）インターネット接続方法の確定

　　　FTTH（光回線）、WiMAX、LTE、CATV 等さまざまな種類があります。ネットワークを利用する環境によって、適した接続方式を検討すべきです。例えば WiMAX や LTE は、サービスが提供されていないエリアがあるため、自宅がエリアに含まれているか確認が必要です。また、サービスの内容（速度、コスト、データ量の制限等）も検討する必要があります。

　（ⅱ）ISP からの情報を基にルータの設定

　　　ISP と契約すると、自宅の通信環境に応じて簡易的な工事が入る場合があります。基本的に PC だけ準備しておけば、その他の必要な機器は ISP 側でレンタルされます。説明書に従って、物理的なケーブルの接続が済んだら、PC 上で PPPoE や PPPoA の設定を行います。通常は ISP から設定キットが提供されているため、対話形式で設定することができます。

　②家庭内での接続方法の決定

　　無線 LAN を利用する場合は、通信内容を盗聴されないようにセキュリティを高めて利用することが重要です。いくつかの暗号化方式がありますが、WPA2 方式を用いるのが望ましいでしょう。

　③アンチウィルスソフトウェアや、ホストレベルファイアウォールの設定を行います。

　④機器共有の設定

　　必要に応じてフォルダの共有やプリンタの共有を行います。

3. エンタープライズネットワークの設計

　①接続範囲の決定（基本設計）
　（ⅰ）インターネット接続の有無

　　　インターネットに接続するかどうかを検討します。接続する場合は ISP の選定と契約を行います。

（ⅱ）ネットワーク機器設置場所の決定

　　サーバ、クライアント、ルータ等、通信に必要な機器の設置場所を検討します。それ以外に監視カメラによる録画、ICカードや生体認証を用いた入退室管理や、利用者特定のための方法を検討することが望ましいです。

（ⅲ）ネットワーク接続範囲の決定

　　オフィスの一部か、ビルフロア全面か、ビル全体かといった、通信の範囲を検討します。ローカルルーティングの設計と呼ばれます。通信がより広範囲に及ぶ場合、例えば本社と支店のような広域接続が行われる場合は通信事業者との契約と、WAN設計、必要帯域の計算等が必要となります。

（ⅳ）ISPの選定と契約

　　光ファイバ等のインターネット接続方法を確定し契約を締結します。バックボーン回線について検討することも重要です。

（ⅴ）ISPからの情報を基にルータの設定（PPPoE、PPPoA）を行います。

（ⅵ）接続範囲での接続方法の決定

　　有線LANの場合は、認証の有無やVLANの有無について、無線LANの場合は暗号化方式、ローミング（端末が複数のアクセスポイント間を移動しながら通信できる機能）の有無について決定する必要があります。

②接続範囲での個々のネットワークの設計（詳細設計）
（ⅰ）セキュリティ設計

　　運用上の注意点や、ネットワークファイアウォールの設定を行います。

（ⅱ）LAN配線設計

　　VLANの有無、認証の有無、有線LANの帯域、無線LANの帯域と暗号化、ローミング等を詳細に検討します。

（ⅲ）WANリンク設計

　　専用線、広域イーサネット、その他の接続方式の検討、帯域計算等を行います。

4. インターネット接続サービス

①電気通信事業者

固定電話や携帯電話等の電気通信サービスを提供する会社です。

伝送路設備を保有する電気通信事業者（旧第一種電気通信事業者）と伝送路設備を保有しない電気通信事業者（旧第二種電気通信事業者）があります。

②ISP（インターネットサービスプロバイダ）

インターネットサービスを提供する会社です。ISP によってサービスの内容やコストが異なりますので、用途に応じて選定する必要があります。家庭向けの場合、最近は PC 以外にもネットワークを利用する製品（テレビ、オーディオ機器、ゲーム機等）も数多く出回っているため、これらを快適に利用するために、契約時には回線速度に余裕をもった選択をするのが良いでしょう。

5. 接続機器

PC 上のデータと、回線を流れるデータは、形式（信号）が異なりますので、それを補正する機器が必要です。利用する回線の種類によってさまざまな機器があります。一般には契約した事業者から提供されますが、自前で準備することもできます。

①ONU

PC を光ファイバケーブルに接続するために、PC 内のデータ（電気信号）を光ファイバケーブルで送ることができる形式（光信号）に変換（送りたいデータの bit が 0 なら光を消し、1 なら光をつける）する装置です。

②ADSL モデム

PC を ADSL に接続するために、PC 内のデータを ADSL で送ることができる形式に変換する装置です。

③ケーブルモデム

PC を CATV 回線に接続するために、PC 内のデータを CATV 回線で送ることができる形式に変換する装置です。

④モバイル接続機器

ノート PC やスマートフォン等のモバイル端末をインターネットに接続する装置です。

3-1-2 ネットワーク機器

1. 機器の選択

　ネットワーク機器を選択するに当たっては、ネットワーク環境に最適なものを選ぶ必要があります。次に代表的なネットワーク機器の機能と仕組みを述べておきます。

2. ブロードバンドルータ

　ブロードバンドルータは、光ファイバ又は ADSL 等の高速なインターネット回線を接続するためのルータで、個人ユーザや SOHO 環境で広く利用されています。光ファイバ又は ADSL 等のインターネット回線に接続する LAN を構成するためには、ONU（Optical Network Unit：光回線終端装置）、ルータ、スイッチングハブ、無線 LAN アクセスポイント等の接続装置が必要ですが、ブロードバンドルータはこれらの要素が 1 つの装置に一体化されたものが多く流通しています。

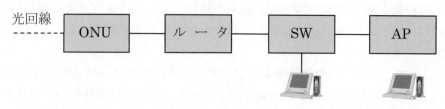

【光ファイバの場合】

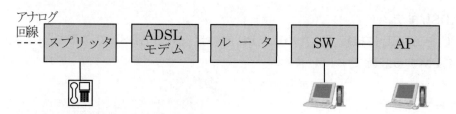

【ADSL の場合】

ONU：光回線終端装置
SW：スイッチングハブ
AP：無線 LAN アクセスポイント

ブロードバンドルータの接続概念図

ブロードバンドルータには以下のような機能が一体化されたタイプがあります。
［ ルータ ＋ SW ］
［ ルータ ＋ SW ＋ AP ］
［ ONU ＋ ルータ ＋ SW ］
［ ONU ＋ ルータ ＋ SW ＋ AP ］
［ ADSLモデム ＋ ルータ ＋ SW ］
［ ADSLモデム ＋ ルータ ＋ SW ＋ AP ］

それぞれのタイプに標準的な名称はありませんが、無線LANアクセスポイントが付いている製品は無線 LAN 対応ブロードバンドルータと呼ばれることが多いです。また、無線LANアクセスポイントが付いていない製品は有線ブロードバンドルータと呼ばれる事が多いです。

また、IP電話に対応した VoIP ゲートウェイ機能をもつ製品もあります。ほとんどのブロードバンドルータ製品は、クライアント PC のブラウザでルータの設定画面にログインし、各種の設定をします。設定画面にログインする一般的な手順は次のとおりです。

・ブロードバンドルータのマニュアルで、ブロードバンドルータの初期 IP アドレス、管理者 ID、パスワードを調べる。
・PC をブロードバンドルータ内蔵のスイッチングハブに接続する。
・PC のブラウザでブロードバンドルータの IP アドレスに接続する。
・ユーザ認証画面が表示されるので、初期管理者 ID とパスワードでログインする。
・設定画面が表示される。

3. モバイル通信

外出先等でノート型 PC を公衆回線に接続する際、1980 年代前半頃までは、音響カプラと呼ばれる装置が使われていました。これは、受話器の受話口と送話口にマイクとイヤホンを密着させ、PC の信号を音声信号に変換して送信し、受信した音声信号を PC で復元するという仕組みを利用したものです。

その後、モデムが直結できるモジュラージャックを備えた ISDN 対応公衆電話や PIAFS 対応 PHS を使ったデータ通信サービス、USB ケーブルで PC と携帯電話を接続等のさまざまな方法を経て、今日では次のような方法・機器が広く用いられています。

①SIM カードスロットを搭載したノート型 PC
SIM カードを直接挿入して、3G/LTE 回線を利用した通信が行えます。

SIM カードとノート型 PC の SIM カードとスロット

②モバイルルータの利用

　企業内や家庭内で使用される Wi-Fi ルータを小型化し、持ち運びができるようにした通信端末です。通常、10 台程度の端末を同時にインターネットに接続することができます。

モバイルルータ

③スマートフォンのテザリング

　スマートフォンにテザリング機能が搭載されている場合、これを有効にすることで、スマートフォンをモバイルルータとして機能させ、インターネットに接続します。

3-2 ネットワーク端末の接続

3-2-1 ネットワーク接続設定

1. TCP/IP プロトコル

　TCP/IP（Transmission Control Protocol/Internet Protocol）は、インターネットの標準プロトコルです。近年のインターネットの普及により、TCP/IP はネットワークプロトコルのデファクトスタンダード（事実上の世界標準）になっています。

　TCP/IP を用いるネットワークに PC を接続する際、PC に設定が必要な情報として、次のものがあります。

情報	内容
IP アドレス	ネットワーク内でユニークな IP アドレス
サブネットマスク	ネットワーク ID を識別するための情報
デフォルトゲートウェイ	ネットワーク内のルータの IP アドレス
DNS サーバ	名前解決を行うサーバの IP アドレス

TCP/IP ネットワークで PC に設定する情報

Windows の IPv4 設定ダイアログ

今日では、企業や学校等に加え、一般家庭でもブロードバンド回線による常時接続が用いられているため、DHCP サーバやブロードバンドルータの DHCP 機能によって、ネットワーク接続に必要な情報を PC に自動設定することが一般的ですが、手動で設定することも可能です。その場合、ネットワーク管理者や ISP から知らされた情報を入力します。

2. ファイル共有

　ファイル共有は、自分が使用する PC から同一ネットワーク上の他の PC のフォルダやファイルを使用できる仕組みです。

3. プリンタ共有

　プリンタ共有は、同一ネットワーク上の PC が同じプリンタを使用できる仕組みです。

4. 無線 LAN

　無線 LAN は、有線のケーブルを使わずに、赤外線や電波を使用して LAN を実現するもので、ケーブルの敷設が難しい場所や、端末の設置場所をよく変更する環境等で利用されています。

5. UPnP

　UPnP（Universal Plug and Play）は、機器を接続すると自動的にネットワークへの参加を可能にするプロトコルです。

6. ネットワークインタフェースカード

　ネットワーク端末に、ネットワークインタフェースカードを取り付けます。

　ネットワークインタフェースカード（Network Interface Card : NIC）は、ネットワーク端末をネットワークに接続するためのハードウェアで、一般に LAN カード等と呼ばれています。

7. デバイスドライバ

　デバイスドライバは、周辺装置を制御するためのソフトウェアです。周辺装置毎にデバイスドライバは異なるので、周辺装置を PC 本体に接続するには、あらかじめデバイスドライバを組み込んでおく必要があります。

3-2-2 ネットワーククライアントの設定

1. Web ブラウザ

Web ブラウザは、インターネット上のサイトを閲覧するためのソフトウェアです。今日の OS には、標準で Web ブラウザが搭載されていますが、別途入手し、インストールすることもできます。

2. メールクライアント

メールクライアントは、電子メールを送受信するためのソフトウェアです。Web ブラウザと同様に、メールクライアントも OS に標準で搭載されており、他のソフトをインストール可能であることも Web ブラウザと共通です。

3. 各種アプリケーション

アプリケーションを追加する場合、主に次の 3 つの方法があります。
①CD や DVD から
②インターネットから入手
③ネットワーク（LAN）内のファイルサーバから

4. クラウド

クラウドコンピューティング（cloud computing）は、コンピュータ資源をインターネット等のネットワーク経由で活用することで、利用者が自分にあったサービスを必要に応じてプロバイダから受ける形態です。

5. ネットワーク仮想化

基盤となるネットワークハードウェアから切り離された論理的な仮想ネットワークを作成する機能によってネットワークを定義することです。ネットワークの構成変更を、物理的なネットワークの構成は変えずに、ソフトウェアによって柔軟に行うことが可能となります。

このような仮想化の中心となるのが SDN（Software Defined Network）と NFV（Network Function Virtualization）です。

■SDN（Software Defined Networking）

ネットワークの伝送制御と伝送のインフラを分割して実装します。制御部分をソフトウェア化することで、ネットワークの構成や設定を動的に変更できるようにします。そのための技術として当初注目を集めたのが OpenFlow です。ただし、OpenFlow を使用した製品を販売しているベンダーがある一方、ネットワーク関連機器の大手ベンダーである Cisco Systems や Juniper Networks の製品ではほとんど使用されておら

ず、全く利用しない製品を販売するベンダー等もあり、OpenFlow が今後も SDN の主流技術であり続けるかどうかは不透明です。

OpenFlow は、アドレス学習やルーティング等計路制御機能を担う「OpenFlow コントローラ」と、パケット伝送処理を行う「OpenFlow スイッチ」の 2 つで構成され、OpenFlow コントローラと OpenFlow スイッチとの間で OpenFlow プロトコルをやり取りします。通常、OpenFlow コントローラはソフトウェアで、OpenFlow スイッチはハードウェア又はソフトウェアで実装されます。

OpenFlow コントローラは、経路制御の情報を OpenFlow スイッチに送信することで、各 OpenFlow スイッチを一元的に管理します。この経路制御の情報を Flow Table といい、「条件」と「アクション」から成り立っています。

「条件」には、受信ポート番号や通信元/先イーサネットアドレス、送信元/先 IP アドレス、

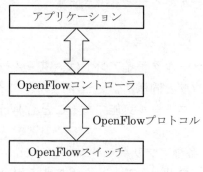

OpenFlow のイメージ

VLAN ID、MPLS ラベル等、さまざまなフィールドを使用することができます。また、条件に該当するパケットに対する「アクション」には、特定のポートからパケットを出力する、フィールドを書き換える、ドロップする、等が指定できます。

■NFV

ルータやファイアウォール、ロードバランサ、WAN アクセラレーター、モバイルネットワークコントローラ等のネットワーク機器の機能を、汎用サーバの仮想化基盤上でソフトウェア（仮想マシン）として実装する方式です。

3-6 トラブルシューティング

　トラブルシューティングとはコンピュータに起きるさまざまな問題の原因を探索して、解決、解消していくことです。動かない、遅い、繋がらないといったコンピュータにまつわるさまざまな問題は日常的に起きることですから、それに対処する方法も整理されていることが重要です。

1. トラブルシューティングの手順

　一般的に、一度発生したトラブルは、同種の事象が繰り返し発生することが知られています。トラブルシューティングは、その発生頻度を減少させることと、もしトラブルが発生しても短時間で解決し、影響範囲を最小限に抑えることを目的とします。

①トラブルシューティング管理

　トラブルシューティングの重要なポイントは、トラブルの原因を特定し、その原因を取り除くことです。

　しかし、場当たり的なトラブルシューティングは、原因究明から解決に至るまでに時間がかかり、影響範囲を拡大させてしまうことがあります。さらに、実施した解決策が新たなトラブルの原因になることもあります。

　トラブルシューティングの時間を短縮するには、過去に発生したトラブルと解決策を記録し、現象や原因で分類し、類似のトラブルが発生した場合、すぐに参照できる仕組みを整えることが大切です。

　そのために、トラブルシューティングの標準的な手順と、トラブルシューティングデータベースを作成し、管理することが重要です。

②トラブルシューティング手順の概要

　トラブルシューティングは、以下の手順を参考にすると効果的で効率よく実施できます。

・問題を特定する
・原因を推定する
・仮説をテストする
・実行計画を作る
・解決策を実行する
・システムを検証する
・予防対策を実施する
・文書化する

手順の詳細は、次の節から説明します。さらに、次のような事例を想定して、具体的にどのような活動を実施すべきか考察します。

【事例 1】

> X 社は、法人向け PC 販売と、ネットワーク構築を行っています。
> 事例は X 社の若手サービスマン Y 君を主人公として展開します。
> Y 君は顧客 A 社に、PC を 3 台納品しました。3 台は同じ製品で、OS とアプリケーションも同じです。A 社は従業員数 5 名の小規模事務所です。
> 製品の概要は以下のとおりです。
> ・PC：大手メーカの法人向けエントリーモデルの最も低価格な製品。
> ・OS：Windows
> ・アプリケーション：Word、Excel（プレインストール）
> ・ウイルス対策ソフト：大手メーカのウイルス対策ソフト（納品時にインストールした）
> ・その他：有名メーカの会計管理ソフト（1 台にのみ納品時にインストールした）
>
> ［納品時に確認した運用状況］
> ・会計管理ソフトをインストールした PC は経理担当者が使用し、会計管理ソフト以外に、Word、Excel、メール、ブラウザを使う予定。
> ・1 台は、営業社員が使用し、Word、Excel、メール、ブラウザを使う予定。
> ・残りの 1 台は、非常勤役員用で、用途は不明。
>
> ［トラブル発生］
> 納品後 2 ヶ月ほど経過したある日、A 社から次のような電話がありました。
> 「新しく購入した PC のうち 1 台だけが動作が極端に遅い。同じ製品だから 1 台だけ遅いのはおかしい。不良品ではないか。交換して欲しい。」
>
> ［電話で確認した事項］
> 動作が遅い 1 台は非常勤役員が使用している PC です。

③問題を特定する

　トラブルの現象を確認します。可能な限り現場で現物を確認します。

　まず、トラブルが発生している PC で、その PC の使用者に操作してもらい現象を確認します。次に、使用者立ち会いの下、専門家が同じように操作して、現象が再現するか確認します。

　また、現象は 1 台の PC だけで発生しているか、他の PC でも発生するか確認します。もし、他の PC でも現象が発生する場合、その範囲を特定し、正常な PC との相違点、又は境界を確認します。

この段階から、トラブルシューティング活動を文書化することを意識して、確認した現象をメモします。

【事例の考察】

連絡を受けた当日、主人公Y君はA社に行って、現象を確認しました。

動作が遅いのは、非常勤役員Bさんの␣PCでした。

Bさんは不在で、問題の␣PCは電源␣OFFの状態でした。

経理担当者Cさんの立ち会いの下、問題の␣PCを起動してみると、Windowsの更新作業が開始され、自動的に再起動しました。

Cさんに、何か特定のソフトウェアを使うときに遅いのか等の点を聞き取りました。聞き取り結果の要点は次のとおりです。

・特定のソフトウェアが遅いのかはわからない。

・今朝、Bさんが出勤してきてインターネットで何か検索したようだった。

・PCを起動してしばらくすると「この␣PC遅いな、前回も同じだった、不良品じゃないか？」と言い出した。

・Bさんは5分ほどで␣PCを離れ、X社に連絡するよう指示し、その後30分程度で帰った。

・Bさんは、月に1回又は2回程度しか出社しない。

・PC納品後2ヶ月程度で、Bさんが␣PCを使ったのは2回か3回である。

聞き取り後、Cさん立ち会いの下、インターネットエクスプローラーを起動し、いくつかのサイトを閲覧しましたが、正常な動作でした。Cさんの反応も「大丈夫ですね」でした。

アクションセンター、ウイルス対策ソフト等を確認しました。結果は以下のとおりです。

・アクションセンター：「問題は検出されませんでした」

・ウイルス対策ソフト：「保護されています」「検出された脅威：0件」

・Windows Update：「更新プログラムのインストール日時：本日」

④原因を推定する

　確認した現象や、聞き取り結果から、原因を推定します。

　現象を確認する場合、各種のツールを活用して、現象を定量化できないか試みましょう。また、システムが自動的に保存しているログがあれば、それを確認することも重要です。

　聞き取りのポイントは、トラブルが発生する直前に、何らかの変更を行わなかったかを確認することです。このとき、聞き取り内容を、事実と推測に分けて把握しましょう。利用者の発言には重要なヒントが含まれていることが多いですが、事実か

推測かを確認しないと、原因を見誤ることがあります。

【事例の考察】

現象の確認と聞き取り結果の主な点を整理すると以下のようになります。
・非常勤役員Bさん本人に聞き取りできないため、どのように「遅い」のか確認できない。
・PC起動後、Windowsの更新作業とそれに伴う再起動があったため、インターネット検索をできるまでに時間（数分）がかかった。
・インターネットエクスプローラーの動作は正常である。
・ウイルス被害やシステムの不具合は確認できない。
・問題のPCは、月に1回か2回しか起動しない。
・Bさんは、PC起動から5分程度で「遅い」と結論している。

以上から主人公Y君は、Windows Updateとウイルス対策ソフトの定義ファイルの更新がたまって、更新作業に時間がかかり、その間、動作が遅いと感じるのではないかと推定しました。

⑤仮説をテストする

推定した原因を確認するためのテストを実施し、仮説を検証します。

仮説が実証されれば、次のステップに進みます。

仮説が実証されなければ、他の仮説を立てテストします。しかし、他の仮説が無い場合、又はテストを実施するために多くの時間や費用を要する場合、上位の立場又は専門機関へエスカレーション※します。

テストを実施する際、現状のシステム設定のバックアップを取得する等して、テスト前の状態に復帰できる準備を整えてからテストを実施します。

テストの結果は記録してユーザに提示し、さらに文書に残しましょう。

※エスカレーション（Escalation）：上位の立場（会社の上司等）や、専門機関（ベンダのサポート等）に対応を引き継ぐことです。

【事例の考察】

主人公 Y 君は、非常勤役員 B さんの次の出社予定日を確認し、B さんが出社する 30 分前に A 社に行き、問題の PC を起動して、30 分後に B さんに使用してもらい、遅いと感じるかどうか確認することにしました。30 分間で、Windows やウイルス定義ファイルの更新は、十分落ち着くと考えたからです。

B さんの次の出社日は、3 週間後でした。3 週間後であれば、ウイルス定義ファイルの更新は多く、Windows の更新もある可能性が高いため、起動直後の状態をパフォーマンスモニタで記録し、30 分後の状態と比較することにしました。

テストの実施計画を整理すると以下のようになります。

・B さんが使用する 30 分前に Y 君が PC を起動する。
・起動直後の状態をパフォーマンスモニタで記録する。
・起動直後に Y 君がブラウザを使用し操作感を確認する。
・起動後 30 分経過したら、ブラウザを B さんに操作してもらい操作感を確認する。
・30 分経過後の状態をパフォーマンスモニタで記録し、起動直後と比較する。比較する主な項目は、DiskRead と DiskWrite とする。

テストの結果は、以下のとおりです。

・起動直後から 5 分間程度は、ハードディスクのアクセスランプがほぼ点灯したままになる。
・起動直後のパフォーマンスモニタの DiskWrite はほぼ 100%で推移し、DiskRead も非常に高い値を維持する。
・起動直後のブラウザの操作感は、大変遅いと感じる。
・起動 30 分後の B さんの操作感は「お、直ったね」であった。
・起動 30 分後のパフォーマンスモニタの DiskWrite、DiskRead はともに数%で推移し、瞬間的に 20%あたりを示す程度である。

以上から、Windows Update とウイルス対策ソフトの定義ファイルの更新がたまって、更新作業に時間がかかり、その間、動作が遅いと感じるのではないかという仮説が正しいことが確認できました。

Y 君は帰社後、テスト結果をトラブルデータベースに登録しました。

⑥実行計画を作る

　仮説が検証できたら、問題を解決するための対策を計画します。

　解決策は、原因を取り除くことが目的です。

　解決策を立案したら、原因を効果的に取り除くことができるか、結果に対して効果があるが、原因には効果がない一時しのぎの対処策になっていないかを確認します。

　根本的な原因を取り除くことが困難である場合もあります。その場合は、発生頻度を低減させるか、発生しても影響が小さくなるような対策を講じます。

　解決策が複数考えられる場合、それぞれの対策の費用、効果、実施に要する時間、実施後のリスク等を対比できるようにして、決定権をもつ人に提示しましょう。

　解決策を立案したら、その実行計画を作成しましょう。実行計画には、以下の項目を含めます。

・トラブルの原因
・解決策
・予算
・スケジュール
・担当者と役割
・解決策を実施することによる新たなリスクとその対応策
・解決策の有効性を確認する手順

　最後に実行計画に対して承認を得ます。計画の実行には資源（人、物、金）が必要です。資源の決定権をもつ人の承認を得ましょう。

【事例の考察】

主人公 Y 君は、仮説を確認するテストを実施した当日、非常勤役員 B さんに原因を説明し、対策案として、次の 3 つを口頭で提案しました。

1. ハードディスクをソリッドステートドライブに交換する。
2. Windows を常にスリープモードで終了させる（午前 3:00 に Windows Update が実行される）※。
3. 使用間隔が 1 週間以上空いた場合、起動後 10 分程度以上放置するように運用する。

B さんは、2.の案を選択し、PC をスリープモードで終了しました。

Y 君は次のような内容の報告書を作成しました。

・トラブルの原因は、PC を起動する頻度が数週間に 1 回であるため、Windows やウイルス対策ソフトの更新がたまり、その更新処理のため PC のハードディスクの処理能力が 100%になり、動作が遅くなる。
・根本的な原因は、Windows とウイルス対策ソフトが更新されることであるが、これを止めることはセキュリティのリスクを高めるため、代替策で影響を低減する対策を講じる。
・PC をシャットダウンせず、常にスリープモードで終了するように運用する。
・ハードディスクをソリッドステートドライブに交換する案もある。希望があれば後日見積書を提出する。
・起動後 10 分程度放置する案もある。
・1 ヶ月後に対策の効果を確認する。

対策は A 社が実施するため、計画書ではなく報告書の体裁で上記文書を作成し、B さんの確認印をもらい、そのコピーを B さんに手渡しました。

帰社後、報告書を上司に提出し確認印をもらいました。

※Windows Update は、午前 3:00 に、更新の確認、もしあればダウンロードしてインストール等の作業を行うように設定されています。もし、午前 3:00 に PC の電源が切れていれば、次回の起動時に更新の確認等を行います。もし、スリープモードになっていたら、スケジュール通り更新等を行います。

⑦解決策を実行する
　承認済みの実行計画に沿って解決策を実施します。
　スケジュールが長期に渡る場合は、スケジュール管理を実施します。

非常勤役員 B さんはスリープモードで PC を終了するようにしました。
B さんは、ストレスを感じることなく、PC を使用できるようになりました。

⑧システムを検証する

　解決策を実行すると、その解決策が原因になって新たなトラブルが発生する場合があります。

　解決策の実施後に、トラブルが改善したことを確認し、次に、新たな不具合が発生していないか、システム全体の動作確認を実施します。

　また、現在、不具合が発生していなくとも、解決策が原因で将来的に不具合が発生することが予想される場合があります。そのような場合は、予防対策を実施します。予防対策については次項で説明します。

　さらに、単に PC やネットワークシステム等のトラブルが解決したかどうかだけでなく、ユーザがより快適に PC を使用できるようになったか、業務効率が向上したか、という観点も含めて検証します。

A 社では、3 ヶ月経過するまでに、非常勤役員 B さんは、何度かスリープモードではなく通常にシャットダウンしてしまい、次回の起動時にストレスを感じてしまいました。
そこで、B さんの出社予定日の前日に、経理担当 C さんが PC を起動し 30 分程度放置してシャットダウンするように運用方法を変更しました。
この運用方法で、B さんは快適に PC を使用できるようになりました。

後日、主人公 Y 君の報告書に原因がわかりやすくまとめられていたため、A 社において、自社の都合に合わせて運用方法を改善できたという話を聞きました。

⑨予防対策を実施する

　解決策実施後の検証作業で、将来的に不具合が発生するリスクが発見された場合、その予防対策を実施します。

　また、他の類似のシステムで、同様のトラブルが発生する可能性も検討し、もしあれば、予防対策を実施します。

　予防対策の実施手順は、トラブルシューティングの実施手順と同様です。

X社では、主人公Y君の報告書内容をもとに、症状、原因、対処法をまとめた資料を作成しました。これを営業と技術者に周知し、各自が担当している顧客に配布し、同様の現象が発生していないか聞き取り調査を実施することにしました。

⑩文書化する

　トラブルシューティング活動を文書化し、検索可能なデータベースとして管理することで、類似のトラブルを短時間で解決し、影響範囲を最小限に抑えることに役立ちます。

　文書には、以下の項目を含めます。

・現象（発生場所、日時等を含む）
・担当者
・システム構成（機器の型式、ソフトウェアの種類とバージョン等）
・原因
・対処方法（もしあれば代替策も）
・結果
・改善したことを確認する手順
・現象を連想できる複数のキーワード

【事例の考察】
主人公Y君は、A社からトラブル通知の電話があった時から、一連の活動を文書化し、トラブルデータベースに登録しました。
キーワードは、「PCが遅い」、「たまに使うPC」、「PCの使用頻度」、「Windows Update」、「ウイルス定義ファイルの更新」、「起動時の処理」としました。

2. マザーボード等のトラブルシューティング

　ここでは、マザーボード、RAM、CPU、電源に関連するトラブルの症状と対策について学習します。

①一般的な症状と対処法

（1）予期しないシャットダウン

　PC を使用中に予期せずにシャットダウンする場合があります。ほとんどの場合、シャットダウン後、自動的に PC が再起動します。

　再起動後に、Windows のイベントビューアを確認すると、次のようなエラーログが確認できます。

```
ソース:EventLog
イベント ID: 6008
メッセージ: 以前のシステム　シャットダウン（ YYYY/MM/DD HH:MM:SS)
は予期されていませんでした。
```

又は

```
ソース: Microsoft-Windows-Kernel-Power
イベント ID:41
メッセージ:システムは正常にシャットダウンする前に再起動しました。
```

　このログは、「予期しないシャットダウン」（Unexpected shutdown）が発生したことを記録していますが、その原因はわかりません。

　原因を大きく分けると次の 4 つになります。

- ・ソフトウェアの問題
- ・ハードウェアの問題
- ・ウイルス等のマルウェアの被害
- ・電力不足

　ソフトウェアの問題は、ソフトウェアの欠陥、ドライバの不整合等が考えられます。この場合、上記のログの直前に、2、3 個のエラーログとともに次のエラーログが記録されている場合があります。

```
イベントの種類: 情報
イベントソース: Save Dump
イベントカテゴリ: なし
イベント ID: 1001
```

これは、シャットダウン直前にメモリ状態の記録（メモリダンプ）が生成されたことを示しています。

　メモリダンプは、システムフォルダ（通常は、c:¥Windows）に memory.dmp という名前のファイルで保存されます。メモリダンプの解析ツール「Debugging Tools for Windows」で解析できます。メモリダンプの解析等で解決できない場合は、復元ポイントを使用したシステムの復元等で対処します。

　ハードウェアの問題の場合、マザーボード、CPU、メモリ、ハードディスク、その他全てのデバイス、熱暴走のいずれかが要因でエラーが発生します。メモリダンプが作成される場合もありますが、多くの場合、メモリダンプは作成されません。

　マザーボードに装着されている各デバイスのスロットや、コネクタがゆるんでいるために問題が発生する場合があります。このような場合、再起動時にビープ音が鳴って、OS が起動しません。詳しくは後述の「POST コードのビープ音」を参照してください。

　コンピュータウイルス等のマルウェアの被害により、予期せぬシャットダウンが発生する場合もあります。

　グラフィックボードやサウンドボード等の拡張ボードを使用している場合や、USB 給電の外付けハードデバイスを使用している場合、電力供給量が不足して、予期しないシャットダウンが繰り返し発生することがあります。電源ユニットの容量と使用しているデバイスの電力消費量を確認し、余力のある電源ユニットを使用します。

（2）再起動を繰り返す

　　Windows のデフォルトの設定では、エラーが発生したときに自動的にシステム
が再起動するように設定されています。しかし、この設定を有効にしていると、エ
ラーの内容によってはシステムの再起動が繰り返されることがあります。

　　エラーが発生したときに自動的に再起動しないようにするには、以下の手順を
実行します。

（ⅰ）コントロールパネルで［システム］を
開き、左側ウィンドウで［システムの詳細
設定］をクリックして、［起動と回復］の［設
定］をクリックします。
（ⅱ）［自動的に再起動する］のチェックを外
します。

　　この設定画面で、イベントログへの書き
込み、メモリダンプの設定もできます。
　　また、Windows 起動直後に再起動を繰
り返して、設定の変更ができない場合、起
動時に［F8］キーを押し、［詳細ブートオ
プション］で［システム障害時の自動的な
再起動を無効にする］を選択します。

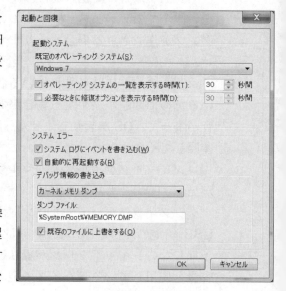

起動と回復

（3）ブルースクリーン（BSOD）

　　Windows でシステムに重大なエラーが発生すると、青い画面に白い文字でエラ
ーメッセージが表示されます。この画面をブルースクリーン（BSOD：Blue Screen
Of Death）といいます。ブルースクリーンの原因は予期しないシャットダウンと
同じです。ブルースクリーンが発生すると、システムは動作を停止し、作業中のフ
ァイルは失われます。

　　ブルースクリーンになった場合には、［Ctrl］、［Alt］、［Del］キーを同時に押し
てコンピュータを再起動します。それでも再起動できない場合は、PC のリセット
ボタンを押して再起動するか、電源ボタンを数秒長押しして強制的に電源を切断
します。

　　ブルースクリーンが発生した場合は、メモリダンプが記録されており、解析ツ
ール「Debugging Tools for Windows」で解析できます。

　　障害の状況によってメモリダンプが記録されない場合もありますので、ブルー
スクリーンに表示されている STOP エラーコードをメモしておきます。エラーコ
ードがわかれば Microsoft 社のサポートページで原因を推測することができます。
STOP エラーコードは、次のように表示されます。

> ***** STOP: 0x0000007A (parameter1, parameter2, parameter3, parameter4)**

STOP エラーコード

　システムを再起動しても問題が解決されない場合は、復元ポイントを利用したシステムの復元やセーフモードを使って、直前の OS に対する変更を元に戻し、クリーンインストールを行います。ハードウェアが原因の場合もあるので、ハードウェアも確認します。

（4）システムフリーズ

　コンピュータの操作中に、マウスポインタが動かなくなり、キーボードも反応しない状態になることをシステムフリーズ又は単にフリーズといいます。

　フリーズした場合は、PC リセットボタンを押して再起動するか、電源ボタンを数秒間長押しして強制的に電源を切断します。

　原因と対処法は、予期しないシャットダウンと同じです。

（5）POST と POST コード

　POST（Power On Self Test）は、BIOS 起動時の自己診断機能です。コンピュータ起動時の OS が起動する前に実施され、BIOS、メモリを診断し、各デバイスの接続状況を確認します。

　メモリや拡張デバイスのスロットやコネクタが正しく装着されていない場合や、デバイスに電源が供給されていない等の場合、POST がエラーを検出し、次の 3 つの方法で通知します。

・エラーメッセージをディスプレイ装置に出力する。
・POST カードに POST コードを出力する。
・ビープ音を鳴らす。

　POST の診断結果を表示する専用の拡張カード（PCI インタフェース等）を POST カードといいます。POST は、診断結果をコード化し、POST カードに出力します。POST カードは、16 進数で POST コードを表示します。POST コードが何を意味するかは、マザーボードのマニュアルを確認します。

　ビープ音は、回数によって POST の診断結果の種類を知らせます。これも POST コード、又は POST ビープコードといいます。

ビープ音	意味
短いビープ音1回	Normal POST - システムは正常
短いビープ音2回	POST error - エラーコードは画面表示される
ビープ音なし	電源、マザーボードの問題、あるいは、スピーカーが故障している
連続的なビープ音	電源、マザーボード、キーボードの問題
短いビープ音の繰り返し	電源、マザーボード、キーボードのいずれかの問題
長いビープ音1回と短いビープ音1回	マザーボードの問題
長いビープ音1回と短いビープ音2回	ビデオカード（MDA、CGA）の問題
長いビープ音1回と短いビープ音3回	EGA の問題

POST ビープコードの例

（6）BIOS 設定や PC の時刻がリセットされる

　　BIOS では、ユーザが変更した設定情報等は、揮発性の CMOS（Complementary Metal Oxide Semiconductor：BIOS に内蔵されたメモリの通称）に保存されます。この設定情報は、電源供給がなくなると消えてしまうため、マザーボード上の、CMOS バッテリーからの電源供給により、外部からの電源供給が止まっても設定情報が消えないようになっています。BIOS 設定や時刻がリセットされるのは、CMOS バッテリーの電圧が低下したためです。POST エラーが検出される場合もあります。

　　この場合、CMOS バッテリーを交換すれば改善します。ただし、以前の BIOS 設定は回復されません。

（7）間違ったデバイスからのブート

　　PC 起動時に、CD-ROM、USB メモリ等からブートされ、「No operating system found」や「Disk boot failure. Insert system disk and press enter」等のエラーメッセージが表示される場合があります。その場合、CD-ROM や USB メモリを外しましょう。

　　また、必要に応じて、BIOS の BOOT SEQUENCE の設定を変更しましょう。

(8) 電源が入らない

　PC の電源スイッチを押しても電源が入らない場合、まず、電源ケーブルを確認しましょう。

　また、PC の電源ユニットにメインスイッチが付いている場合があります。通常 PC 背面の電源ケーブルコネクタの近くにあります。電源ユニットのメインスイッチが ON になっているか確認します。

　電源ケーブルと、電源ユニットのメインスイッチに異常が無い場合、電源ユニットからマザーボードに電源を供給するケーブルの抜けや、電源ユニットの故障が考えられます。

　PC に電源が入っているかどうかは、PC のインジケータ LED、又はファンの音で確認します。

(9) インジケータランプ

　通常、インジケータランプはマザーボードに専用ケーブルで接続され、マザーボードに電源が供給されている場合、点灯します。もし、システムが正常に動作しているのにインジケータランプが点灯しない場合、ケーブル不良か LED 不良が考えられます。

(10) ファンの音はするが他のデバイスに電源が入らない

　PC 本体のフタを開けたままで電源を入れ、テスターで電源が供給されないデバイスがどれか確認します。又は、目視で LED の点灯状態等の状況を確認します。

　電源ユニットから各デバイスに対する電源ケーブルの状況を確認し、不良があれば改善します。電源ユニットのファンだけが回転して、他の全てのデバイスに電源供給されない場合、電源ユニットの故障が考えられます。

(11) 起動時に何も表示されない（ブランクスクリーン）

　PC 起動時に、ディスプレイに何も表示されない場合、まず、PC の電源とディスプレイ装置を確認します。PC の電源、ディスプレイ装置の状態、ディスプレイケーブルは正常で、コンピュータの電源が入っているが何も表示されない場合は、マザーボードの故障、メモリの故障、BIOS の故障等が考えられます。

　このような場合、コンピュータ本体のフタを開け、ディスプレイを接続して、マザーボードからメモリを外して、電源を入れてみます。変化が無ければ、電源を切って、次に、他のデバイスを順に外して結果を確認します。マザーボードからデバイスを外すたびに、必ず電源を OFF にします。電源投入後、ディスプレイに何らかの表示が現われたら、その直前に外したデバイスが原因と考えられます。

(12) オーバーヒート（熱暴走）

　起動直後は温度が低く問題が発生しませんが、次第に温度が上昇して熱暴走する場合があります。起動直後は問題がないが、起動後しばらくするとフリーズする、また再起動しなければならなくなる、PC の動作が遅くなる等挙動がおかしくなる場合は、CPU やビデオカードの温度が高くなりすぎていないか確認します。

　BIOS 設定画面で CPU 温度を確認できる場合もあります。40℃～60℃程度が適切な状態です。その機能が無い場合、PC に触れてみる、設置場所の気温を計測する等の方法で確認します。

　温度が高くなりすぎている場合は、設置場所の検討、ファンの交換やケース内のエアフロー、排気口を塞いでいないか等を改善します。

(13) 音が大きい、異音がする

　PC の音は、冷却ファン、ハードディスク、電源ユニットから発生します。特に大きいのは冷却ファンです。音が異常に大きい、又は、これまでと異なる音がする場合、ファンに埃がたまっていることが考えられます。放置すると、オーバーヒートや、振動によるハードディスクの故障を招く可能性が高まります。

　対処法として、掃除をしましょう。ほとんどの PC には本体にファンの吸気口と排気口があります。ここを定期的に掃除します。また、何らかのメンテナンスで本体のフタを開けたときに内部を掃除します。内部を掃除する際は、静電気対策と PC 本体の電源ケーブルを外すことを必ず実施しましょう。

(14) 時々起こるデバイス障害

　同じデバイスで時々障害が発生する場合、ケーブルがゆるんでいる、デバイスドライバの不整合、デバイスの寿命が近い等が考えられます。

　ケーブルのゆるみを確認し、必要があればケーブルを交換します。デバイスドライバは、デバイスマネージャー又はメーカの Web 等で最新版を確認します。これらに異常が無い場合、デバイスを交換することを検討します。

(15) 発煙や焦げ臭い匂い

　発煙や焦げ臭い匂いを感じたら、直ちにコンピュータの電源を切りましょう。そのまま使用し続けると火災の原因になります。

　発煙や匂いは、マザーボードやデバイスの何らかのコンデンサーが劣化している、又は、埃等で回路がショートしていることが考えられます。ほとんどの場合、OS は予期しないシャットダウン状態になるでしょう。

　発煙や匂いが出たデバイスは、仮に、正常に動作するとしても、近いうちにより多くの発煙と匂いを出して故障します。すぐに交換しましょう。

②マザーボード等のトラブルシューティングのツール

（ⅰ）マルチメーター・電源テスター

　　マルチメーター、電源テスター（又は単にテ
スター）は、直流電圧、直流電流、交流電圧、
電気抵抗の測定が可能な測定器です。ディジ
タル式とアナログ式があります。ディジタル
式をマルチメーター、アナログ式をテスター
と呼ぶことが多いようです。一般にディジタ
ル式の方が高精度です。

　　電源トラブルの診断には欠かせません。

マルチメーター

（ⅱ）ループバックプラグ

　　ループバックプラグは、コネクタとケーブル
のテストに使用するツールで、コネクタ又はケー
ブルの先にループバックプラグを接続し、実
際にデバイスが接続されていなくても、応答信
号を返します。テストするインタフェースの種
類毎に固有のループバックプラグがあります。

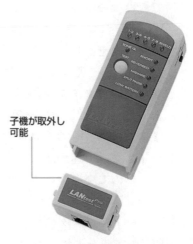

子機が取外し
可能

ループバックプラグ

（ⅲ）POSTカード

　　マザーボードのPOSTコードを視覚化するためのツールです。PCIバススロット
等があります。拡張スロットに装着して、コンピュータの電源を入れると、POSTエ
ラーが発生した場合、エラーコードを16進数でLED表示部に表示します。

　　何らかのエラーで、ディスプレイに信号が出力されないような場合、ビープ音に
よるエラーメッセージよりも詳細なエラー内容を確認できます。

3. ハードディスクドライブと RAID のトラブルシューティング

　ここではハードディスクドライブと RAID アレイ装置のトラブルの症状と対策について学習します。

①一般的な症状
（ⅰ）読み取り／書き込みエラー

　　コンピュータを使用中に、ディスク装置の読み取りエラーや書き込みエラーが発生する場合があります。「I/O デバイスエラーが発生したため、要求を実行できませんでした」等のエラー表示がされます。

　　ハードディスクアクセス中に、予期しないシャットダウン等が発生すると、ファイルが破損することがあります。そのような原因により、ファイル管理システムの整合性がとれなくなったり、ディスクの表面に微細なキズができたりするとエラーが発生します。

　　損傷の大きさによっては、1 回のエラーによってハードディスクドライブが使用できなくなる場合もあれば、修復が可能な場合もあります。

　　Windows は、ディスク装置をセクタという単位で管理しており、エラーが発生したセクタを不良セクタと呼びます。CHKDSK 等のツールで不良セクタを発見し、修復することができます。修復は、ファイル管理システムが不良セクタを認識して、そのセクタを使用しないことにして、正常な領域だけでファイル管理システムの整合性を保つことです。

　　修復すれば、その後は通常どおり使用できますが、一度エラーが発生したハードディスクは、連鎖的にエラーが発生し、やがて使用できなくなる可能性が高いため、早めに交換することを推奨します。

（ⅱ）ハードディスクの異音

　　PC の電源を入れてハードディスクから、「カチカチ」や「カランカラン」という音が発生した場合は、ハードディスクの内部が物理的に破損しているケースが考えられます。

　　数回に1回くらい起動できる場合がありますので、バックアップを実行するか、専門のデータ修復業者へ依頼することも検討します。

（ⅲ）ブートできない/OS が見つからない

　　OS が起動することをブート（Boot）するといいます。Windows がブートしない場合、次の 2 つの症状があります。

(a)　Windows ロゴ（又は PC メーカのロゴ）が表示されるが、その後フリーズする。

(b)　Windows ロゴ（同上）が表示されず、「No Operation system found」のようなエラーが表示される。

(a)の場合、Windows のシステムファイルが壊れていることが考えられます。

このような場合、PC 起動時の Windows ロゴ（又は PC メーカのロゴ）が表示される時に［F8］キーを数回押し、［詳細ブートオプション］で、［前回正常起動時の構成］を選択します。復元ポイントを利用して、システムが復元されます。

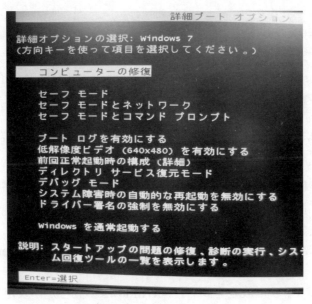

詳細ブートオプション

(b)の場合、ハードディスクのマスターブートレコード、又はブートセクションが破損していると考えられます。

コンピュータをインストールディスクから起動して、［コンピュータを修復する］－［システム回復オプション］から［コマンドプロンプト］を起動して、BOOTREC のコマンドを使用して、マスターブートレコード、又はブートセクションを修復します。

```
bootrec /fixmbr
bootrec /fixboot
```

なお、BOOTREC は Windows Vista 以降のコマンドです。Windows XP 以前では、FIXMBR コマンドと FIXBOOT コマンドを使用します。

（ⅳ）ハードディスクを認識しない

　BIOS がハードディスクを認識しない場合、ハードディスクに電源が供給されて
いない、ケーブルがゆるんでいる等の原因が考えられます。特に内蔵ハードディ
スクを交換する場合、電源ケーブル、データケーブルが正しく装着されているか
確認します。

（ⅴ）RAID が見つからない/RAID の動作停止

　Windows でハードウェア RAID ドライブを接続し、再起動すると、ブルースク
リーンになってしまうことがあります。この場合、RAID ドライブを外し、RAID
ドライブを接続する前に、Windows の RAID ドライバを有効にする必要がありま
す。

　Windows の RAID ドライバに関する情報は、「レジストリ」と呼ばれる、Window
に関するすべての設定が記録されたデータベースに格納されています。そのため、
レジストリの内容を編集するためのツールである「レジストリエディタ（regedit）」
を起動して、次の値を 0 に設定します。

HKEY_LOCAL_MACHINE¥System¥CurrentControlSet¥Services¥Iastorv

　なお、レジストリの設定を誤ると、Windows の動作が不安定になったり、最悪
の場合、Windows が起動不能になることがありますので、レジストリの内容を編
集する際は、あらかじめレジストリのバックアップを取得しておくことをお勧め
します。

（ⅵ）ハードディスク障害が原因のブルースクリーン

　ハードディスク障害が原因でブルースクリーンになる場合、メモリダンプが記
録されないことが予想されます。そのため、ブルースクリーンの STOP エラーコ
ードをメモしておきましょう。

②ハードディスクのトラブルシューティングのツール
（ⅰ）ドライバ（ねじ回し）

ヘックスローブ（トルクス）
ドライバの先端

ハードディスクには、頭部の穴が星形になったヘックスローブ（通称トルクス）ねじが使われています。そのため、ハードディスクを分解するには、ハードディスク用特殊ネジ専用のドライバが必要です。

ハードディスクの分解は、データを判読できないように物理的に破壊するために行います。故障したハードディスクの修理は非常に困難で、一度分解したハードディスクは、二度と使用できないのが一般的です。

（ⅱ）外付けケース（外部エンクロージャー）

SATAハードディスクドライブを、ケースに格納して、USBインタフェースでPCに接続する装置があります。この装置を外付けケース、又は外部エンクロージャー（External enclosure）といいます。ケースの内部はSATAインタフェースのコネクタがあり、内蔵用ハードディスクを装着し、フタをすると外付けハードディスクとして利用できます。

3.5インチ用

2.5インチ用

外付けケース（外部エンクロージャー）

（ⅲ）コマンドラインツール

ハードディスクのトラブルシューティングに使用する主なコマンドラインツールは以下のとおりです。

コマンド	説明
CHKDSK	ディスクの検査と修復を行います。
FORMAT	ディスクのフォーマットを行います。
DISKPART	シンプルディスクからダイナミックディスクへの変換や、パーティションの作成、削除等の操作をします。
FDISK	FAT 又は FAT32 のパーティションの表示、作成、変更、削除を行います。Windows 2000 以降では、無くなりました。

ハードディスク用の主なコマンド

（iv）ファイルリカバリソフトウェア

　削除してしまったファイルを復元するソフトウェアを、ファイルリカバリソフトウェア（File recovery software）といい、フリーウェアや製品版が多数あります。

4. ネットワークのトラブルシューティング

　ネットワークの運用管理にかかわる作業は、大きく 2 つのカテゴリに分けることができます。そのうちの 1 つ目は、ネットワークが問題なく運用できるように調査、設定、調整等をする運用管理業務です。2 つ目は、ネットワークがうまく動作しないときに、その原因を発見し、問題点を取り除くこと、つまりトラブルシューティングです。

　トラブルシューティングでは、詳細な知識よりも、ネットワークの動作についての基本的な理解や概念的な知識を必要とします。

　ネットワークの問題は、原因が 1 つ 1 つ異なっていて、さまざまな事象が絡み合っていることも珍しくありません。安定して信頼できるネットワークを維持していくためには、複雑な問題を整理しつつ順序立てて取り組み、効果的なトラブルシューティングを行う必要があります。

　①情報の収集の概要

　トラブル発生の背景には、問題を解く鍵となる情報が数多くあり、これらは自由に参照することができます。

　ここでは、そのような情報（調査資料）をいくつか取り上げて説明します。使用する情報は、状況や得手不得手によって異なるため、これらの調査資料の中からうまく使いこなせるものを身に付けることが解決の近道となります。ログファイルの他にネットワーク管理ツールも合わせて情報を収集します。

　②ログファイル

　ログファイルにはサーバの全般的な健全性が示されています。ログファイルによってフォーマットは異なりますが、全てのエラーと警告、それらの発生日時、及びその簡単な説明が時系列で記録されます。ここでは、Windows のログファイルについて説明します。

　③Windows のログの概要

　システムやアプリケーションで発生したエラーや警告等のイベントの結果をログファイルに保存する機能があり、それらのログデータをプレビューするイベントビューアが提供されています。

　イベントビューアを使用すると、次の 3 種類のログファイルを表示することができます。
■システムログ
■セキュリティログ
■アプリケーションログ

システムログ及びアプリケーションログは、次の3種類のイベントがあります。

■情報（ドライバ、サービスの成功した操作を記録するイベント）

■警告（現在問題にはならないものの将来的には障害となる可能性があるイベント）

■エラー（無効になっている機能やデータの損失等重大な障害のイベント）

④システムログ

　システムログファイルは、ローカルコンピュータ上で発生したシステム関連のイベントがログデータとして記録されます。例えば、ソフトウェアならサービスやデバイスドライバの動作状況で、ハードウェアなら接続されているドライブへのアクセス状態等です。

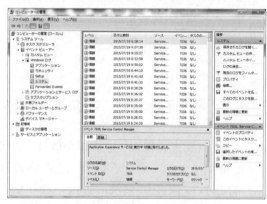

システムログ

⑤セキュリティログ

　セキュリティログには、ユーザログオン及びログオフのようなイベントやリソースの使用に関連するイベント（オブジェクトの操作やファイルの削除等）が記録されます。

セキュリティログ

⑥アプリケーションログ

　アプリケーションログには、アプリケーションに関するイベントが記録されます。例えば、IIS や SQL Server でエラーが発生した際に、エラーログとしてアプリケーションログに記録されます。

アプリケーションログ

⑦現象の観察

　まず確認しなくてはならないことは、最も単純で基本的な問題点のチェックです。しかし、コンピュータに関することは、自分にとって当たり前の事柄でも、他の人には未知の事柄であったり、複雑だと感じることもあり、一概に誰でも知っていることと決め付けることはできません。

　ここでは、確認する必要がないと考えてしまう次の 3 つの項目を最初のチェックポイントとして挙げます。いずれの項目も、障害の発生源としてよくある問題であるにもかかわらず、見落とされることが多いものです。

■正しいログイン手順とログイン権限
■電源スイッチと配線
■リンクランプとコリジョンランプ

⑧正しいログイン手順とログイン権限

　ネットワークドメインにアクセスするためには、ネットワークが正常に動作しているだけではなく、ユーザが正しいログイン手順に従い、事前にドメインユーザとしてアクセス権限が与えられている必要があります。

　ネットワークにアクセスできないとネットワーク管理者に連絡してくるユーザには、まず本当に正しいユーザ名とパスワードでログインしているのかどうかを再確認してもらうことが重要です。特にパスワードは大文字小文字を区別するので、大文字小文字を含めて正しいパスワードを入力し直すように指示します。

　また、ログイン監視を行っている場合、同一アカウントで一定回数以上連続して、ログイン試行に失敗すると、そのユーザアカウントはロックされます。この場合、管

理者がユーザアカウントのロックを解除するか、又は管理者が指定した一定の時間が経過してアカウントのロックが解除されるまで、ユーザはログインすることができません。ユーザが何度もログイン試行を行っていた場合、管理者はアカウントロックの解除処理が必要になります。

　ネットワークによっては、１つのユーザアカウントでログインできる数を制限している場合があり、この場合は、パスワードやアクセス権が正しくても、ログインできません。

　その他、いつもと異なる PC からログインを試みている場合には、その PC にローカルユーザとして登録されていない可能性があります。その場合には、Administrator ユーザにローカルユーザとして追加してもらう必要があります。

　以上のように、ネットワークにアクセスできないユーザに対しては、極めて基本的なことからログインできない現象を確認していく必要があり、これが問題解決の早道になります。

⑨電源スイッチと配線

　電源スイッチと配線関係が原因のトラブルもシステム管理者元にもち込まれます。その場合は、ユーザ側の最も可能性の高いデバイスから電源供給ルートまで順に確認する必要があります。電源関係のトラブルの発生原因には、電源ケーブル、コンセント、電線の不良や故障及び、ブレーカーが落ちている等が挙げられます。

　まず、コンピュータやモニタの電源がオンになっているか、Power ランプの確認や電源スイッチが１又はオンの位置にあるかどうかの確認をします。ただし、電源スイッチが入っていても、コンピュータやデバイスに電源が供給されない場合があります。このような場合は、テーブルタップも含め、電源ケーブルが全てコンセントに差し込まれているか確認します。

　また、ネットワークにアクセスできない場合も、ネットワークケーブルがネットワークカードやハブから外れていないか確認します。ネットワーク接続されているプリンタや DVD-R/W 等共有リムーバブルデバイス等では、電源がオフになっていたり、ケーブルが外れていたり、又は外れかかっていて接触不良になっていることに気付かない場合があります。

⑩リンクランプ

　モデム、ハブ、ネットワークカード等のネットワーク機器には、リンクランプやコリジョンランプが付いていて、このランプの点滅や色によって、現在のネットワークの通信状況を確認することができるようになっています。

　リンクランプ（Link）が点灯していれば、データの転送が正常に行われていることを示しています。一方、リンクランプが点灯しない場合、データの転送が行われていないので、ネットワークケーブルがハブ等に正しく接続されているか確認し、場合によってはネットワークケーブルを交換して動作を確認する必要があります。

また、リンクランプには、10Mbps リンクランプと 100Mbps リンクランプが備わった機器もあり、ネットワークのレスポンスが低い場合、100Mbps リンクランプが消えて、10Mbps で通信が行われている場合があるので、ランプの種類は正確に確認する等の注意が必要です。

　コリジョンランプ（Col）は、ネットワーク媒体上でデータの同時転送等によってコリジョンが発生している場合に点灯します。コリジョンランプが激しく点滅している場合は、ネットワークのトラフィックの増加によって、大量のコリジョンが発生していることになります。

　ユーザからネットワークのレスポンスが異常に遅くなったというクレームが来た場合には、対象となるハブのコリジョンランプを確認する必要があります。特に、夜間になってもコリジョンが大量に発生している場合には、トラフィックの問題ではなく、ネットワーク機器の不良等の原因が考えられます。

　ネットワーク全体で慢性的に遅延が発生している場合は、スイッチングハブの導入や 100BASE-TX や 1000BASE-T への切替え等、根本的なネットワーク環境の増強を検討します。

⑪物理的な環境の確認

　ネットワークを構築する際は、サーバ用コンピュータを設置するサーバルームの物理的な環境を最適な状態に維持できるよう配慮します。サーバルームでは、基本的に 24 時間空調を止めないで、温度及び湿度が一定の状態で維持されるようにしておく必要があります。

　湿度が高すぎる環境では結露の恐れがあります。温度が高すぎる環境ではコンピュータの誤動作や暴走、停止等の問題が懸念されます。

　したがって、専用のサーバルームがない場合でも、コンピュータの加熱を考慮し、空調の吹き出し口の真下にサーバを設置する等、配置場所についても十分な配慮が必要です。特に、次のような問題点がないか、確認します。
・高湿度
・高温・低温
・電磁波妨害及び無線周波妨害
・電源供給

⑫ネットワークケーブルの問題の確認

　ネットワークケーブルに問題がある場合は、ケーブルテスターを使用して、その原因を調査します。ケーブルテスターを使用すると、ケーブルの破損、接続の状態、干渉レベル、ケーブルのショート、コネクタの不良等の障害原因を特定することができます。

　ネットワークケーブルの交換は、ネットワーク機器等ハードウェア障害の中で最も手軽にできる対策です。普段見すごしてしまうネットワークケーブルにも耐用年

数があり、発熱や屈曲等取り扱われる環境によって、日々劣化し、いずれ寿命がきます。ケーブルのチェック、又は交換だけでネットワーク障害の問題が解決することもあります。

　また、ケーブルを交換する際に、ケーブルの種類を間違えないように注意します。ハブを介するネットワークで使用するケーブルはストレートケーブルですが、2台のコンピュータを直接接続するクロスケーブルを使用すると、通信できなくなります。

⑬想定されるトラブルの原因の概要

　ネットワークやコンピュータに問題があると報告された場合、どのような不具合が発生しているのか確認を行います。不具合を再現することができれば、その不具合が発生する条件を特定することができます。その条件が特定できれば、原因の究明作業を開始することができます。

　ただし、必ずしも全ての不具合が再現可能であるとは限りません。最も解決が困難な障害は、再現することができず、不規則に発生するものです。ここでは、このようなトラブルに想定されるいくつかの原因を紹介します。

⑭クライアントコンピュータ又はサーバが原因となる障害

　この種の障害では、障害の影響を受けているユーザが1人なのか、あるいは複数なのか確認します。1人だけの場合は、そのコンピュータ、複数の場合は、サーバに原因があると考えられます。多くの場合、ネットワークの一部で障害が発生している可能性があります。

　影響範囲が1人の場合は、同じユーザグループ内の他のコンピュータからログインすることができるか試してみることです。ログインできれば、その障害はそのユーザが使用しているコンピュータと限定することになります。この場合、ケーブルの問題、NICの不良等の問題点がないか確認します。

　一方、ある部門内やグループ内の複数のユーザがサーバにアクセスできなくなっている場合、障害はそのサーバに関連している可能性があります。問題のサーバで、ユーザ接続を確認します。ログインしているユーザがいる場合は、障害は接続性以外に関連している可能性があります。例えば、個々の権限やアクセス許可です。

　管理者も含め、誰もそのサーバにログインできない場合は、ネットワークとの通信障害が発生している可能性があります。サーバにすでに問題が発生している場合は、サーバのモニタにそのことを示すメッセージが表示されていることもあります。ネットワークOSによって異なりますが、メッセージやエラーダイアログ等何も表示されていない場合は、サーバが稼働していない可能性があります。

⑮ネットワークのセグメントが原因となる障害

　セグメントは、ネットワーク全体を、ある基準により分割した物理的なネットワーク範囲です。

　複数のセグメントが影響を受けている場合、ネットワークアドレスの競合により障害が発生している可能性があります。ネットワークアドレスは異なるネットワークでの重複は許されません。

　例えば、2つのセグメントに同じIPネットワークアドレスがある場合、ルータは、この問題を処理することができないために、エラーメッセージを表示し続けます。このような例はまれであるため、管理者が障害を把握し解決する必要があります。

　また、エラーメッセージを送信し続けることは、ネットワークのパフォーマンスにも影響をもたらします。

　ネットワーク上の全てのユーザに問題が影響する場合、多くのユーザがアクセスするサーバやルータ等に関連している可能性があります。また、ネットワークがWANに接続している場合、接続ポイントの両側のステーションが相互に通信を行っているか確認することで、ネットワーク障害がWANに関連しているか確認することができます。この通信に問題がある場合は、WANのハードウェアを含め、送信ステーションと受信ステーションの間にある全てのデバイスを確認する必要があります。通常、WANのデバイスには診断機能が内蔵されており、WANリンクが正常に機能しているかを確認することができます。障害がWANリンクに関係しているのか、又は使用しているハードウェアに関連しているのかの判断に利用することができます。

⑯ケーブルの問題

　障害が、ネットワークのセグメントに関するものかを調査したら、次に、障害がネットワークケーブルに関するものかどうかを調査する必要があります。

　ケーブルが適切に接続されているかどうかを確認し、さらにネットワークケーブルが蛍光灯の近くを通っていないかどうかを確認します。複数の蛍光灯の近くを通っている場合は、電磁妨害（EMI）が発生し、ケーブル内を通過する通信を妨害する可能性があります。この場合、ケーブル又はそのケーブルに接続されたコンピュータの位置を移動する、シールドされた配管を利用する等の対策が必要です。また、ケーブル自身も電流が流れているためノイズを発生し、並行するケーブルに信号が漏れて他のケーブルに影響を及ぼします。これをクロストークと呼びます。

　対策としては、ケーブルをなるべく並行に施設しない、並行に施設する必要がある場合は距離を離して施設する、又はSTPケーブルを利用する等の対策が必要です。

　いずれにしても、この設定は見すごしがちな障害原因です。問題を想定する場合、ケーブルに関する問題を必ず想定する必要があります。

⑰トラブルシューティングの手順

　一般的なトラブルシューティングでは、次の手順を適切な解決へのステップとしています。

　　手順1：現象の確認
　　手順2：影響範囲の特定
　　手順3：変更内容の確認
　　手順4：原因の特定
　　手順5：対策の実施
　　手順6：結果の検証
　　手順7：対策の文書化

　ここでは、ユーザから「ネットワークドメインにログインできなくなった」とネットワーク管理者に問い合わせが寄せられた事例を想定し、上記の手順に従ってシミュレートしながら解説します。

手順1　現象の確認

　まず実際に発生している障害の現象を確認しておかないと、原因を特定することも、その対策を施すこともできません。そして、トラブルに見舞われているユーザに対して、どんな現象が起きていて、何ができなくて、何ができるのか、等の詳細な現象を確認します。

　　・いつからログインできなくなったのか？
　　・直前にコンピュータの環境を変更したか？
　　・インターネットにアクセスできるか？

　これらの質問は、ユーザの問い合わせてきた現象の範囲を絞るために行います。ユーザからの回答によって、このユーザがインターネットにはアクセスできるものの、ドメイン（イントラネット）にアクセスできなくなったこと、コンピュータの環境設定を変更していない、等の基礎的な情報がわかります。同時にネットワーク全体やハードウェアの問題でもないこともわかります。

手順2　影響範囲の特定

　現象の範囲を絞ったら、次に影響の範囲を特定します。影響範囲を特定すると、トラブルシューティングの範囲を絞り込むことができます。

　ここでもユーザに対する質問は必要です。

　ここでユーザから聞き出すことは次の2点です。

　　・障害が発生したときにどのような操作をしていたか？
　　・障害の発生後に何かメッセージは表示されたか？

ユーザに対して忘れずに不具合の状況を記録しておいてもらうと、管理者側からの質問にスムーズに応対できるようになるため、障害の原因が特定しやすくなります。わかりにくいメッセージが表示された場合でも、ソフトウェアやハードウェアのベンダの Web サイトにアクセスすると、通常は対応策を入手できます。

　今回のような場合では、ログインテスト用に作成したユーザ ID を使用して、問題を起こしている PC からログイン試行を行い、問題なくログインできた場合には、このユーザのアカウントに問題があることがわかります。

　この場合は、障害を再現するようにユーザに依頼します。障害の再現は、ユーザが正しい操作を行っているかどうかを観察するという点において、原因の特定に有効です。

手順3　変更内容の確認

　手順 2 で問題が再現できたら、さらに影響範囲を絞り込むため、システムの変更点を明確にして障害の原因を判断します。さらにユーザに対して「いつからログインできなくなったのか」及び「最後のログイン以降で何か変更していないか」等の質問をしてみます。

　障害が発生した場合、直前に行った変更が障害に直結している場合があります。新しいドライバ等をコンピュータにインストールしていないか、又は普段と異なる操作を行っていないか、レジストリ等コンピュータのシステムを変更していないか、等を確かめます。そして、この質問によって、明確な回答が得られれば、たいていの障害の原因が推測できます。

　例えば、レジストリ等コンピュータの設定を変更後に障害が発生した場合は、システム復元機能を使用して、前回正常に起動したときの環境を自動的に復元する方法もあります。今回の障害では、前日にログインパスワードを変更していて、さらに数回ログインに失敗しているという情報を得ることができました。

手順4　原因の特定

　ユーザの回答と障害の再現によって原因の種類を特定できたら、次にその種の障害の原因をいくつか想定します。

　今回の場合、数回ログインに失敗したという情報を基に、変更したばかりのパスワードの入力ミスをし、さらにネットワーク環境で設定されているログイン試行回数制限を超えて失敗したことによってアカウントロックが発生したものと推測してみます。

　ユーザが、アカウントロック後にログインに失敗した回数を確認し、原因を特定します。

手順5 対策の実施

手順 4 で原因を特定したら、次に対策を実施します。この例では、管理者が手動でこのユーザのアカウントロックを解除します。

手順6 結果の検証

障害回復の対策を行った後は、ユーザにログインの再試行を行わせ、問題が間違いなく解決したことまで確認します。ここでは、ユーザに試行してもらったところ、無事にドメインにログインでき、障害は解決されたものとします。

手順7 対策の文書化

既知の問題を素早く解決するため、他の障害のトラブルシューティングに使用できる情報をデータベース化するために、トラブルの対策の文書化は非常に重要です。障害とその対策を文書化し、将来同様の問題が発生した場合にすぐに参照できるように備えておくとよいでしょう。文書には次のような情報を含めます。

- ・障害にかかわる状況説明
- ・ソフトウェアのバージョン、**OS** のバージョン
- ・コンピュータの種類、その他ハードウェアの種類
- ・障害が再現可能だったかどうか
- ・試みた対策
- ・最終的な対策

⑱評価

システムの保守やトラブルシューティングへの投資は、多いほど安全性が高くなります。高価なハードウェアやソフトウェアを用意することで、ネットワーク管理者の負担も少なくなります。しかし、突発的に発生するネットワークトラブルを解決するために、莫大なコストを割くわけにはいきません。システムの障害とその解決に対するコストは半永久的にかかるものであり、ランニングコストは非常に莫大になります。

ここでは、ネットワークの障害への対策にかかるコストをいかに抑えるかについて説明します。ここで説明していることが実行できたかどうかが、トラブルシューティングのコスト面での評価ポイントとなります。

⑲対策の文書化

トラブルシューティング対策結果の文書化は、再発の防止、既出のトラブル解決のために重要な作業です。あるトラブルシューティング対策は別のユーザでも発生する問題であるケースが多く、これらの情報をデータベース化し、障害事例として他のユーザに広く認知させることで、同じ問題を繰り返し処理するようなこともなくなり、他のシステムで同様のトラブルが起きたときの指針として利用することが

できます。

　例えば、システム管理部署専用のホームページを開設し、トラブルシューティング結果を追加していくとよいでしょう。

　トラブルの大半は、簡単な人為的ミスや間違った認識に基づく操作エラーによって発生します。ネットワークの使用方法や構成についての知識をユーザに指導することで、多くの問題が未然に防止され、トラブルシューティングにかかる手間やコストが抑えられます。

⑳トラブルシューティングと OSI 参照モデル

　ネットワーク管理においては、OSI 参照モデルの概念が必要になります。例えば、ネットワークに問題が発生したときに、今、どの階層で障害が発生しているのかを知ることは、スムーズな障害の切り分け作業が必須になります。

　一般的には、第 1 層（物理層）から調査するのが望ましいです。ケーブルがきちんと接続されているか、電源は供給されているのか等の物理的な観点から調査します。その後、第 2 層、第 3 層という具合に上位レイヤへ向かって調査していきます。

㉑OSI 参照モデル

階層	名称	機能内容
第 7 層	アプリケーション層	最上位の階層です。データベース、電子メール、端末エミュレーションプログラム等のアプリケーションが、ネットワークを通じてデータを送受信する方法を規定します。
第 6 層	プレゼンテーション層	アプリケーションで使用するデータをさまざまな形式で表現する方法を規定します。
第 5 層	セッション層	セッションの手順を規定します。通信を調整し、通信開始から終了までセッションの保守を行います。
第 4 層	トランスポート層	各コンピュータ上で実行されている、2 つのアプリケーション間での通信方法を規定します。エラーチェックを行うことによって、転送データの信頼性を管理します。
第 3 層	ネットワーク層	ネットワーク上の任意のコンピュータ間での通信方法を規定します。ネットワーク層のプロトコルによって、適切な相手に正しく情報を届けることができます。
第 2 層	データリンク層	物理的に接続されているネットワークのコンピュータ同士が通信する方法を規定します。データブロックの同期やフロー制御を行うことによって、コンピュータ間のデータフローの完全性を検証します。
第 1 層	物理層	伝送媒体やインタフェース、ハードウェアとの通信規格や電気特性を規定します。

OSI 参照モデル

㉒OSI 参照モデルの例

　Web ブラウザが WWW サーバに Web ページの送信を要求すると、トランスポート層では、アプリケーション層から送られてきたデータ（送信要求命令）に TCP で通信を行うというヘッダ情報を付加します。

次にネットワーク層では、送信元と送信先の IP アドレス情報を付加します。デー
タリンク層では、送信元と送信先の MAC アドレス情報を付加します。物理層で電気
信号に変換されたデータは、WWW サーバで受信され、逆の行程を経てデータが抜
き出され、アプリケーションで処理が行われます。

　このように、上位層から各層での制御情報を付加していくことをカプセル化と呼
び、その逆に下位層から制御情報を取り除いていくことを逆カプセル化と呼びます。

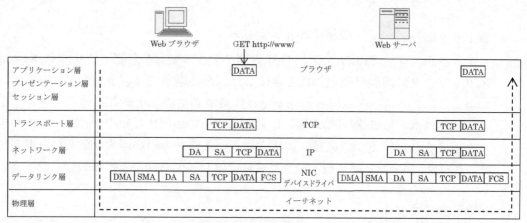

OSI 参照モデルの実例

㉓物理層

　物理層は、OSI 参照モデルの最下位層にあたり、接続に用いるケーブルやコネク
タの形状、電気信号等を規定します。この層のプロトコルでは、同軸ケーブルや光フ
ァイバケーブル等のネットワーク媒体上を流れる電気信号を、bit 列のデータに変換
する機能を提供します。

　具体的には、コンピュータをケーブル等の伝送媒体に接続し、送信データ列を電
気信号に変換して伝送媒体上へと送り出す機能、伝送媒体からの電気信号を意味の
あるデータ列に変換してコンピュータで受け取る機能等があります。

　ケーブルの特性やコネクタの形状、データを電気信号に変換する符号化の方式等、
ネットワークに接続するために必要なハードウェアについての物理的な仕様を規定
しています。

　物理層のプロトコルのみを実装した機器としては、イーサネットのリピータ（リ
ピータハブ）等が挙げられます。

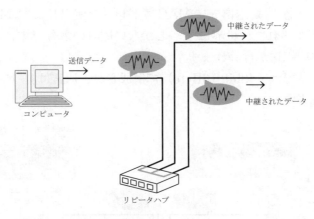

送信データ

中継されたデータ

中継されたデータ

コンピュータ

リピータハブ

物理層の送信イメージ

㉔データリンク層

データリンク層は OSI 参照モデルの第2層に位置します。ネットワーク上で直結されている機器同士での通信方式を規定したものです。電気信号の誤り訂正や再送要求等がこの層で行われます。

8Byte	8Byte	6Byte	6Byte	2Byte	46〜1,500Byte	4Byte
プリアンブル	フレーム開始デリミタ	送信先MACアドレス	送信元MACアドレス	フレームタイプ	データ（TCP/IP、DECnet 等）	FCS

フレーム構造例（イーサネット）

データリンク層までのプロトコルを実装したネットワーク機器としては、ブリッジがあります。ブリッジも、基本的にはリピータと同様に、伝送媒体同士を接続してネットワークを延長するための機器ですが、リピータ（リピータハブ）は電気信号を単に中継及び転送するだけなのに対して、ブリッジでは、一方のネットワーク媒体を流れる信号をデータとして読み取り、それが正常なデータならば、他方のネットワーク媒体に転送します。

データの内容が途中で壊れていた場合、リピータ（リピータハブ）ではそのような異常なデータも転送してしまいますが、ブリッジでは異常なデータは転送しません。例えば、イーサネットでは、複数のコンピュータが同時に送信を始めると、データ列が衝突して途中で壊れてしまうことがあります。このようなデータは無効になり、転送しません。

ツイストペアケーブルを利用したイーサネットで使用されるスイッチングハブは、ブリッジと同様にデータを理解し、データの送信先に指定されているコンピュータが接続されているケーブルにのみデータを中継及び転送するという機能をもっています。

データリンク層では、送信先にMACアドレスを使用します。MACアドレスとは、NICに割り当てられた、世界に1つしかない固有の番号です。このMACアドレスを基にデータの転送が行われます。

　イーサネットでは、48bit（6Byte）で構成され、通常は、「11:22:33:44:55:66」のように表されます。

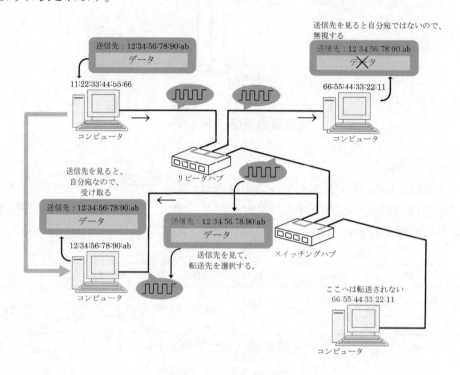

データリンク層の送信イメージ

㉕ネットワーク層

　物理的な特性が異なるネットワーク媒体同士を、そのまま接続してネットワークを構築することはできません。ネットワーク層では、ネットワーク媒体の仕様の違いを吸収し、複数のネットワーク同士を相互に接続し通信を行う機能を提供します。一般的にこの層でのデータの単位をパケットと呼びます。

　具体的には、相互に接続されたネットワーク上の全てのコンピュータに対して、一意に特定できるような方法を用いてデータの送信元や送信先を定義し、このアドレスを使用して通信を行います。なお経路を判別するためにネットワークに付与する一意の識別子（アドレス）をネットワークアドレスと呼びます。そして、通信相手までの間に複数のネットワークが存在する場合、各ネットワークの間にあるルータが経路を選択し、バケツリレーのようにデータの転送を行うパケット交換機能を提供します。

　データを転送する際、データサイズが転送先のデータリンク層のプロトコルが伝送できるサイズを超えていた場合は、データを分割して転送し、分割されたデータ

を受信したときに再構築する機能も提供します。

　ネットワーク層までのプロトコルを実装した機器としては、ルータが挙げられます。ルータには、通常、2つ以上のネットワーク媒体を接続します。あるネットワークからそのルータにデータが送信されると、そのデータの送信先アドレスを確認して経路を選択し、目的とするネットワーク媒体上へデータを送信します。この操作を繰り返すことによって、離れたネットワーク上に存在する2つのコンピュータの間でデータを転送できるようになります。

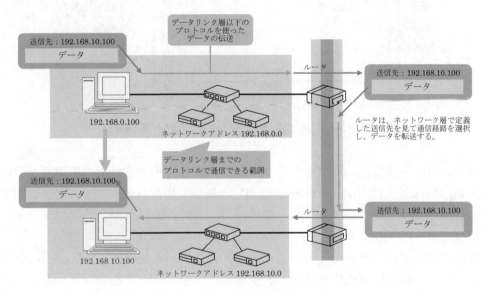

ネットワーク層の送信イメージ

㉖トランスポート層

　パケット交換型ネットワークでは、ネットワークの状態によっては、分割して送ったデータが経路の途中で消失したり、パケットの到着順序が入れ替わったりすることがあります。

　トランスポート層では、データ伝送の信頼性を保証するための機能を提供します。送信元から送信先へ送る途中で生じたエラーを回復するために再送信を要求したり、バラバラに到着するパケットの順番を元どおりに再構築する等し、パケットが正確に届く通信を実現します。

　信頼性のあるデータ伝送を実現するために、データが送信先に正確に届いたかどうかを確認し、パケットが途中で消失し届いていない、又は、データの内容が壊れてしまっているような場合は、データの再送信等を行い、確実に送信先に届くようにします。また、下位層のネットワーク媒体が一度に伝送できるサイズに合わせて、送信データを分割して何度かに分けて送信し、分割されたデータを受信した場合はこれを再構築します。

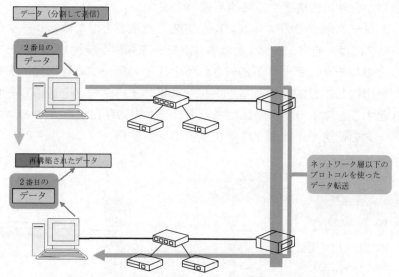

データ（分割して送信）

2番目の
データ

再構築されたデータ

2番目の
データ

ネットワーク層以下の
プロトコルを使った
データ転送

トランスポート層におけるデータの分割と再構築

　トランスポート層では、通信を行うプログラム間で使用するための仮想的な回線（Virtual Circuit 又は Virtual Connection）の機能も提供します。プログラム間でこの仮想的な回線を確立しておくことによって、それらのプログラム間でデータを交換できるようになります。

　具体的には、プログラムからこの仮想的な回線にデータを書き込むと、そのデータが仮想的な回線の反対側に送信され、受信側ではそのデータを読み出すことによって通信を行います。

　仮想的な回線は、1つのコンピュータで複数利用することもできます。そのため、コンピュータ上の複数のプログラムでそれぞれ独立した通信や、1つのコンピュータ（プログラム）で複数のコンピュータ（プログラム）を相手に同時に独立した通信を行うことができます。

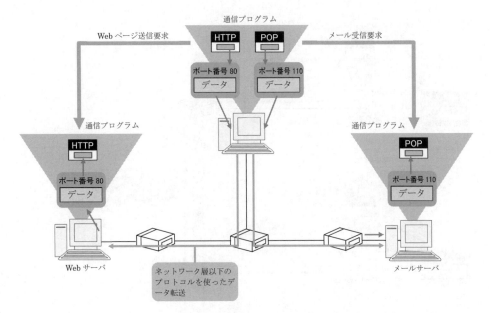

トランスポート層における仮想的な回線

㉗セッション層

　トランスポート層で実現している仮想的な回線で、その使用開始から使用終了までの一連の通信のことをセッションと呼びます。セッション層では、セッションでの送受信を円滑に行うための送信権の制御や、確実なデータ転送を行うための同期制御等の機能を提供します。

　一般的に、プログラムが通信を行うときには要求を送り、応答を返すというように送受信の順番が決められており、双方でこの順番を合わせる必要があります。このような双方で状態を合わせることを「同期を取る」といいます。

　セッション層は送受信の同期を管理し、同期がずれた場合には同期が取れている状態まで戻します。例えば、いくつかのファイルを送信する場合、ファイルを1つ送信する毎に同期を取るだけでなく、トランスポート層の制約等に合わせて、ファイルをより小さいブロックに分けて送信しなければなりません。この場合にも同期処理が必要になります。

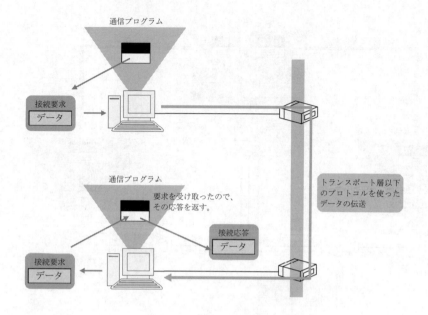

セッション層のコネクション

㉘プレゼンテーション層

　プレゼンテーション層では、ネットワーク内にあるコンピュータのハードウェア
やOS等によって異なるデータの表現形式の違いを吸収し、統一したコード（符号）
に変換する機能を提供します。また、データの暗号化や、データの圧縮等を行う機能
も提供します。

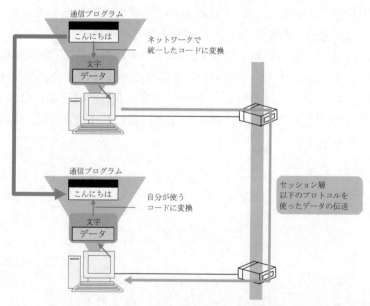

プレゼンテーション層でのデータの表現形式の変換

㉙アプリケーション層

　アプリケーション層は、**OSI** 参照モデルの最上位層にあたり、ネットワークアプリケーションによるデータベースのアクセスや、メッセージの転送等、データの具体的な内容の制御機能を提供します。**OSI** 参照モデルの 7 階層の中でユーザが直接接する部分になります。

　ネットワークアプリケーションには、ファイルを転送するものや、メッセージを送るもの等、用途に応じてさまざまなプロトコルがあります。多くは、セッション層からアプリケーション層までの通信方式は単一のプロトコル（例えば **HTTP**）で定められています。

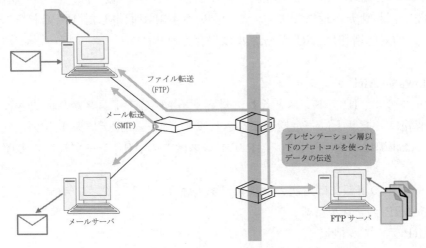

アプリケーション層でのデータのやり取り

5. ネットワークに関するコマンドラインツール

　TCP/IP トラブルシューティングに利用できる一般的なユーティリティについて説明します。一般的な OS はすべて TCP/IP ネットワークを利用できますが、ここでは Windows に基づいて説明します。

①ARP

　TCP/IP には、IP アドレスから MAC アドレスへの変換を行うために、ARP（Address Resolution Protocol）と呼ばれるプロトコルが用意されています。

　ARP は、変換したい IP アドレスを指定し、ネットワーク内の全ての端末に対して MAC アドレスを問い合わせます。該当する IP アドレスの端末は、自分の MAC アドレスを問い合わせ元へ返信します。この問い合わせで取得した IP アドレスと MAC アドレスの対応情報は ARP テーブルに保存されます。

（ⅰ）Windows の ARP テーブル

　ARP テーブルは、IP アドレスとそれに対応する MAC アドレスから構成されています。情報はメモリ上に一定期間保存されます。サーバやデフォルトゲートウェイのように頻繁にアクセスされる IP アドレスはこの ARP テーブルから参照します。

　ARP テーブルの情報には、次の 2 種類があります。
・DynamicARP テーブル情報
・StaticARP テーブル情報

（ⅱ）ARP コマンドの実行方法

1.［スタート］メニュー・［Windows システムツール］・［コマンドプロンプト］を選択し、［プロンプト］ウィンドウを表示します。

2. コマンドプロンプトに「arp」と入力し、続いてオプションを入力して実行します。

（ⅲ）ARP コマンドのヘルプ表示（オプション「?」）

　オプションを入力しないか、又は「-?」を入力して実行した場合、ARP コマンドに関するヘルプが表示されます。

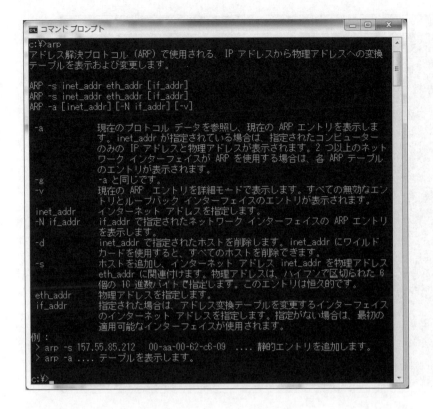

（ⅳ）ARP コマンドのオプション

オプション	解説
-a	ARP テーブルを表示します。IP アドレスやインタフェースを指定した場合は、該当する情報のみを表示します。
-g	-a と同じ動作
-d	指定した IP アドレスの情報を削除します。
-s	ARP テーブルへ指定した IP アドレスと MAC アドレスの情報を追加します。

②PING

　PING コマンドは、エコー要求をリクエストとして送ります。これに対してホストは、エコー応答を返信し、正常に稼働していることを報告します。TCP/IP のプロトコルスタックが動作していれば、この ICMP のエコー機能は必ずサポートされています。そのため、PING コマンドは TCP/IP ネットワークの管理には欠かせないツールとなっています。

（ⅰ）PING コマンドのヘルプ表示（オプション「?」）

　　オプションを入力しないか、又は「-?」を入力して実行した場合、PING コマンドに関するヘルプが表示されます。

（ⅱ）PING コマンドのオプション

オプション	解説
-t	ユーザからの停止が要求されない限り、パケットの送受信を繰り返します。停止するには Ctrl+C キーを押します。
-a	指定された対象先が IP アドレスの場合は、ホスト名を逆引きして表示します。
-n	パケットの送受信回数（試行回数）を指定します。
-l	パケットのデータ部サイズを指定します。
-f	IP パケットの分割（フラグメント）を禁止します。
-l	パケットの TTL（生存時間）を指定された値に設定します。
-v	パケットの TOS（Type Of Service：サービスタイプ）を指定された値に設定します。
-r	IP パケットのオプション部（Route Recording）に、経由したルータのアドレスを記録します（最大 9 個まで）。
-s	IP パケットのオプション部（Time Stamping）に、経由したルータのアドレスと時間を記録します（最大 4 個まで）。

-j	経由すべきゲートウェイ（ルータ）のアドレスを最大9個まで指定できます。ただし、指定されていないゲートウェイも経由できます（loose source routed）。
-k	経由すべきゲートウェイ（ルータ）のアドレスを最大9個まで指定できます。ただし、指定されていないゲートウェイは経由しません（strict source routed）。
-w	タイムアウト時間を指定します（単位はミリ秒）。

（ⅲ）PING コマンドの実行

PING コマンドの最も基本的な使用方法は、「ping」に続けて IP アドレス又はホスト名を入力して実行します。PING コマンドが正常に実行されると、次のような画面が表示されます。

③TRACERT

TRACERT は、あるホストに到達する経由を調べるツールです。送信元から宛先のホスト名、又は IP アドレスを指定すると、宛先に到達するまでのルータの IP アドレスを表示します。

（ⅰ）TRACERT コマンドのヘルプ表示（オプション「?」）

　オプションを入力しないか、又は「-?」を入力して実行した場合、TRACERT コマンドに関するヘルプが表示されます。

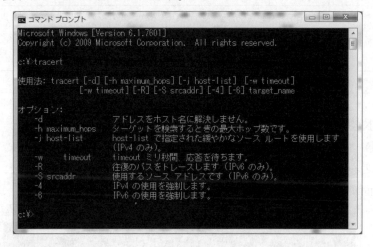

（ⅱ）TRACERT コマンドのオプション

オプション	解説
-d	結果に表示する IP アドレスから DNS ホスト名への名前解決を行います。
-h	使用する最大経路数を指定します。指定した数のルータしか経由しません。
-j	経由すべきゲートウェイ（ルータ）のアドレスを最大 9 個まで指定できます。
-w	タイムアウト時間を指定します（単位はミリ秒）。

（ⅲ）経路情報の取得

　TRACERT コマンドの最も基本的な使用方法は、「tracert」に続けて IP アドレス又はホスト名を入力して実行します。

④NSLOOKUP

　NSLOOKUP コマンドは、ホスト名（FQDN）から IP アドレスを取得（正引き）したり、IP アドレスから FQDN を取得（逆引き）したりすることができます。
　オプションを入力しないで実行すると、「>」が表示され、対話モードに入ります。NSLOOKUP コマンドの対話モードを終了させるには、「exit」を入力します。

（ⅰ）NSLOOKUP コマンドのヘルプ表示（オプション「?」）

　「help」又は「?」を入力すると、対話モードで使用できる NSLOOKUP コマン

ドに関するヘルプが表示されます。

⑤NETSTAT

　NETSTAT は、コンピュータのネットワーク接続状態やインタフェース毎のネットワーク統計等を確認するためのコマンドです。

（ⅰ）NETSTAT コマンドのヘルプ表示（オプション「?」）

オプションに「-?」を入力して実行すると、NETSTAT コマンドに関するヘルプが表示されます。

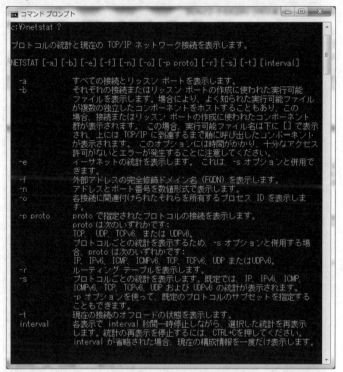

（ⅱ）NETSTAT コマンドのオプション

オプション	解説
なし	現在の有効な接続のみを表示します。
-a	現在の全ての接続を表示します。
-e	インタフェースレベルの統計情報を表示します。
-n	IP アドレス等の出力を数値のみにします。
-p	TCP 又は UDP を指定し、プロトコル毎の接続情報を表示します。
-r	ルーティングテーブルを表示します。
-s	プロトコルレベルの統計情報を表示します。
Interval	この間隔で連続自動を実行します（単位は秒）。

⑥NBTSTAT

NetBIOS over TCP/IP（NetBT）環境下で、状態の監視、設定等を行います。

（ⅰ）NBTSTAT コマンドのヘルプ表示（オプション「?」）

　　オプションを入力しないか、又は「-?」を入力して実行した場合、NBTSTAT コマンドに関するヘルプが表示されます。

（ⅱ）NBTSTAT コマンドのオプション

オプション	解説
-a	指定した NetBIOS※を使用して、指定 PC の名前テーブルを一覧表示します。
-A	指定した IP アドレスを使用して、指定 PC の名前テーブルを一覧表示します。
-c	ローカル PC において、メモリ上に保存された NetBIOS 名前解決をした情報を一覧表示します。
-n	ローカル PC の名前テーブルを一覧表示します。
-r	Windows ネットワークの名前解決統計情報を一覧表示します。WINS を使用するように構成された Windows 2000PC では、ブロードキャスト又は WINS を介して解決した名前及び登録した名前の数を返します。

オプション	解説
-R	メモリ上の情報を初期化し、LMHOSTS ファイルを再読み取りします。
-S	現在の接続を、IP アドレスで一覧表示します。
-s	現在の接続を、NetBIOS 名で一覧表示します。
Interval	指定した interval 秒間隔で、選択した統計情報を再表示します。統計情報の再表示を停止するには、Ctrl+C キーを押します。このパラメータが省略されると、NBTSTAT は現在の構成情報を一度だけ印刷します。

※NetBIOS（Network Basic Input Output System）とは、1984 年に IBM 社によって開発された通信インタフェースを使用するときの、コンピュータを識別する名前になります。TCP/IP が使用される前の Windows で使用されていました。

⑦ROUTE

（ⅰ）ROUTE コマンドのオプション

オプション	解説
PRINT	ルーティングテーブルを表示します。
ADD	経路を追加します。
DELETE	経路を削除します。

（ⅱ）ルーティングテーブルの表示（オプション PRINT）

オプションに「PRINT」を入力して実行すると、ルーティングテーブルが表示されます。

⑧IPCONFIG

IPCONFIG は、Windows の IP の構成状態を確認するコマンドです。

（ⅰ）IPCONFIG コマンドのヘルプ表示（オプション「?」）

オプションに「-?」を入力して実行すると、IPCONFIG コマンドに関するオプション一覧と使用例が表示されます。

（ⅱ）IPCONFIG コマンドのオプション

ヘルプは、IPCONFIG コマンドの使用方法がわからなくなったときに参照します。IPCONFIG コマンドのヘルプ表示の結果を次に示します。

オプション	解説
/?又は?	利用できるオプション一覧と説明を表示します。
/all	TCP/IP 設定の全ての情報を表示します。
/release	DHCP サーバから取得している、現在の TCP/IP 設定を初期化します。
/renew	DHCP サーバから取得している、現在の TCP/IP 設定を初期化し、新しく取得し直します。
/flushdns	DNS キャッシュをクリアします。

6. ネットワークハードウェアツール

①ケーブルテスター

ケーブルテスターは、機能によりさまざまな種類があります。単に結線の状態を調査するものから、障害の箇所を特定するものまであります。また、使用できるメディアによっても異なります。

②ケーブル結線テスター

ケーブルが物理的につながっているかどうかを確認する機器です。コネクタやケーブルの結線状態やリンク速度等を測定できるものもあります。

パフォーマンステスターには、結線のチェックの機能に加え、次のような機能があります。

パフォーマンステスター

■ケーブルの距離測定（断線箇所の特定）
■減衰測定
■クロストーク測定
■インピーダンスの測定
■ケーブルのカテゴリの基準を満たしているかを調査

ケーブルや基板の配線に高速なパルスやステップ信号を送信し、返ってくる反射波形を観測する TDR（time domain reflectometry：時間領域反射）方式や光ファイバ上で行う OTDR（Optical time domain reflectometry）方式で、ケーブルの長さを正確に測定することができます。

③プロトコルアナライザー

プロトコルアナライザーとは、コンピュータ、ネットワーク、データ機器間を流れるデータを解析する装置です。専用のハードウェアの他に、ソフトウェアで提供しているものもあります。

④マルチメーター

マルチメーターは、直流電圧、直流電流、交流電圧、電気抵抗の測定が可能な機器で、一般にテスターと呼ばれている計測器です。

⑤トーンプローブ

特定の信号線を見つける機器です。トーンジェネレータとトーンロケータから構成されていて、ジェネレータを特定の信号線（電話線等）に接続します。次にロケータをケーブルに近づけ、ジェネレータを接続したケーブルに触れると音が鳴ります。多数のケーブルが密集している場所で特定のケーブルを発見するために使用されます。

マルチメーター

⑥試験用電話機
　電話テスト用の機器です。米国では Butt set と呼ばれることがあります。

⑦ケーブルストリッパー
　ケーブルの外皮をむく工具です。

⑧圧着工具
　ケーブルにコネクタを圧着（かしめ）するための専用工具です。

ケーブルストリッパー

圧着工具

7. ネットワークのトラブルシューティングⅡ
　ここでは、ネットワークの一般的な症状と、有線ネットワーク、無線ネットワークのトラブルシューティングについて学習します。

①ネットワークに関するトラブルの一般的な症状
（ⅰ）接続できない
　　ネットワークトラブルシューティングの第一歩は、どこに接続できて、どこに接続できないかを明確にすることから始めます。
　　コマンドラインツール PING は、通信相手の IP アドレス、又はドメイン名を指定して、通信できるかどうかを調査します。この調査を疎通確認といいます。

下の図で、A を起点にして、①同じスイッチングハブに接続されている PC（A → B）、②同じネットワークの異なるスイッチングハブに接続されている PC（A → C）、③ルータを越えた他のネットワークの PC（A → D）の順に疎通確認を行って、どこまで通信できて、どこから通信できないかを確認します。

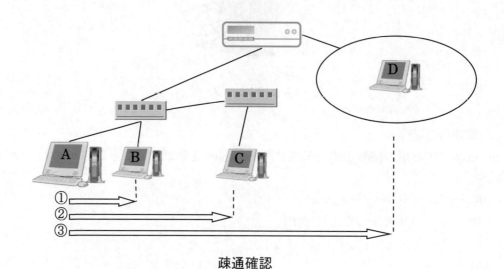

疎通確認

（ⅱ）まったく接続できない

　図の①が接続できない場合、次の原因が考えられます。

・A が物理的にネットワークに接続されていない。
・スイッチングハブに障害がある。
・A のネットワークの設定に問題がある。

　物理的にネットワークに接続されているか、NIC のリンクランプを確認します。NIC は PC の背面にある場合が多いので簡単に確認できなければ、A が接続されているスイッチングハブのリンクランプを確認します。リンクランプが点灯していない場合、ケーブルのゆるみ、ケーブルが断線していないかを確認します。

　スイッチングハブに障害がないか、電源が OFF になっていないかをスイッチングハブのリンクランプで確認します。

　A のネットワークの設定に問題がある場合の症状と対処策は次項で説明します。

（ⅲ）APIPA アドレス

　A のネットワークの設定に問題がないか、コマンドラインツールの IPCONFIG で確認します。

　IPv4 アドレスが 169.254 で始まっている場合、DHCP サーバが見つからないため、APIPA によるプライベート IP アドレスの自動設定が行われています。

　DHCP サーバの状況を確認します。

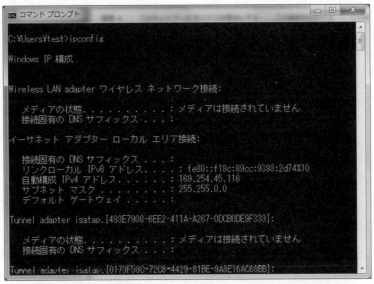

IPCONFIG の結果、APIPA によるアドレス自動設定

（ⅳ）限定的に接続できる

　図の①（A→B）は接続できるが②（A→C）が接続できない場合、以下の原因
が考えられます。

　　・2台のスイッチングハブのケーブルを含む接続状態に問題がある。
　　・C側のスイッチングハブに障害がある。

　2台のスイッチングハブのリンクランプ等を調べて確認します。

（ⅴ）ルータを越えた通信ができない

　図で②（A→C）は接続できるが③（A→D）が接続できない場合、以下の原因
が考えられます。

　・ルータに障害がある。
　・スイッチングハブとルータの物理的接続に問題がある。
　・Aのデフォルトゲートウェイの設定が誤っている。又は設定されていない。
　ルータに障害がないか、ルータの LED インジケータ等で確認します。熱暴走す
ることもあるため、温度を確認します。

　スイッチングハブとルータの接続は、リンクランプで確認します。

　A のデフォルトゲートウェイの設定が誤っていないか、コマンドプロンプトで
IPCONFIG を実行して、確認します。

　デフォルトゲートウェイの設定が誤っている場合、スタティック IP アドレスな
ら手動で設定を変更します。DHCP を使用している場合、ネットワーク管理者に
連絡して DHCP サーバの設定を確認するよう依頼します。

（ⅵ）接続が途切れる

無線 LAN を使用している場合、以下が考えられます。

・電波の受信レベルが不安定である。

・室内に Bluetooth や電子レンジ等電波が競合する電子機器が存在する。

電波の受信レベルが不安定な場合、PC の位置と向き、アクセスポイントの位置やアンテナを確認します。

室内に電波が競合する電子機器がある場合、それらの使用を制限します。

（ⅶ）IP アドレスの重複

スタティック IP アドレス（IP アドレスの手動設定）を使用する場合、アドレスの重複が発生する可能性があります。

アドレスが重複する場合、そのアドレスは使用されず、「代替えの構成」（初期値では APIPA の自動設定を実施する）が適用されます。

（ⅷ）転送速度の低下

転送速度が低下する場合、原因は次の 3 つに分類できます。

・クライアント PC の問題

・ネットワークの問題

・通信先コンピュータの問題

クライアント PC で、バックグランドで動作するアプリケーションがコンピュータのリソースを消費している場合、転送速度が低下します。[タスクマネージャー] の [パフォーマンス] で、CPU、メモリ、ネットワークの状況を確認します。

ネットワークのトラフィックが混雑して遅延が発生している場合、ネットワークに接続しているコンピュータ全体に影響が及びます。同じネットワークの全部のコンピュータで転送速度が低下する場合、ネットワーク構成の見直しを検討します。

また、インターネットのサービスを利用するときだけ転送速度が低下する場合、インターネットアクセス回線や、インターネットプロバイダのネットワーク内での遅延、インターネットバックボーンの遅延が考えられます。ユーザレベルで対応できる対策は、インターネットアクセス回線の契約の見直し、プロバイダ契約の見直しです。

ある特定のサービスを利用する場合のみ転送速度が低下する場合、サーバ側の問題と考えられます。サーバの管理者、又は管理組織に状況を説明し改善を要求します。

（ix）無線信号の低下

　　無線 LAN を使用している場合、Windows の［ネットワークと共有センター］で無線信号の受信レベルを確認することができます。また、無線 LAN アダプタのメーカが、無線信号受信レベルの詳細な情報を提供する専用ソフトウェアを提供している場合もあります。

　　電波の受信レベルが弱い、又は不安定な場合、PC の位置と向き、アクセスポイントの位置やアンテナを確認します。また、2.4GHz 帯を使用する IEEE802.11b/g は Bluetooth 機器や電子レンジ等の影響を受けます。室内にそれらの電子機器がないか確認し、使用制限を検討します。

　　なお、無線信号を RF シグナル（Radio Frequency Signal）と呼ぶこともあります。

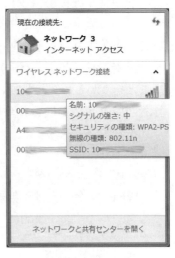

無線信号の状態

②ネットワークのトラブルシューティングツール
（ⅰ）ケーブルテスター

　　ケーブルテスターは、ケーブルの結線状態、断線等を調べる道具で、機能によりさまざまな種類があります。単に結線の状態を調査するものから、ケーブル長、断線や障害の箇所を特定するものまであります。また、使用できるメディアによっても異なります。トーンジェネレータ機能が付いている製品もあります。

　　テストするケーブルの両端を本体とリモートターミネータに差し込んでテストします。

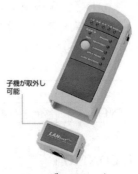

ケーブルテスター

　　リモートターミネータをループバックプラグ、又はループバックコネクターと呼ぶ場合もあります。右の写真では、子機と書かれているのがリモートターミネータです。

（ⅱ）皮むき器（ワイヤーストリッパー）

　　ケーブルの被覆（皮）をむく道具です。コネクタを取り換える際に用います。

（ⅲ）圧着工具（クリンパー）

　　圧着工具（クリンパー）は、ケーブルにコネクタを圧着する工具です。圧着することを「かしめ」ともいいます。圧着工具は特定のケーブルとコネクタ専用で、圧着部はコネクタに合わせた形状をしています。ケーブルの皮むきも同時にできるタイプもあります。

（ⅳ）Wi-Fi ロケータ

　　Wi-Fi ロケータは、無線 LAN の電波シグナル（RF シグナル）の強度を確認するツールです。一般的に、SSID と電波シグナル強度を表示する機能をもっています。ワイヤレスロケータという場合もあります。

　　ハードウェアとソフトウェアがあり、ハードウェアのロケータは大きめのスマートフォン程度の大きさで、部屋の中を移動して各地点での電波シグナル強度を確認するために使用します。ソフトウェアのロケータはノート PC やタブレット等にインストールし、同じ目的で使用します。

③ネットワークのトラブルシューティングのコマンドラインツール

　　ネットワークのトラブルシューティングに利用する主なコマンドラインツールは以下のとおりです。

ツール	説明
PING	宛先の IP アドレス又は FQDN を指定して疎通確認を行います。
IPCONFIG	コンピュータのネットワークインタフェースの構成情報を確認します。 ネットワークインタフェース毎に、MAC アドレス、IP アドレス、サブネットマスク、デフォルトゲートウェイ等が表示されます。
TRACERT	指定したコンピュータへの経路を調査します。 指定したコンピュータにたどり着くまでに経由するルータの IP アドレスが表示されます。
NETSTAT	TCP/IP ネットワークの接続状況と統計等の調査を行います。
NBTSTAT	Windows 固有のコンピュータ名と IP アドレスの関連や、ネットワークの統計等の調査を行います。
NET	Windows に固有のユーザや共有等のネットワーク設定や、状況の確認ができる上級者向けコマンドです。 自動処理スクリプトに利用されることが多いです。

ネットワーク関連コマンド

8. オペレーティングシステムのトラブルシューティング

　ここでは、代表的なオペレーティングシステムである Windows のトラブルシューティングについて学習します。

①Windows の一般的な症状

　以下に、Windows でよく見られるトラブルの症状をまとめます。

（ⅰ）ブルースクリーン（BSOD）

　　システムに重大なエラーが発生すると、青い画面に白い文字でエラーメッセージが表示されます。ブルースクリーンが発生すると、システムは動作を停止し、作業中のファイルは失われます。

（ⅱ）予期しないシャットダウンと再起動

　　システムに重大なエラーが発生すると、予期しないシャットダウンが発生し、再起動することがあります。自然発生的なシャットダウンという場合もあります。

（ⅲ）不適切なシャットダウン

　　コンピュータに不慣れなユーザは、コンピュータ本体の電源ボタンを OFF にしてコンピュータの操作を終わらせようとする傾向があります。

　　Windows 起動中に電源ボタンを OFF にすると、予期しないシャットダウンと同じ結果になり、ファイルの損傷やハードディスクの故障の原因になります。

　　コンピュータを初めて使用するユーザには、正しいシャットダウンの方法を教育します。

（ⅳ）インストール時に RAID が検出されない

　　ハードウェア RAID を使用したシステムに Windows をインストールする場合、RAID メーカのドライバがインストールディスクに含まれていない場合があります。その場合、RAID メーカが提供するドライバを USB メモリに展開して、コンピュータに挿入すると、インストールシステムが自動的にドライバを検索して、適切にインストールされます。

　　インストール済みの Windows にハードウェア RAID を接続し、再起動するとブルースクリーンになる場合があります。

（ⅴ）デバイスが開始しない

　　デバイスが開始しない原因は、デバイスの電源が入っていない、デバイス本体とドライバが整合していない等が考えられます。デバイスの電源を確認したら、［コントロールパネル］−［デバイスマネージャー］で「！」「？」「×」等のアイコンが表示されているデバイスを右クリックし、［ドライバーソフトウェアの更新］を実行します。

（ⅵ）DLL が見つからない

　Windows 起動中や、あるアプリケーションを起動したとき「・・・DLL が見つかりません」といったメッセージが表示される場合があります。DLL（Dynamic Link Library）は、複数のプログラムで利用可能なサブプログラムをまとめたファイルです。何らかの理由で DLL ファイルが削除されると、このエラーが発生します。

　また、DLL ファイルは存在しているが、何らかの理由でレジストリの整合性が失われた場合も同じエラーが発生します。

　対処方法は、復元ポイントを使用したシステムの復元を実行するか、又は、コマンドラインツール SFC を実行します。SFC を実行する場合、SFC /scannow オプションを指定します。

（ⅶ）サービスが開始しない

　Windows ファイアウォール等のサービスが開始されない場合があります。

　［スタート］－スタートメニューのプログラム一覧を下にスクロールし、［Windows 管理ツール］－［サービス］で、登録されているサービスの状態を確認し、もし、「自動」になっていないなら、該当するサービスをダブルクリックして、［スタートアップの種類］で［自動］を選択します。

Windows サービス

　スタートアップの種類は［自動］になっているが開始しない場合、そのサービスに関連するシステムが破損しているか、レジストリの整合性が失われている可能性があります。その場合、復元ポイントを利用したシステムの復元を実行します。

（ⅷ）互換性エラー

　Windows をバージョンアップすると、以前のバージョンで使用していたアプリ

ケーションが起動できない、又はインストールできない場合があります。

　Windows では、「以前のバージョンの Windows 用に作成されたプログラムを実行する」という機能があります。

（ix）システムのパフォーマンスの低下

　日常的に Windows を使用していると、さまざまなアプリケーションをインストールしていくものですが、その中には、Windows の起動時に自動的に開始され、ユーザが気づかないまま常にメモリに常駐しているソフトウェアがいくつかあります。このような常駐ソフトが増えて、CPU パワーとメモリが圧迫され、システム全体のパフォーマンスが低下する場合があります。

　ウイルス対策ソフトのように、重要なソフトウェアもありますが、中にはほとんど使用しないものもあります。例えば、業務用 PC 等で音声機能を必要としないのであれば、オーディオ関連のソフトウェアが常に起動しているのは無駄なことです。

　［スタート］－スタートメニューのプログラム一覧を下にスクロールし、［Windows 管理ツール］－［サービス］で、登録されているサービスの状態を確認し、もし不要なサービスが「自動」になっているなら、該当するサービスをダブルクリックして、［スタートアップの種類］で［手動］を選択すると、次回の Windows の起動から、そのサービスは常駐しなくなります。

　［コントロールパネル］－［トラブルシューティング］には、パフォーマンスの問題を確認する機能があります。

（x）セーフモードで起動する

　システムに何らかの障害が発生すると、再起動時にセーフモードで起動する場合があります。ハードディスク上に、修復に必要なファイルが残っているような場合、何もしないでもう一度再起動するだけで回復することがあります。

　何度もセーフモードでの起動を繰り返す場合、再起動時に、［F8］キーを押して、［詳細ブートオプション］で［コンピュータの修復］を実行します。

（xi）ファイルを開けない

　ファイルを開こうとしても開けない場合、次の原因が考えられます。
　　・ファイルにアクセス権がない
　　・他のユーザが使用している
　　・ファイルが破損している
　ファイル又はフォルダにアクセス権がない場合、アクセス権の設定を確認します。

　他のユーザが使用している場合、［使用中のファイル］画面が表示され、「読み取り専用モード」等を選択するとファイルを開けます。

ファイルが破損している場合、原則として、そのファイルを開くことはできません。しかし、Windows の「ファイルの履歴を保存する」機能等でバックアップが取得されている場合、そのバックアップで復元できます。また、Word や Excel 等のアプリケーションが独自のファイル修復機能を提供している場合もあります。

（xii）NTLDR is Missing

コンピュータ起動時に「NTLDR is Missing」というエラーメッセージが表示されて、Windows を起動できない場合があります。

NTLDR（NT Loader）は、Windows 2000 から Windows XP で使用された起動ファイルを呼び出すために必要なファイルです。Windows Vista 以降では、WBM（Windows Boot Manager）に引き継がれました。

「NTLDR is Missing」は、NTLDR 又は WBM が、破損したか存在しない場合のエラーです。

Windows XP の対処方法は、コンピュータをインストールディスクから起動し、回復コンソールで以下の操作をします。

```
C:windows> fixboot C:
C:windows> fixmbr C:
```

Windows Vista 以降では、コンピュータをインストールディスクから起動後、［コンピュータを修復する］－［システム回復オプション］から［コマンドプロンプト］を起動して、BOOTREC コマンドを使い、マスターブートレコード、又はブートセクションを修復します。

```
bootrec /fixmbr
bootrec /fixboot
```

ユーザが意図的にシステムファイルを削除したり移動したりした結果、このエラーが発生した場合、上記の処置でシステムが回復すれば、その後、問題なくコンピュータを使用できます。しかし、予期しないシャットダウンの後にこのエラーが発生した場合、ハードディスクが損傷している可能性があるため、ハードディスクの交換を検討します。

（xiii）Invalid boot.ini

コンピュータ起動時に「Invalid boot.ini」というエラーメッセージが表示されて、Windows を起動できない場合があります。

boot.ini は、Windows の起動に関する設定を記録するファイルです。

「Invalid boot.ini」は、boot.ini が破損したか、又は存在しない場合のエラーです。

回復方法は「NTLDR is Missing」エラーと同じです。

(xiv) Missing Operating System / Invalid boot disk / No operating system found

コンピュータ起動時に「Missing Operating System」又は「Invalid boot disk」又は「No operating system found」のようなメッセージが表示される場合、リムーバブルディスクが挿入されたままになっていないか確認します。

リムーバブルディスクが挿入されていないのに、エラーが発生する場合、ハードディスクの MRB（Master Boot Record：マスターブートレコード）の破損が考えられます。対処方法は、「NTLDR is Missing」エラーと同じです。

(xv) Windows を起動すると黒い画面になる

コンピュータを起動すると、Windows ロゴが表示され、Windows が起動したように見えても、その後、コマンドプロンプトのような画面にカーソルが表示される場合があります。

このようなケースは、Windows のシステムファイルが破損していると考えられます。インストールディスクから修復インストールを実施します。

②Windows のトラブルシューティングツール

Windows のトラブルシューティングに使用するツールをまとめます。

(ⅰ) 回復オプション（システム回復オプション）

Windows Vista 以降で、Windows の重大なエラーから回復するための機能で、いくつかのツールが含まれています。

プレインストール環境では、コンピュータ起動時に［F8］キーを押し、［詳細ブートオプション］から選択します。

又は、インストールディスクから Windows を起動した場合［コンピュータの修復］から選択して使用します。回復オプションには以下の機能があります。

・スタートアップ修復
・システムの復元
・システムイメージの回復
・Windows メモリ診断
・コマンドプロンプト

(ⅱ) リカバリコンソール（回復コンソール）

Windows XP 以前のバージョン（XP を含む）で、Windows が起動しなくなるエラーを修復するために用意されたコンソール画面をリカバリコンソール又は回

復コンソールといいます。コンピュータを Windows インストール CD で起動し、修復オプションを選択すると回復コンソールを使用できます。

　Windows Vista 以降では、回復オプションに置き換えられました。

（ⅲ）システム修復ディスク

　ハードディスクから Windows が起動できなくなった場合に備えて、書き込み可能な CD-R 又は DVD-R 等に作成する Windows 起動用ディスクです。

　［回復ドライブの作成］で作成します。

　回復ドライブでコンピュータを起動し、PC をリセットしたり、トラブルシューティングを行ったりすることができます。

（ⅳ）システム修復に関連するコマンドラインツール

　システム修復に関連するコマンドツールをまとめます。

ツール	説明
BOOTREC	Windows の起動に必要な MBR（Master Boot Record：マスターブートレコード）とブートセクションを修復します。 Windows Vista 以降のツールです。回復オプションのコマンドプロンプトで使用します。
FIXBOOT	Windows のブートセクションを修復します。 Windows XP 以前のツールです。リカバリコンソールで使用します。
FIXMBR	Windows の MBR を修復します。 Windows XP 以前のツールです。リカバリコンソールで使用します。
SFC	システムファイルのバージョンやカタログ・ファイルとキャッシュ・フォルダの整合性等をチェックして、修復するコマンドです。

システム修復関連コマンド

（ⅴ）セーフモード

　セーフモードは、Windows の起動に必要な最小限のプログラムだけで起動する方法で、ビデオドライバ、サウンドドライバ、ネットワークドライバ、スタートアップ等を含みません。そのため、各種ドライバやスタートアップに含まれるプログラムに損傷が発生していても、Windows を起動することができます。

　セーフモードは、コンピュータ起動時に［F8］キーを押して表示される、［詳細ブートオプション］から選択して起動します。

　セーフモードには、以下の種類があります。
・セーフモード：ビデオドライバ、サウンドドライバ、ネットワークドライバ、ス

タートアップ等を含みません。

- ・セーフモードとネットワーク：セーフモードにネットワークドライバを追加した構成です。
- ・セーフモードとコマンドプロンプト：セーフモードの構成でコマンドプロンプト画面を起動します。GUI は使用できません。終了する場合はキーボードの［Ctrl］＋［Alt］＋［Delete］を押します。

（ⅵ）自動システムリカバリ（ASR）

　ASR（Automated System Recovery）は、Windows XP Professional 以上のエディションに搭載されている機能で、パーティションの内容を以前の状態に戻すことができるため、より完全な修復を行うことができます。Windows Vista 以降では、システムイメージの回復機能に置き換えられました。

（ⅶ）システム構成（MSCONFIG）

　MSCONFIG は、スタートアップや、起動時の構成を設定できる管理機能です。［管理ツール］に含まれています。

（ⅷ）デフラグ（DEFRAG）

　デフラグは、ハードディスク管理ツールで、断片化されたファイルを最適化します。エクスプローラーで、チェックしたいドライブを右クリックして表示されるプロパティの［ツール］タブに含まれる、［最適化］がデフラグツールです。

（ⅸ）イベントビューア

　Windows のイベントログを確認するツールです。イベントログにはアプリケーションログ、セキュリティログ、システムログ等があります。

　トラブルが発生した場合、トラブルの原因調査に有用なツールです。

（ⅹ）REGSVR32

　REGSVR32 は、DLL をレジストリに登録するためのコマンドラインツールです。

（ⅺ）REGEDIT（レジストリエディタ）

　REGEDIT（レジストリエディタ）は、Windows の各種設定のデータベースである、レジストリを編集するためのツールです。GUI ツールですが、［コントロールパネル］や［管理ツール］に含まれません。［スタート］－［ファイル名を指定して実行］に regedit と入力して起動します。

　レジストリの編集は、システムに重大なエラーを引き起こす可能性があるため、レジストリのバックアップを取得した上で、慎重に操作します。レジストリのバ

ックアップは、レジストリエディタを起動し［ファイル］－［エクスポート］で実施します。

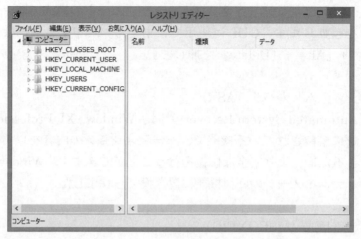

レジストリエディタ

9. セキュリティ問題のトラブルシューティング

ここでは、セキュリティ問題の一般的な症状と対策用ツールについて学習します。

①セキュリティ問題の一般的な症状

一般的に認識されているセキュリティの脅威には次のようなものがあります。

（ⅰ）ポップアップ

Web サイトには、メイン画面の中のあるリンクをクリックすると、サブウィンドウが開いてくる機能をもつ場合があります。これをポップアップといいます。

ポップアップが有用に機能しているサイトもありますが、中にはアドウェアやスパイウェアをインストールさせようとするサイトや、不快な広告が開き、そのウィンドウを閉じると新たなポップアップウィンドウが開き、永遠に不快な広告を閉じることができないように仕組まれたサイトもあります。

そのため、主要なインターネットブラウザは、ポップアップを抑制する仕組みをもっていて、初期状態では、ポップアップを抑止しています。これをポップアップブロックといいます。

MSIE（Microsoft 社のインターネットエクスプローラー）では、［ツール］－［インターネットオプション］－［プライバシー］でポップアップブロックの有効／無効や、有効の場合に例外的にポップアップを許可するサイトの登録等の設定が可能です。

（ⅱ）リダイレクト

　ブラウザであるページを表示すると自動的に異なるページが表示されることをリダイレクトといいます。サイトの URL が変わった場合、古い URL には「引っ越しました」といったメッセージを表示して、数秒後に自動的に新しいページを表示するような例があります。

　このように多くはユーザに有用な目的で使用されますが、フィッシング詐欺のような悪意のあるサイトにリダイレクトされる可能性もあります。

　MSIE では、［ツール］－［インターネットオプション］－［セキュリティ］で、各ゾーン（インターネットやイントラネットの区別）毎に、［レベルのカスタマイズ］の［その他］－［ページの自動読み込み］で制御できます。

（ⅲ）セキュリティの警告

　ポップアップやリダイレクト以外にも Web サイトの閲覧にはさまざまな脅威があります。しかし、セキュリティの脅威は、本来ユーザに有用な機能を悪用することが多いため、例えばポップアップを一律に禁止すると利便性が失われてしまいます。

　そのため、主要なブラウザは、何らかの動作を実施する場合、ユーザに判断を求めるダイアログを表示する機能をもっています。例えば、入力フォームにデータを書き込んで送信する際、インターネット経由でデータを送信することのリスクを警告し、許可するか判断を求める場合や、SSL 証明書（Web サイトの運営者の実在性を確認し、ブラウザと Web サーバ間で通信データの暗号化を行うための証明書）の有効期限が切れていることを表示し、危険を承知の上接続するか判断を求めたりします。

（ⅳ）パフォーマンスの低下

　一般に、ソフトウェアにセキュリティ対策機能を実装すると、本来の機能のパフォーマンスを低下させることになります。ポップアップやリダイレクトを許可しなければ、セキュリティは向上しますが、利便性を失います。ウイルス対策ソフトのリアルタイムスキャンを使用すれば、セキュリティは向上しますが、コンピュータ全体の処理速度が低下します。

　これは避けられないことで、その目的を理解してリスクに応じた適切なセキュリティ機能を使用すべきです。コンピュータを業務で取扱う専門家は、一般のユーザが適切な判断ができるようにアドバイスすることが求められます。

（ⅴ）インターネット接続の問題

　IT セキュリティの脅威の多くは、インターネットに接続することに起因しています。インターネットの有用性は疑いないことですが、多くの脅威があることを理解して、取り扱う情報の重要性に応じた対策を講じます。例えば、重要機

密情報を取り扱うコンピュータは、インターネットに接続せずスタンドアロンで使用することも検討します。

(vi) PC が動かない

　ウイルスに感染したり、外部から攻撃されている場合、PC が固まるような症状になることがあります。常にその意識をもって、少しでもウイルス感染や不正アクセスが疑われる症状に気づいたら、他のコンピュータに被害を広げないよう、直ちにネットワークケーブルを外しましょう。無線 LAN の場合、無線 LAN を無効にします。

(vii) Windows Update のエラー

　Windows Update やウイルス対策ソフトのウイルス定義ファイルの更新を妨害するウイルスがあります。このようなウイルスに感染すると、Windows Update やウイルス定義ファイルは偽の更新サーバに誘導され、更新がないように振る舞います。

　Windows Update やウイルス対策ソフトの更新履歴を確認し、不自然に長い期間更新が実施されていない場合、ウイルス被害が疑われます。

　この種類のウイルスは、DNS による名前解決を詐称して本来の更新サーバにアクセスしないよう仕組みます。

　hosts ファイル（C:\Windows\system32\drivers\etc\hosts）を確認して、サンプルと 127.0.0.1 以外に、自分で設定した覚えのない行があれば、ウイルスに感染しています。対処方法は、hosts ファイルの 127.0.0.1 以降の行を削除し、ウイルス対策ソフトの更新を実施し、ハードディスクをスキャンします。

(viii) 偽ウイルス対策ソフト

　無料のウイルス対策ソフトを装ったコンピュータウイルスがあります。例えば「System Doctor 2014」は、名前もソフトを起動した画面も本物のウイルス対策ソフトのようですが、本来のウイルス対策の機能はなく、アクティベートのためにライセンス料を要求します。

　メールでインストールを勧誘し、サイトにアクセスしただけで、Windows やJava 等の脆弱性を利用して、知らない間にインストールされるウイルスもあります。

　対策は、信頼の置けないサイトから無料ソフトをダウンロードしない、Windows、Java、Adobe Reader、ブラウザ等の通信機能をもつソフトウェアを最新に保つことが挙げられます。

（ⅸ）スパム（Spam）

　　スパムは、大量に送信される迷惑メールの通称で、悪意あるサイトへの誘導、宣伝、嫌がらせ、等の目的で不特定多数に大量に送信されるメールです。

　　現在のところ ISP のフィルタリングサービスやメールクライアントソフトウェアのフィルタリング機能で直接ゴミ箱に振り分けるといった方法しか有効な対策がありません。

　　それらのフィルタリングをすり抜けて受信されるスパムもあります。スパムの存在を意識して、信頼のおけない広告メールを安易に信用しないことが重要です。

（ⅹ）システムファイル名の変更やファイルの消失

　　ウイルスに感染して、システムファイル名が変更される場合があります。

　　例えば、aaa.exe というシステムファイルがあるとします。ウイルスは、aaa.exe を bbb.exe に名前を変更し、自分自身のファイル名を aaa.exe にしてシステムフォルダに潜みます。ユーザが、本来の aaa.exe を起動しようとすると、偽の aaa.exe が起動し、何らかの活動を行い、その後、bbb.exe を起動してユーザをだます手口です。

　　Windows には、WFP（Windows File Protection）と呼ばれるシステムファイル保護機能があり、システムファイルが改ざんされるとバックアップから元に戻すように機能し、このような被害を防止しています。

（ⅺ）ファイルのアクセス権の変更

　　ファイルの不正利用を予防する手段としてファイルのアクセス権がありますが、ルートキット（Rootkit）と呼ばれるタイプのウイルスに感染すると、管理者権限が奪われ、ファイルのアクセス権さえ変更されてしまいます。

　　予防対策は、ウイルス対策ソフトを使用して、OS 等を更新して最新版に保つという一般的なウイルス対策を確実に実施することです。

（ⅻ）Eメールの乗っ取り

　　スパムメールの送信者は、自分の身元を隠すため、第三者のメールサーバやメールアカウントを悪用します。企業ユーザでも Windows のログインアカウントに関しては、パスワードの定期的な更新を実施していても、メールアカウントのパスワード更新を行っていないケースが多くあります。メールアカウントは常に狙われているという認識をもって、パスワードの更新を管理することが必要です。

（ⅹⅲ）アクセス拒否

　　パスワードを盗む攻撃に、総当たり攻撃と辞書攻撃があります。総当たり攻撃は、可能な文字の組み合わせ全てを試してみる方法で、辞書攻撃は辞書に載っている単語を全て試してみる方法です。どちらの攻撃も、当たりが出るまで続けます。

この攻撃を避ける対策は、単位時間内に認証に失敗する回数の上限を定め、上限を超えたら一定時間そのアカウントをロックする方法がとられます。

　もし、本人に心当たりがないのにユーザ認証時に「アカウントがロックされています」という趣旨のエラーが発生したら、攻撃されていることを疑い、認証のログを確認します。

②セキュリティツール

（ⅰ）ウイルス対策ソフト

　リアルタイムに通信機能をもつソフトウェアの受信データやファイルをスキャンし、ウイルスを検出して無害化します。

（ⅱ）マルウェア対策ソフト

　現在流通している主なウイルス対策ソフトは、ほとんどのマルウェアに対して有効です。しかし、アドウェアは広告を表示するソフトウェアであり、利用者本人が軽い気持ちで利用承諾をしている場合もあります。そのため、多くのウイルス対策ソフトメーカでは、アドウェアをウイルス対策ソフトの対象としていません。

（ⅲ）スパイウェア対策ソフト

　流通している主なウイルス対策ソフトはスパイウェアにも対応しています。

③マルウェア感染が疑われる場合の対処

　最も効果的なマルウェア対策は、ウイルス対策ソフトを導入することです。しかし、ウイルス対策ソフトは、ウイルスの特徴を登録したデータベース（ウイルス定義ファイル）に照合してウイルスを検出するため、ウイルス定義ファイルより新しいウイルスを検出することができません。ウイルス対策ソフトメーカのデータベースに登録される前に仕掛けられる攻撃をゼロデイアタック（0 day attack）といいます。

　もし、ゼロデイアタック等で、コンピュータにマルウェアが侵入したら、被害を最小に食い止めるために次のように対処します。

（ⅰ）マルウェアの症状を特定する

　IPA（独立行政法人情報処理推進機構）の「ウイルス対策のしおり」では、次のような兆候がある場合ウイルス感染の可能性が考えられるとしています。

・システムやアプリケーションが頻繁にハングアップしたり、システムが起動しなくなったりする。
・ファイルが無くなる。見知らぬファイルが作成されている。
・いきなりインターネット接続をしようとする。
・ユーザの意図しないメール送信が行われる。
・直感的にいつもと何かが違うと感じる。

現在のマルウェアは、コンピュータ使用者に気づかれないよう巧妙に作られているため、顕著な症状が現われないこともありますが、使用者はこのような症状を少しでも感じたらマルウェアの侵入を疑う意識をもつことが必要です。

（ⅱ）感染したシステムを隔離する

　感染が疑われたら、最初にシステムを隔離します。最も簡単で確実な方法は、ネットワークケーブルを外すことです。感染したコンピュータが 1 台なら、そのコンピュータのネットワークケーブルを外します。複数台で感染が疑われる場合、最寄りのルータのケーブルを外します。無線 LAN を使用している場合はアクセスポイントの電源を OFF にします。

（ⅲ）システムの復元を無効にする

　Windows はシステムの復元機能で、自動的に復元ポイントを作成しています。マルウェアに感染した状態で、復元ポイントが作成されると、近い将来、マルウェアを含んだシステムを復元する可能性があります。
　また、いつから感染しているか明確になっていない段階で、過去の復元ポイントを使ってシステムを復元しても同様のリスクがあります。
　これを防止するため、システムの復元を無効にします。

（ⅳ）ユーザデータのバックアップを作成する

　ユーザデータのみを DVD-R 等にバックアップします。このとき、システムファイルは、マルウェアを含む可能性が高いためバックアップしないように注意します。ユーザデータにマルウェアが含まれる場合もあるため、バックアップを取得した媒体は、絶対に他のコンピュータで使用せず、状況が明らかになるまで保管します。

（ⅴ）感染したコンピュータの処置を決定する

　ウイルスに感染したコンピュータの取り扱いは、次の選択肢が考えられます。
・廃棄する。
・ハードディスクを完全消去して OS をクリーンインストールして再利用する。
・修復して使用する。

　可能な限り、廃棄、又は、クリーンインストールを推奨します。
　マルウェアの症状が発症する前に、ウイルス対策ソフトが無害化した場合は、修復して使用する選択肢も検討します。
　廃棄、又は、クリーンインストールの場合も、処分する前にマルウェアを特定し、どのような症状であったか確認して今後の対策に役立てます。

（ⅵ）マルウェアを特定し感染したシステムを修復する

　他のコンピュータで、ウイルス対策ソフトメーカのWebサイトから最新のウイルス定義ファイルをダウンロードし、CD-R等を使用してウイルス定義ファイルを感染したコンピュータに移し、オフライン更新を実施します。

　新しいウイルス定義ファイルに更新したら、フルスキャンを実施してマルウェアを検出します。もし検出されなくても、数日後、再度オフライン更新し、フルスキャンを実施します。

　ウイルス対策ソフトはマルウェアを発見したら、マルウェアを無害化します。しかし、マルウェアによる被害（システムの変更等）を修復する機能はありません。

　ウイルス対策ソフトメーカのWebサイトに、マルウェアのデータベースがあり対処方法が公開されています。検索し、記載されている対処方法を実施します。

　もし、マルウェアの被害でWindowsが正常に起動しない場合、セーフモードを使用して修復を試みます。

（ⅶ）スキャンと更新のスケジュール

　修復したコンピュータで、ウイルス対策ソフトのスキャンと更新のスケジュールを見直します。

　更新のスケジュールは、初期設定（コンピュータ起動時と数時間毎）が適切な状態と考えられます。

　スキャンは、毎日定時に実施することが望ましいですが、フルスキャンは時間がかかり、その間コンピュータのパフォーマンスが低下するため、休憩時間にスキャンするようスケジュールするのが良いでしょう。また、スキャン終了後、コンピュータをシャットダウンする機能をもつ製品もあります。この機能を利用して、業務終了時にスキャンを開始し、終了したらシャットダウンするよう設定すると便利です。

（ⅷ）システムの復元を有効にする

　コンピュータを修復して、その後も使用する場合、システムの復元を有効にし、復元ポイントを作成します。

（ⅸ）ユーザ教育

　得られた教訓をもとに臨時のユーザ教育を実施します。教育の内容には、マルウェアの感染経路、症状、対処方法の概要、予防方法を含めます。また、詳細な資料を閲覧できる措置をとります。

（ⅹ）報告

　マルウェアを発見、又は感染した場合には、感染被害の拡大と再発防止に役立てるために、IPAセキュリティセンターに届け出ます。届け出は、郵送、FAX、Eメ

ール、Web で受け付けています。

10.　ノートPCのトラブルシューティング

　ここでは、ノートPCに特有なトラブルの症状と対処方法を学習します。

　ノートPCでは、ファンクションキーにハードウェアの設定スイッチを割り当てています。これを特殊ファンクションキーといい、一般的にキーボードの左下の［Fn］キーとファンクションキーを同時に押すことで特殊ファンクションキーとして機能します。

　ほとんどの機種で、特殊ファンクションキーの機能は、各キーに青色のマークで刻印されています。

　特殊ファンクションキーの割り当てはメーカや機種によってさまざまです。例えば、ディスプレイ装置の切り替えは［Fn］+［F3］に割り当てられていることが多いですが、異なるキーに割り当てられている場合もあるため、この節では［Fn］+［画面切り替え］のように表記します。

①ノートPCの一般的な症状

（ⅰ）ディスプレイに何も表示されない

　　　［Fn］+［画面切り替え］で外部ディスプレイが選択されている可能性があります。

　　　［Fn］+［画面切り替え］キーを押して確認します。

　　　外部モニタに表示されない場合も、このキーを確認します。

（ⅱ）表示がぼやける

　　　推奨解像度とは異なる解像度を設定していることが考えられます。

　　　デスクトップの何もない場所を右クリックし、［ディスプレイ設定］で推奨解像度に設定します。

（ⅲ）表示がちらつく

　　　液晶ディスプレイのバックライトに冷陰極管を使用している場合、冷陰極管かインバーターの劣化が考えられます。

（ⅳ）キーボードが動かない

　　　キーを押した際に引っかかりが感じられる場合、キーの間のゴミを掃除すると改善する場合があります。

　　　押しても反応しないキーがある場合、メーカに修理を依頼します。

（ⅴ）無線が途切れる

　　　無線の電波レベルが低い場合、使用場所を移動するか向きを変えてみます。ま

た、可能ならばアクセスポイントの場所やアンテナの向きを調整します。

　また、電波干渉が起きている場合もあります。2.4GHz 帯を使用する IEEE 802.11b/g は Bluetooth 機器や電子レンジ等の影響を受けます。室内にそれらの電子機器がないか確認し、使用制限を検討します。

（vi）バッテリーが充電できない

　バッテリーと本体の接触不良、バッテリー劣化が考えられます。

　バッテリーを外して、本体との接触部にゴミ等の異物がないか確認します。

　バッテリーが劣化した場合は交換します。

（vii）マウスカーソルの異常

　マウスカーソルが勝手に動く、細かくぶれる等の症状は、タッチパッドの故障が考えられます。外部マウスを接続して、［コントロールパネル］－［マウス］でタッチパッドを無効にします。タッチパッドが故障している場合は、メーカに交換を依頼します。

　また、キーボード操作中に誤ってタッチパッドに触れて誤動作する場合があるので、注意しましょう。

（viii）電源が入らない

　電池切れ、又は電源アダプタの故障が考えられます。

（ix）Num Lock ランプが点灯する

　キーボードにテンキーが無い機種では、［Fn］＋［NumLk］で文字や記号の一部がテンキーの代用として使えるものがあります。テンキーの ON・OFF を Num Lock ランプで示しています。

（x）ワイヤレス接続できない

　特殊ファンクションキーに、無線 LAN や Bluetooth のハードウェアスイッチが割り当てられている場合があります。この状態を確認します。下の写真では、［Esc］キーに Bluetooth、［F2］に無線 LAN が割り当てられています。

②ノートPCの分解手順

　　ノートPCは、小型軽量化するために、各メーカ独自の部品が多く使われ、その配置も製品によって独特です。また、プラスチック製部品が多く、分解時に破損する可能性も大きいです。

　　電池とメモリは比較的簡単に交換できるように工夫されていますが、その他の部品を交換する場合、次のような配慮が必要です。

　・あらかじめメーカのマニュアルを一読し、作業中いつでも参照できる場所に置く。
　・必要な部品と工具をそろえる。
　・分解前、分解途中に写真を撮影する。
　・取り外したビス、部品の位置を記録し、ラベル等でわかるようにする。

11．プリンタのトラブルシューティング
　　ここでは、プリンタに特有なトラブルの症状と対処方法を学習します。

①インクジェットプリンタ特有の症状
（ⅰ）縞が入る
　　印字ヘッドに汚れが付いている、又はノズルに詰まりがあると、横に縞が入ります。対策は、プリンタドライバに付属している印字ヘッドクリーニングを実施します。

（ⅱ）印刷がかすれる
　　ノズルに詰まりがあると、印字結果がかすれることがあります。
　　対策は、プリンタドライバに付属している印字ヘッドクリーニングを実施します。

（ⅲ）印刷がぶれる、ぼやける
　　印刷のぶれをゴーストイメージということがあります。
　　ノズルに詰まりがある、又はキャリッジの左右の移動位置にギャップがある場合、印刷がぶれたようになります。
　　対策は、プリンタドライバに付属している印字ヘッドクリーニング又は、ギャップ調整を実施します。

（ⅳ）カラープリントの印刷カラーが正しくない
　　ある色のインクが不足している、又は印字ヘッドが詰まっていることが考えられます。インクカートリッジを交換するか、印字ヘッドクリーニングを実施します。

②レーザプリンタ特有の症状

（ⅰ）縞や線が入る

　　トナーやドラムの故障（キズ）、又は汚れの付着が考えられます。

　　対策は、製品マニュアルに従ってプリンタ付属の清掃ブラシ等で汚れを取ります。改善しない場合、トナーやドラムを交換します。

（ⅱ）印刷がかすれる、汚れる

　　トナーカートリッジ内でトナーが偏っていることが考えられます。

　　対策は、トナーカートリッジをもって、トナーが左右均質になるように静かに振ります。定着器が汚れている場合もあります。対策は、マニュアルに従って内部を清掃します。

（ⅲ）トナーが転写されない

　　特殊コーティングされている紙を使用するとトナーが定着しない場合があります。

　　対策は、対応用紙を使用します。また、トナーが定着しないとプリンタ内部がトナーで汚れます。マニュアルに従って内部を清掃します。

（ⅳ）印刷がぶれる

　　特殊コーティングされている紙を使用するとトナーが定着しない場合があり、残像が残ってぶれたように見えることがあります。

　　対策は、対応用紙を使用します。また、トナーが定着しないとプリンタ内部がトナーで汚れます。マニュアルに従って内部を清掃します。

（ⅴ）カラープリントの印刷カラーが正しくない

　　ある色のトナーが不足している、又はトナーカートリッジが故障していることが考えられます。トナーカートリッジを交換します。

③プリンタに共通の一般的症状

（ⅰ）プリンタが接続できない、動作しない

　　プリンタの電源、ケーブル接続状態を確認します。

　　後述する印刷スプールのエラーを確認します。

（ⅱ）用紙がしわになる、紙詰まり

　　対応用紙以外の用紙を使用している、用紙が湿っている、用紙が正しくセットされていない、内部に異物がある等が考えられます。また、静電帯電して紙が密着していて紙詰まりの原因になる場合もあります。プリンタ内部に異物がないか確認し、対応用紙を使用します。用紙をセットする場合、ページをパラパラとめくるよ

うにさばいてからセットします。

（ⅲ）文字化け

　　プリンタドライバが機種と整合していない、スプールファイルが壊れている等
が考えられます。

　　プリンタドライバは機種に合ったドライバをインストールします。

　　印刷途中で、プリンタの電源が強制的に OFF にされたような場合、次の開始時
にスプールファイルが途中から出力され、文字化けすることがあります。この場合、
プリンタの電源を切って PC 側でスプールファイルを削除し、プリンタの電源を再
投入して印刷をやり直します。

（ⅳ）印刷スプールのエラー

　　何らかのエラーが発生してスプールが残って放置されると、次の印刷ができな
くなり、スプールが次々に溜まっている場合があります。

　　プリンタに異常がなく、印刷されない場合、スプールファイルを確認し、もし複
数のスプールが溜まっていたら、最も古いスプールを削除します。

（ⅴ）メモリ不足

　　印刷を開始すると、PC 側にメモリ不足というエラーメッセージが表示される場
合があります。この場合、他のアプリケーションを終了するか、メモリの増設を検
討します。

　　また、プリンタ側にメモリ不足のエラーメッセージが表示される場合がありま
す。プリンタのマニュアルに従って不要なオーバーレイ※等の文書を削除するか、
メモリの増設を検討します。

　　　※オーバーレイ：レーザプリンタで、請求書等の通常よく使うフォーム（書式）を
　　　　　　　　　　　プリンタに登録しておき、そこにデータだけを作成して重ね合わ
　　　　　　　　　　　せて印刷する機能です。

（ⅵ）アクセスが拒否される

　　ネットワークプリンタに接続しようとして、アクセスが拒否される場合があり
ます。ネットワークの共有設定で、アクセス権が適切に設定されていないと考えら
れます。

　　対策は、プリンタサーバでのアクセス権の設定を確認します。

（ⅶ）カラープリントの印刷カラーが正しくない

　　インクやトナーの問題でない場合、キャリブレーション（色調合せ）を実施しま
す。

（viii）プリンタをインストールできない

プリンタが正しく接続されていない、又は、インストールしようとしているプリンタドライバと、Windows のバージョン、プリンタ機種が整合していないことが考えられます。

接続ケーブルの状態を確認し、正しいプリンタドライバを選択しましょう。

（ix）エラーコード

プリンタ本体、又は PC 側にプリンタのエラーコードが表示される場合があります。インクやトナーの残量不足を知らせるメッセージ等、エラーコードは、トラブルシューティングの大切なヒントです。

必ず、プリンタのマニュアルで症状と対処法を確認しましょう。

④プリンタのトラブルシューティングツール

（ i ）メンテナンスキット

一般に、オフィス用レーザプリンタでは、メーカから転写器、定着器、給紙コロ等の交換部品と清掃用ツール等がセットになったメンテナンスキットが提供されています。機種によって、累積印刷ページ数により交換する目安に達すると、これらの部品の交換を促すエラーメッセージが表示される場合があります。エラーメッセージが表示されたら、メンテナンスキットを購入しマニュアルに従って交換します。本体内部の清掃によって、新たなキズや汚れを作る場合もあります。清掃は、指定された道具を使って指定された方法で実施します。

（ ii ）トナー専用掃除機

床等にこぼれたトナーを掃除機で吸い取ると微粒子のトナーが掃除機内部に充満し、電気接点の火花により、粉塵発火となる可能性があります。そのため、高密度紙パックを使用しているトナー対応業務用掃除機を使用します。トナー対応掃除機がない場合、ほうきで掃き取るか、石けん水を湿らせた布等でふき取ります。

（iii）エアダスター

プリンタ内部のトナーや埃を飛ばすためにエアダスター（空気をノズルから噴射する道具）が便利ですが、スプレー式のエアダスターは可燃性ガスを含んでいる場合があるため使用を控え、手動式エアダスター（エアブロアー）を使用します。

（iv）プリンタスプーラー

プリンタスプーラーは、プリンタに出力するデータを一時保存しておく領域、又はその管理ソフトです。プリンタの処理速度が追いつかない、準備ができていない等の場合、プリンタスプーラーに出力データが溜められます。この出力データを印刷スプール、又は印刷キューといいます。Windows では、プリンタスプーラーに

スプールが溜まっていると、タスクトレイにプリンタアイコンが表示され、アイコンをクリックするとスプールデータの一時停止やキャンセル等の操作ができます。

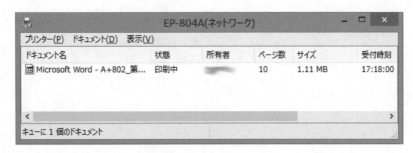

プリンタスプーラー

第4章
情報セキュリティ

4-1 情報セキュリティの基礎知識

4-1-1 情報セキュリティの分類

1. 情報セキュリティの用語と概念

　最近、さまざまな企業から顧客情報の漏洩が発生しています。情報漏洩を引き起こした企業の信用は低下し、売上の減少、顧客への損害賠償等さまざまな問題が発生します。 組織にとっての情報は重要な「資産」の1つです。こうした情報を保護し有効に活用するために情報のセキュリティを守る必要があります。

　私たちが重要な情報を紙に記録する場合、情報を記録した紙を金庫に入れて鍵をかけて保存し、権限をもつ人だけが鍵をもち、情報を操作する仕組みを決めて情報を保護しています。これは、基本的な情報セキュリティの例です。

　情報がコンピュータ処理され、ハードディスク、**CD-ROM**、**DVD** 等の電子媒体に記録される場合は、数百万の顧客データが 1 枚の **DVD** に不正に記録されて不正に持ち出されたり、ネットワークを介して世界中のどこからでも不正に情報を操作したりできるため、紙に記録した情報よりも、より強固な情報を守る仕組みを決めることが必要です。

　①セキュリティ

　　セキュリティについての定義は色々なされています。例えば、ISO7498-2 Annex A の中では、「セキュリティという用語は、資産及び資源の脆弱性を最小限にするという意味で使用する」と定義されています。

　　セキュリティの定義に関連する基本的な用語を説明します。

用語	意味
資産	組織にとって価値のあるもの全て。（Assets/アセッツ）
資源	資産の一部であり資産を維持し提供する仕組み、利用者等。（Resources/リソーシス）
脅威	セキュリティを侵犯し資産及び資源の価値を不当に低下させ得るもの全て。（Threats/スレッツ）
脆弱性	脅威によって利用され得る資産（資源）又は資産のグループのもつ弱さ。（Vulnerabilities/バルネラビリティ）

セキュリティの定義に関連する基本的な用語

　②リスク

　　ISO/IEC Guide 73:2009、標準文書の中で使用するリスク管理の用語を定めたガイドで、多くの規格に引用されています。

　　ISO/IEC Guide 73 の中で、リスクは、「ある事象の結果とその発生の起こりやすさの組合せ」と定義されています。

情報セキュリティの規格 ISO/IEC 13335-1 の中では、リスクはより具体的に「ある脅威が、資産又は資産のグループの脆弱性につけ込み、そのことによって組織に損害を与える可能性」と定義されます。

③情報資産

情報資産には、電子化された情報、紙の情報、電子化された情報を維持・提供する仕組み、紙の情報を保護する仕組み、情報資産の利用者等が挙げられます。

④脆弱性

脆弱性は、JIS Q 27000 によると「一つ以上の脅威によって付け込まれる可能性のある，資産又は管理策の弱点」と定義されています。脆弱性は、物理的脆弱性、論理的脆弱性、人的脆弱性の 3 つのカテゴリに分けて考えることができます。

脆弱性	説明
物理的な脆弱性	建物が目立っている、柵がない、入退出のチェックがない、コンピュータがワイヤー固定されていない、コンピュータ室が施錠されていない、といった例が挙げられます。
論理的な脆弱性	ファイルのアクセス権の設定がない、ウイルスチェッカーが動いていない、ファイアウォールの設定が甘い等を挙げることができます。
人的な脆弱性	パスワードを共有している（電話で教えてしまう）、無断で情報をもち出している、情報の入った USB メモリを入れたカバンを置き忘れる、紙の破棄の方法が決まっていない、といった例が挙げられます。

脆弱性の種類

⑤脅威

脅威は、JIS Q 27000 によると、「システム又は組織に損害を与える可能性がある、望ましくないインシデントの潜在的な原因」と定義されています。脆弱性を利用するものであるので、脆弱性の分類に合わせて分類することができます。

脅威	例
物理的な脅威	例えば構内への不正侵入
論理的な脅威	例えばソフトウェアのバグを突く攻撃
人的な脅威	例えば「オレオレ詐欺」のような錯誤に基づく攻撃

脅威の種類

脅威は、その性質によって分類することもできます。ISO7498-2:1989 の Appendix では、脅威を受動的、能動的、偶発的、意図的という性質に分けて紹介しています。この 4 種類は、下の表の関係にあります。

脅威	受動的	能動的
偶発的	停電	災害 誤操作削除
意図的	攻撃	攻撃

脅威の関係

これらの関係の組合せから定義される脅威は、次のとおりです。

脅威	説明
受動的な脅威	それが発生しても、システムに格納されている情報の内容、あるいは情報システムの状態が変わらない脅威です。例えば盗聴等や、設定ミスによる露出がこの脅威に相当します。
能動的な脅威	それが発生すると、システムに格納されている情報の内容、あるいは情報システムの状態が変化、喪失を引き起こす脅威です。 誤操作によるデータの消去、ウイルスによる破壊等がこの脅威の例といえます。
偶発的な脅威	計画的な意図によらず発生する脅威です。例えば、システムの故障、誤操作、ソフトウェアのバグ等が含まれます。また災害、停電、置き忘れ、ウイルス感染による情報流出等も偶発的脅威の例といえます。 「情報流出」については、例えば P2P ソフトの使用によりウイルス感染したファイルを交換したことによる情報流出であったり、設定ミスであったり、意図的ではない、偶発的な場合であっても、「インターネット上に流出した情報は元に戻らない」という点で、結果としては意図的な情報漏洩と同じ影響があります。
意図的な脅威	計画的な意図により発生する脅威で「攻撃」は全て意図的な脅威です。システムに関する専門的な知識を使った電子データへの攻撃、盗難、意図的な情報漏洩（持ち出し）、テロリストの襲撃等は悪意ある意図的な脅威といえるでしょう。セキュリティ検査ツールによるセキュリティチェックが、結果的に脅威になることもあります。 攻撃は攻撃者による次のような分類もできます。 ・　インサイダー（部内者）による攻撃 ・　アウトサイダー（部外者）による攻撃

さまざまな脅威

図は、資産（A）、脅威（T）、脆弱性（V）の関係を表わしています。
　脅威（T：スレット-Threat-）は、外側にあり、脆弱性（V：バルネラビリティ-Vulnerability-）は、資産（A：アセット-Asset-）に付いています。
　脅威(T)は脆弱性(V)を利用して、資産(A)の価値を低めようとします。（「資産の脆弱性は、脅威に利用され得る」）ここにリスクが生じます。

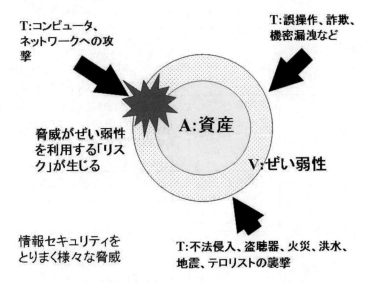

資産（A）、脅威（T）、脆弱性（V）の関係

⑥リスクマネジメント
　企業は様々な脅威にさらされています。企業価値を維持、向上させるためには、脅威に対するリスクを想定し、その影響を分析し、損失の発生を最小化するための計画と体制を整えるリスクマネジメントは重要です。なお、JIS Q 31000 では、リスクを「目的に対する不確かさの影響」と定義し、リスクマネジメントを「リスクについて、組織を式統制するための調整された活動」と定義しています。

2. 情報セキュリティの要件
　「情報セキュリティ」という言葉は、JIS Q 27000 の中では「情報の機密性、完全性、可用性を維持すること。さらに真正性、責任追跡性、否認防止及び信頼性のような特性を維持することを含めてもよい。」と定義されています。
　情報セキュリティの保護対象は「情報資産」に限定されています。情報は電子媒体に記録されたものだけでなく、紙媒体に記録されているものを含みます。
　情報セキュリティの定義では、「資産の脆弱性を最小化する」と定義されていたセキュリティの定義では不明確な「資産を守るために維持されるべき要件」が明記されています。
　情報セキュリティの維持すべき要件として挙げられている各特性の簡単な説明は次

のとおりです。なお、文中のエンティティとは「実体」「主体」などを指す言葉で、情報セキュリティにおいては、情報を使用する組織および人、情報を扱う設備、ソフトウェアおよび物理的媒体などを意味し、プロセスとはその処理手順や方法を意味する言葉です。

維持が必須の要件		意味
「機密性」を維持する		アクセスを認可された者だけが情報にアクセスできることを確実にすること。
	機密性	認可されていない個人、エンティティ又はプロセスに対して、情報を使用不可又は非公開にする特性。（Confidentiality）
「完全性」を維持する		情報及びプロセス（処理方法）が正確、完全であることを確実にすること。（完全性は整合性と訳される場合もある）
	完全性	資産の正確さ及び完全さを保護する特性。（Integrity）
「可用性」を維持する		情報及び関連する資源が、認可されたユーザ、プロセス、システムにより要求された時に、いつでも利用可能なことを確実にすること。
	可用性	認可されたエンティティが要求したときに、アクセス及び使用が可能である特性。（Availability）
維持がオプションの要件		意味
「真正性」を維持する		ユーザ、プロセス、システム、情報の同一性（本人同一性）を確実にすること。
	真正性	ある主体又は資源が、主張どおりであることを確実にする特性。（Authenticity）
「責任追跡性」を維持する		ある要素の動作を一意に追跡できることを確実にすること。
	責任追跡性	あるエンティティの動作が、その動作から動作主のエンティティまで一意に追跡できることを確実にする特性。（Accountability）
「信頼性」を維持する		意図した動作及び結果と、実際の動作及び結果に一貫性があることを確実にすること。
	信頼性	意図した動作及び結果に一致する特性。（Reliability）
「否認防止」を維持する		実行された行為の痕跡に基づいて、その行為を実行した行為者を一意に特定し、実行された行為の全て又は一部への参加を否定できないことを確実にすること。
	否認防止	ある活動又は事象が起きたことを、後になって否認されないように証明する能力。（Non-Repudiation）

情報セキュリティの維持すべき要件

3. 情報セキュリティの対策

　情報セキュリティにおいて、資産（A：アセット）、脅威（T：スレット）、脆弱性（V：バルネラビリティ）とセキュリティ対策（S：セーフガード）の関係は、図のようになります。

　脅威は脆弱性を利用して、情報資産の価値を低めようとする（「情報資産の脆弱性は、脅威に利用され得る」）ため、セキュリティ対策（S:セーフガード）は、脅威（T:スレット）と脆弱性（V：バルネラビリティ）の間に実装します。

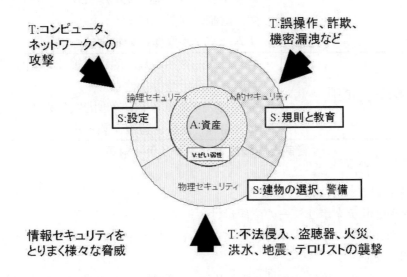

情報セキュリティ対策と脅威の関係

　脆弱性（V：バルネラビリティ）には、論理的（ソフトウェア）、人的（規則）、物理的（場所）な弱さがあるため、セキュリティ対策（S：セーフガード）も、論理セキュリティ対策、物理セキュリティ対策、人的セキュリティ対策をそれぞれ実施することになります。

　脅威と脆弱性には、論理的、物理的、人的なものがあり、それぞれの脆弱性が脅威に利用されないようにセキュリティ対策を施す必要があります。

種類	セキュリティ対策
人的な脅威と脆弱性	・人への教育 ・組織に対しての規則の作成と実施状況の監査
物理的な脅威と脆弱性	・建物の選択と建物、部屋へのアクセス制御（アクセス制御、認証、監視） ・コンピュータへの物理的な対策（アクセス制御、認証、冗長化） ・ネットワーク機器への物理的な対策（アクセス制御、認証、冗長化） ・リムーバブル媒体への物理的な対策
論理的な脅威と脆弱性	・コンピュータへの論理的な対策（暗号化、アクセス制御と認証、監視、監査） ・ネットワーク機器への論理的な対策（暗号化、アクセス制御と認証、監視、監査）

脅威と脆弱性とセキュリティ対策

4. 情報セキュリティポリシー
　①情報セキュリティポリシーの位置付け
　　情報セキュリティポリシーは、全てのセキュリティ対策をまとめるための基本原則を提示します。
　　セキュリティの対策は、論理セキュリティ、物理セキュリティ、人的セキュリティといった各分野でバランスよく実施されなければ、効果は上がりません。
　　こうしたセキュリティ対策を進めていく上では、組織のセキュリティの原則が必要になります。この原則は、情報セキュリティポリシーと呼ばれるものです。

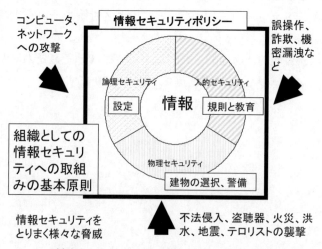

情報セキュリティポリシーの位置づけ

②情報セキュリティポリシーとは

　情報セキュリティポリシーは、組織として意志統一され、情報セキュリティを確実に実行するために具体的、かつ包括的に定められた行動や判断の原則、規則、手順です。セキュリティポリシー、ポリシー等とも呼ばれます。

　情報セキュリティポリシーは、ポリシー文書として作成されます。

③ポリシーの文書種類

　ポリシー文書は、原則、規則、手順を示す文書集で、基本ポリシー、スタンダード、プロシージャに分けられます。情報セキュリティに関して、基本ポリシーは「なぜ（Why）」、スタンダードは「何を（What）」、プロシージャは「どのように（How）」取り組むべきかを記述した文書と捉えていいでしょう。

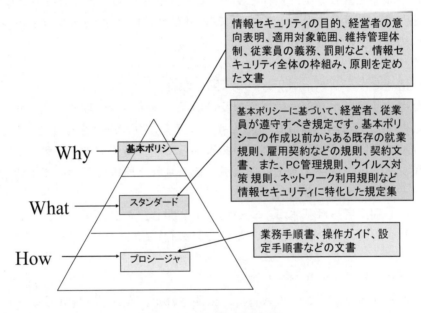

ポリシーの文書の種類

（ⅰ）基本ポリシー（基本方針）

　経営者が「情報セキュリティに本格的に取り組む」ことを宣言する文書です。組織の情報セキュリティに対する基本的な理念や方針を示す文書で、情報セキュリティの目的、経営者の意向表明、適用対象範囲、維持管理体制、従業員の義務、罰則等、情報セキュリティ全体の枠組み、原則となる内容が記述されます。「基本方針」、「ポリシー」とも呼ばれます。

（ⅱ）スタンダード（対策基準）

　基本ポリシーを実践し、組織の情報セキュリティを確保するために、実際の業務に際して経営者、従業員が遵守すべき規定です。就業規則、雇用契約、等情報セキュリティポリシーの作成以前から存在する既存の規則や契約文書、また PC 管理規則、ウイルス対策規則、ネットワーク利用規則等情報セキュリティ管理に特化した、テーマ毎に体系化された規定集です。「対策基準」とも呼ばれます。

（ⅲ）プロシージャ（手順書群）

　プロシージャは、スタンダードな内容をさらに具体化し、業務毎、部署毎に異なる詳細な手続きや手順、具体的な実装方法や操作手順を示す文書（マニュアル、操作ガイド等）です。プロシージャは、例えば使用している製品が変更になったり、業務手順の見直しがかけられたりすることで、比較的頻繁に改定が行われるので、情報セキュリティポリシーの関連文書と位置付け、セキュリティポリシー文書には含めない、とする場合もあります。

（ⅳ）情報セキュリティポリシーの公開と教育

　セキュリティポリシーは、情報及び情報システムの管理者、利用者に公開します。それは、管理者も利用者も、セキュリティポリシー文書を理解し、セキュリティ違反の無いよう行動する必要があるからです。情報セキュリティは、情報及び情報システムに関係する全ての人が、統一された原則に基づいて情報を扱わない限り守ることができません。

　ただし利用者へは基本ポリシーだけを公開し、スタンダード、プロシージャは公開せず対策の裏をかかれないようにします。

（ⅴ）セキュリティポリシーの教育

　セキュリティポリシーの教育は、公開されたセキュリティポリシーに従った情報及び情報システムの管理と利用を徹底するために必要です。セキュリティ管理に携わる管理者と情報の利用者、それぞれに必要なセキュリティポリシーの教育を計画し実施します。

　なお、ISO/IEC27002:2005 8.2.2 には「情報セキュリティの自覚、教育及び訓練（トレーニング）」の項目があり、組織の全ての従業員、関係者、契約者、サードパーティユーザは、職務の一環として、組織のポリシー及びプロシージャの定期的な更新及び適切な自覚（啓蒙）訓練を受けるべきであると定義されています。

（ⅵ）情報セキュリティポリシーの更新

　　情報セキュリティポリシーは、定期的にセキュリティ対策の評価を実施し見直します。情報セキュリティへの脅威は増しているため、作成した情報セキュリティポリシーが効果的に機能する期間には限界があります。情報セキュリティポリシーの技術的、制度的に陳腐化した部分を継続的に更新することが必要です。

　　見直しの過程で情報セキュリティポリシーに欠陥が見つかった場合は、速やかに情報セキュリティポリシーを更新し、公開して管理者と利用者、経営者の情報セキュリティへの認識を一致させることが必要です。

（ⅶ）ポリシー決定の注意点

　　情報セキュリティポリシーは、管理者、利用者に支持されなければ機能しません。一部の管理者や利用者のみに利益のあるような情報セキュリティポリシーは機能しないばかりか、新たな脆弱性を生じる原因となります。

　　例えば、情報セキュリティポリシーで必要以上に複雑で長いパスワードを利用者に強制すると、利用者はパスワードを書いた紙をディスプレイの端に貼ってしまうことがあります。

　　セキュリティポリシーの決定には次の2つの点に注意する必要があります。
■利用者にとって、必要以上に厳しくしすぎないこと。
■全ての利用者、管理者にとって公平であること。

（ⅷ）ISO/IEC 27002:2005 によるガイドライン

　　情報セキュリティポリシーをゼロから作成することは難しいため、国際基準ISO/IEC 27002 により標準的なセキュリティポリシーのガイドラインが定められています。ここに定められた項目を使用して、脆弱性の少ないセキュリティ対策の基本ポリシーを作成することができます。
・リスクのアセスメントと取扱い
・セキュリティポリシー
・情報セキュリティの組織
・資産管理
・人的資源のセキュリティ
・物理的、環境セキュリティ
・通信と運用のセキュリティ
・アクセス制御
・情報システムの取得、開発及び保守
・情報セキュリティインシデント管理
・事業継続性管理
・遵守（コンプライアンス）

4-1-2 認証

1. 認証の役割と仕組み

認証とは「本人が、本人であることを確認すること」です。「本人同一性の確認」とも呼ばれます。

2. 認証情報

「私が本人です、信じてください！」というだけでは確認できません。身元の確認には証拠が必要です。例えば、Web サイトにログインする時には、登録されているユーザアカウント名とパスワードを入力（システムに提示）します。Web サイトのシステムは、ユーザから提示された情報が登録情報と合致することを確認します。

この場合、システムは、利用者がユーザアカウントの名前とパスワードを「知っている」という「知識」に基づいて確認しています。この認証は「パスワードという知識は本人だけの秘密である」という前提で認証しています。

身元確認に使用されるのは「知識」だけではありません。ID カード、保険証、パスポート等は、「本人が所持していること」を前提として確認が行われますし、指紋や手のひら等「本人が所有している身体的な特徴」を使っても確認できます。

知識、持ち物、身体的な特徴、これらは「本人だけがもっている『属性』」と呼ばれます。本人の確認とは、こうした「属性」を確認することです。

認証は、「本人同一性の確認の根拠に、どのような属性を要素に使うのか」により、1 要素認証、2 要素認証、3 要素認証と分類されます。

「認証の 3 要素」とは、記憶、所持、生体（バイオメトリクス）情報を指します。認証技術はこの 3 要素の組み合わせで行われます。

「記憶」とは、本人だけ記憶している情報に基づいて本人同一性を確認する方法で、パスワード、パスフレーズ、PIN（Personal Identification Number）等を指します。（What users know あるいは What you know　といいます）

こうした記憶情報の機密性が守られている（他人に知られていない）ことが正しい認証の前提となります。ただしこの方法は「忘れてしまう」という問題点があります。なお、JIS Q 27002 において、質の良いパスワードの条件として次の内容が挙げられています。

1）覚えやすい。

2）当人の関連情報（例えば、名前、電話番号、誕生日）から、他の者が容易に推測できる又は得られる事項に基づかない。

3）辞書攻撃にぜい弱でない（すなわち、辞書に含まれる語から成り立っていない。）

4）同一文字を連ねただけ、数字だけ、又はアルファベットだけの文字列ではない。

5）仮のパスワードの場合、最初のログオン時点で変更する。

6）個人用の秘密認証情報を共有しない。

7）自動ログオン手順において、秘密認証情報としてパスワードを用い、かつ、その

パスワードを保管する場合、パスワードの適切な保護を確実にする。

8）業務目的のものと業務目的でないものとに、同じ秘密認証情報を用いない。

「所持」とは、本人だけ所持する「物」に基づいて本人同一性を確認する方法で、ICカードやスマートカード、ワンタイムパスワードのトークン等を指します。（What users have あるいは What you have　といいます）

こうした「物（所持）」は、他人に貸与されないことが正しい認証の前提となります。ただし「物」は紛失や盗難といった危険性、問題点があります。

「物（所持）」の紛失や盗難といった場合の安全策として、一般的に「記憶」（PIN）との組み合わせで認証します。（2要素認証）

「生体（バイオメトリクス）情報」とは、本人の生体に基づいた情報で本人同一性を確認する方法で、指紋、虹彩、顔、静脈の形等を指します。（What users are あるいは What you are　と言います）

こうした「生体」は「忘れ」や「盗難」等の問題はありませんが、「偽造」と「誤認証」の問題点があります。近年では指紋を偽造する事件が伝えられ、認証に使用する生体を目視等で偽造がないか確認する必要があります。また他人を本人と誤認証したり、本人を本人でないと誤認証したりする危険性もあります。

銀行のキャッシュカードには、カードの所有、暗証番号の入力、静脈のパターンの識別といった3要素認証を実装しているものがあります。

3. アカウント

Windows Vista 以降のバージョンでは、ユーザアカウントの種類は管理者、標準ユーザ、Guest の3種類です。

ユーザアカウント	説明
管理者	全ての設定を変更でき、PC に保存されている全てのファイルとプログラムにアクセスすることができます。 最初に登録するユーザアカウントは管理者になります。 管理者アカウントも通常は標準ユーザとしてログインしており、システムの変更等を行う場合に、管理者に昇格して操作を続行します。
標準ユーザ	ほとんどのソフトウェアを使うことができ、システム設定のうち、他のユーザや PC のセキュリティに影響しない項目を変更できます。

Windows のユーザアカウントの種類

ユーザアカウント	説明
Guest	ユーザアカウントをもたない人が一時的にコンピュータを使用するためのアカウントです。 パスワード保護されたファイル、フォルダ、及び設定にアクセスすることはできません。 標準ではオフにされています。

Windows のユーザアカウントの種類（続き）

4. パスワード

ID とパスワードによる認証は、技術的にも費用的にも最も容易に導入できるため、広く利用されています。

しかし、ID とパスワードによる認証の認証強度は、どのようなパスワードを使用するかに依存し、例えば ID と同じ文字列をパスワードとして使用してしまえば、その認証強度は著しく低下してしまいます。

多くの文字の種類を使った、より多い桁数の、意味をなさないランダムな文字列が強いパスワードといえます。しかし、パスワードはユーザが記憶して使用するものですから、記憶しにくいパスワードは良いパスワードとはいえません。

良いパスワードとは、複数の文字種類を使った、十分長いが、本人にとっては覚えやすい文字列と結論することができます。

Windows では、「複雑さの要件」として以下を定義しています。

・ユーザのアカウント名又はフルネームに含まれる 3 文字以上連続する文字列を使用しない。
・長さは 6 文字以上にする。
・次の 4 つのカテゴリのうち 3 つから文字を使う。
　　英大文字（A から Z）
　　英小文字（a から z）
　　10 進数の数字（0 から 9）
　　アルファベット以外の文字（!、$、#、% 等）

Windows における複雑さの要件

5. バイオメトリクス

バイオメトリスによる認証には、いくつかの方式がありますが、事前に生体情報の登録を行います。認証時にはIDカードの情報と生体情報の読み取り装置で読み取った生体情報を事前に登録した内容と比較照合して認証します。なお、他人を誤って本人とご認識してしまう確率を他人受入率（FAR: False Acceptance Rate）といい、本人を誤って拒否してしまう確率を本人拒否率（FRR: False Rejection Rate）といいます。

生体情報	概要
指紋(Fingerprints)	犯罪捜査にも使用される手軽で信頼性の高い認証方式。 古くからある生体認証方法で、体温等も合わせて検知することで型を取って偽造した指紋の偽装を識別する。認証現場では、指紋リーダーが配備される。 最近では入国審査時に特殊なテープを指に巻いてチェックをすり抜けた例等が知られており、多くの偽装方法がある。
掌形 (Hand Geometry)	開いた手の半を撮影し、5本の指の長さと手の厚さの6点から個人を認証する方法。 米国の主要な空港に配備され、入国審査用の無人入国審査機械（INSPASS Immigration KIOSK）に使用されている。 空港で登録すると1年間有効な専用カードが発行される。この専用カードに個人情報と掌形情報が記録され、入国時にカードを機械に挿入し、掌形を検査して本人同一性を確認する。
静脈パターン認証	手の甲の静脈パターンによる認証方法。静脈分布パターンが個人特有であることを利用する。 個人認証システムとしては、読取りセンサーが非接触のため、汚れに強く認識率の低下が少ない。FAR率が0.0001%（指紋認証0.001%）で、虹彩（アイリス）認証技術と同一レベルといわれる。
手掌スキャン (Palm Scan)	手のひらの皺、隆線、溝等を用いて認証する方法。
虹彩スキャン (Iris Scan)	アイリス（孔の周りの色のついた部分）の特徴を利用。 ディジタルカメラで撮影したアイリスのパターン画像をデータ化、事前に登録された本人のアイリスデータと照合し個人を特定する認証システム。
網膜スキャン (Retina Scan)	眼球後ろ側の網膜の血管パターンをスキャンして個体を識別する。
顔スキャン (Facial Scan)	顔の骨格、鼻の隆線、目の幅、額の大きさ、顎の形等の属性や特徴から本人を識別する。 双子等の識別は困難だが、カメラを用いた他の識別方法と併用することにより効果的な認証が可能。
声紋 (Voice Print)	サウンドスペクトログラム（声紋）による話者認識技術を使用。誤認識もあるため、他の認証方法との組み合わせが必要。

生体認証システムの種類

生体情報	概要
署名ダイナミックス (Signature Dynamics)	タブレット上で筆記するサインを利用する。 ペンの座標、筆圧等を一定間隔でサンプリングした時系列情報をサインの運筆情報として、事前に登録された本人の基準サインの運筆情報と照合し、本人のサインか識別して認証する。
キーボードダイナミックス (Keyboard Dynamics)	特定のフレーズをタイプする時の電子信号を取得する。

生体認証システムの種類（続き）

6. シングルサインオン（SSO/ Single Sign On）

シングルサインオン(SSO/Single Sign On)とは、ネットワーク上で提供される複数のサービスを利用する際に、それぞれ認証を行うのではなく、1つの認証サーバを利用して一度認証を受け、全てのサービスを利用できるようにする認証システムです。

実装方法は、Kerberos 認証システム、ディレクトリサービスの認証機能、リバースプロキシ、Web サーバ内の SSO エージェント等さまざまです。

SSO の有効性と危険性は、ISO/IEC 18028-1 13.6.5(旧 ISO/IEC TR 13335-5 13.3.5)の中の「安全なシングルサインオン(Secure Single Sign On)」の項目に記述されています。

①SSO の有効性
ユーザが覚えなければならないパスワードの数を減らすことで、同じパスワードを多くのシステムに使用するという危険な行為を軽減します。

②SSO の危険性
シングルサインオンには、認証を1回で済ませることができるという便利さとその認証サーバの仕組みが破られてしまうと、被害が拡大してしまうという危険性の両面があります。これを"keys to the kingdom"（王国への鍵）リスクといいます。

7. RAS

RAS（Remote Access Service）は、電話回線や ISDN 回線等の公衆回線を介して PPP 等データリンク層のプロトコルを使用して遠隔地ダイヤルアップ接続するコンピュータからの接続要求を受け付け、そのコンピュータ自身の資源や LAN の資源へのアクセスを提供する機能です。

PPP は上位プロトコルとして、インターネット標準の TCP/IP の他にも、Windows のファイル共有等に使用される NetBEUI、NetWare の IPX/SPX 等のプロトコルをサポートしているため、RAS でもこれらのプロトコルを利用してリソースへのアクセスが可能です（現在は TCP/IP の使用が一般的）。

RASには、公衆回線と接続するためのモデムが1台以上必要です。Windows　Serverにはルーティングとリモートアクセスというコンポーネントが用意されているため、これをインストールします。RAS用の設定はウィザードを利用して簡単に設定することができます。

プロトコルにTCP/IPを利用する場合は、RASクライアント用と自分用のIPアドレスが必要になるため、RAS自身で用意するか、DHCPサーバと連携してIPアドレスを配付する方法が採られます。

①TCP/IPネットワークにおけるセキュリティ

TCP/IPネットワークに関するセキュリティ標準には、認証に関するもの、暗号化に関するものの他、特定のソフトウェアのみに関するもの等、さまざまなものがあり、一種の混乱状態になっています。それは、そもそもTCP/IPがセキュリティを考慮せずに設計されていることが原因です。

（ⅰ）ユーザ認証技術

ユーザ認証技術は、TCP/IPで使用されるセキュリティ技術の中で最も古く、インターネットそのものよりも古いものもあります。

（a）PPPにおけるユーザ認証

PPPでのユーザ認証では、PAP（Password Authentication Protocol）とCHAP（Challenge Handshake Authentication Protocol）がよく用いられます。

1）PAP

ユーザが、自身のユーザ名（ユーザID）とパスワードを入力することによって認証を受けます。これらの認証情報は、暗号化されずにネットワークを通じて送られるため、第三者によって盗聴され、情報が漏えいする可能性があります。

2）CHAP

ワンタイムパスワード（使い捨てパスワード）を実現する際によく用いられる方式で、次の手順によりユーザ認証を安全に行います。
  ⅰ）ユーザからの認証要求を受けたサーバが、チャレンジと呼ばれる乱数列をユーザに送信します。
  ⅱ）ユーザは、サーバから送られてきたチャレンジと自身のパスワードから、レスポンス（チャレンジとパスワードを基にして、ハッシュ関数に通して得られたハッシュ値）と呼ばれる数値列を作成し、サーバに返信します。

iii) サーバは、送信したチャレンジと、あらかじめ登録しておいたユーザのパ
    スワードから、ⅱ)と同様にレスポンスを作成し、返信されたレスポンス
    と比較します。
iv) 両者が一致すれば、正当な利用者であることが証明されます。

　この方式の利点は、ユーザのパスワードがネットワーク上を流れないという
点です。加えて、ユーザとサーバの間でやり取りされるチャレンジやレスポン
スが、同じユーザでも接続のたびに異なるため、ネットワーク上での盗聴を心
配する必要がありません。

(b) RADIUS(Remote Authentication Dial In User Service)
　RADIUS は、リモートアクセス、VPN アクセス、無線アクセス等の認証
（Authentication）、認可（Authorization）、課金（Accounting）のプロトコル
として利用されます。なお、それぞれの頭文字をとって「AAA」といい、サービ
ス提供モデルの一種です。
　例えば、電話回線を使ったリモートアクセスの場合、リモートアクセスサー
バ（RAS）がユーザ認証を実施しますが、RADIUS を導入することにより、認
証サービスと認証データベースを RADIUS サーバに配置することができます。

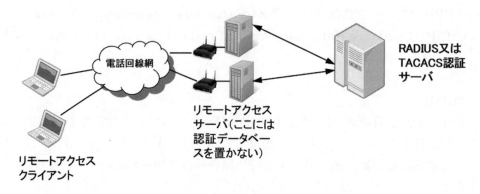

リモートアクセスに RADIUS 認証を使用する場合のモデル

　RADIUS には認証（Authentication）、承認（Authorization）、課金
（Accounting）の機能があり、UDP の 1812 番(Accounting 用に 1813 番)ポー
トを使用します。

1)RADIUS クライアントと RADIUS サーバ
　RADIUS クライアントは、一般的にリモートアクセスサーバ（RAS）です。
従来、リモートアクセスサーバ（RAS）で実行していた認証機能が、RADIUS

サーバで実行されるため、リモートアクセスサーバ（RAS）が RADIUS サーバのクライアントになります。

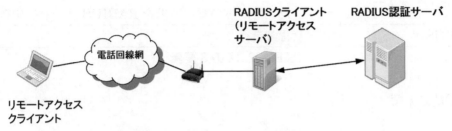

RADIUS クライアントと RADIUS サーバ

2) 認証及び承認

RADIUS では、認証（Authentication）、承認（Authorization）が組み合わされて使用されます。RADIUS サーバからネットワークアクセスサーバに送信されるアクセス許可パケットには、承認（アクセス許可）情報が含まれるため、認証機能と承認機能を分離して別々のサーバに分担させることが困難です。

3) 課金

Accounting 機能が一般的に「課金」と訳されていますが、ログインユーザのログを取るので Accountability（責任追跡性）を確実にするという意味があり、それを課金にも応用できるということです。RADIUS の課金機能は別のサーバに分離することができます。

4) パケットの暗号化

RADIUS の通信では、RADIUS クライアント（ネットワークアクセスサーバ）から RADIUS サーバへのアクセス要求パケット内のパスワード部分だけが暗号化され、ユーザ名、許可されたサービス、アカウンティング等、それ以外の内容は暗号化されません。

5) 弱点

RADIUS サーバと Web サーバとの間の固有の傾向から、バッファオーバフロー攻撃を受ける可能性があります。

(c) IEEE 802.1X

スイッチやルータ、無線 LAN アクセスポイントに接続するユーザを認証する技術です。認証には、次の 3 つが必要です。

名称	概要
サプリカント	認証を行うクライアントソフトウェア
オーセンティケータ	IEEE 802.1X 対応するアクセスポイントやルータ サプリカントからの認証要求を RADIUS サーバへ中継
RADIUS サーバ	ユーザ認証を行うサーバ

IEEE 802.1X の 3 要素

1)認証手順

①ユーザを未認証の状態に設定
②ユーザの資格情報を要求
③ユーザ名、パスワードを応答

④ユーザの資格情報を転送
⑥ユーザのアクセスを許可

⑤ユーザの資格
情報を検証

サプリカント　　　　　　　　　　オーセンティケータ　　　　　　　RADIUSサーバ

IEEE 802.1X の認証手順

　　サプリカント⇔オーセンティケータ⇔RADIUS サーバの通信には、EAP（Extensible Authentication Protocol）という、PPP を拡張して各種の認証方式を使用できるようにした認証プロトコルが用いられます。サプリカントとオーセンティケータの間では EAP over LAN が用いられ、オーセンティケータと RADIUS サーバの間では EAP over RADIUS が用いられます。

(d)　TACACS（Terminal Access Controller Access Control System）
　　インターネットの基盤となった ARPANET の時代に開発された、リモートアクセスにおけるユーザ認証を行うためのプロトコルです。認証と承認の機能をもちますが、課金の機能はありません。

(e)　XTACACS（eXtended TACACS）
　　TACACS では通信に UDP が用いられていたため、パケットシーケンスが管理されず、メッセージ全体が到着していることを確認しなければなりませんでした。この不便さを解消するために Cisco Systems 社によって開発されたプロトコルが XTACACS です。
　　XTACACS では、使用するプロトコルが TCP に変更されました。その結果、メッセージのパケット分割と結合が確実に行えるようになりましたが、リモートアクセスにおける認証を集中管理するために必要な全ての機能を提供するわけではありません。

(f)　TACACS+（Terminal Access Controller Access Control System Plus）

　　上記のような XTACACS の欠点を解消すべく、Cisco Systems 社が開発した
プロトコルです。TACACS や XTACACS とは全く異なるパケット形式が用い
られ、これらとの互換性はありません。

　　TACACS+は機能的には RADIUS と非常によく似ていますが、標準で TCP
ポート 49 を使用し、認証、承認、課金のそれぞれを分けて扱います。
TACACS+は PAP、CHAP、及び MD5 ハッシュを使用しますが、認証スキー
ムの一部として Kerberos を使用することもできます。

　　TACACS+のセッションでは、シーケンス番号は常に 1 から始まるため、リ
プレイ攻撃に対する防御機能は提供されません。

(g)　Kerberos

　　Kerberos は、中規模以上のネットワークにおいて、リソースへのアクセス
を要求するユーザとサービスを認証するためのネットワーク認証プロトコルと
して広く利用されています。

　　リソースへのアクセスを要求するユーザやサービスの認証情報を集中管理す
るように設計されており、現在のバージョンは 5 です。

　　Kerberos は、クライアント（ユーザ、サービス、コンピュータ等）、リソー
スサーバ、及び KDC（Key Distribution Center）により構成され、次の手順
で認証とリソースに対するアクセス許可を実行します。

1)　クライアントが KDC にアクセスし、パスワード等の方法によって認証を受
　　けます。

2)　認証に成功した場合、KDC は TGT（Ticket Granting Ticket：チケット付与
　　チケット）を発行します。TGT は、セッションがアクティブな間はローカ
　　ルにキャッシュされて使用されますが、クライアントがログオフ等によっ
　　てネットワークから切断した時点で無効となります。

3)　クライアントがサーバのリソースにアクセスする場合、クライアントが取得
　　済みの TGT を KDC に提示します。

4)　KDC は、アクセス対象のリソースに対するセッションチケットを発行しま
　　す。

5)　クライアントがサーバにセッションチケットを提示します。

6)　サーバはチケットを検証してリソースを提供します。

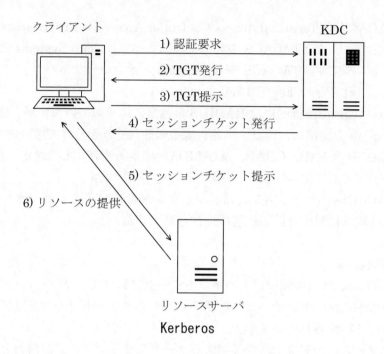

クライアント　　　　　　　　　　　　　　　KDC

1) 認証要求

2) TGT発行

3) TGT提示

4) セッションチケット発行

5) セッションチケット提示

6) リソースの提供

リソースサーバ

Kerberos

Kerberos では、否認やリプレイ攻撃、資格情報の詐称等の防止を目的としてタイムスタンプが用いられます。タイムスタンプはチケットの中に記録されており、チケットのタイムスタンプとチケットを受け取ったサーバの設定時刻とのズレが大きい場合には、認証に失敗するようになっています。

(h) SSH（Secure Shell）

　　SSH は、暗号や認証の技術を用いて、標準的な Telnet、rlogin、rsh、rcp 等のコマンドを置き換えたものです。セッションを暗号化するために、公開鍵暗号方式を用いるサーバとクライアントから構成され、これらの間でやり取りされるデータの機密性と完全性を保証します。

　　クライアントがサーバとの安全なセッションを確立したい場合、クライアントは SSH セッションを要求して通信を開始します。要求を受けたサーバは、クライアントとハンドシェイクを実行します。ハンドシェイクには、プロトコルバージョンの検証が含まれます。次に、セッション鍵がクライアントとサーバの間で交換され、交換後にサーバのキャッシュとの検証が完了すると、クライアントは安全なセッションを開始することができます。

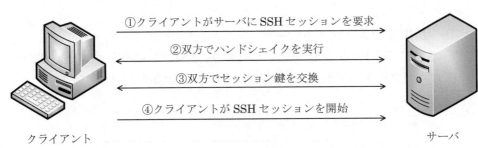

①クライアントがサーバに SSH セッションを要求
②双方でハンドシェイクを実行
③双方でセッション鍵を交換
④クライアントが SSH セッションを開始

クライアント　　　　　　　　　　　　　　　　　　　　サーバ

SSH の認証手順

　SSH の暗号化機能には、ローカルホスト上のアプリケーションポートを、暗号化された通信路を使って転送できる、という特徴があります。この機能をポート転送と呼び、これによって、例えばファイアウォールにより SSH しか通さないようなフィルタリング設定を行っている場合でも、内部ネットワークとリモートアプリケーション間で通信することが可能になります。

(i) IPsec

　IPsec は、「暗号化されたセキュリティサービスを使用して、インターネット上でプライベートで安全な通信を行うためのオープンスタンダードの枠組み」です。つまり、特定の認証方法やアルゴリズムに限定されません。多くのセキュリティ標準がアプリケーション層で実装されるのに対し、IPsec はネットワーク層で実装されます。そのため、ユーザが各アプリケーションを IPsec に対応させる必要がなく、任意のアプリケーションに対して使用することができます。

　IPsec は、AH、ESP、IKE 等のプロトコルから構成されており、パケット単位で相手認証、盗聴や改ざんの防止等を実行します。

プロトコル	機能
AH（Authentication Header：認証ヘッダ）	データ認証と改ざんの検知
ESP（Encapsulating Security Payload：暗号化ペイロード）	暗号化
IKE（Internet Key Exchange）	暗号化アルゴリズムの情報や共通鍵を交換

IPsec を構成する主なプロトコル

1)IPsec の動作モード

　IPsec には次の 2 つの動作モードがあり、AH 又は ESP の一方のみを用いたものと、両者を併用したものが利用できますが、多くの場合、ESP のみが用いられます。

i)　ESP トランスポートモード

　端末間での IPsec 通信を想定しており、ESP のみを用いる場合、TCP ヘッダ以降のデータが ESP によって暗号化される範囲となります。

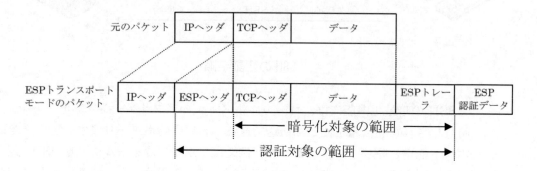

ESP トランスポートモードのパケット

ii)　ESP トンネルモード

　ネットワークのゲートウェイ間での IPsec の通信を行うことを想定しており、ESP のみを用いる場合、内部ホスト向けの IP ヘッダまでが ESP によって暗号化される範囲となります。ゲートウェイにおいて、相手先のゲートウェイの IP アドレスを新たに付加して送信します。

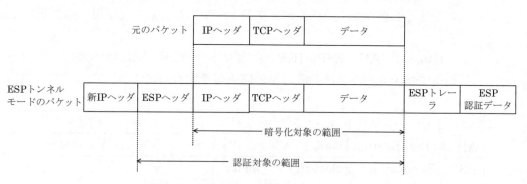

ESP トンネルモードのパケット

2)IPsec の手順の概要

　i)　IKE（Internet Key Exchange）フェーズ

　　通信の両端で

　　・暗号化やハッシュの方式等の選択

　　・秘密鍵を共有するためのパラメータの交換

　　・通信相手を相互認証

等を行い、制御用トンネル（ISAKMP SA ; Internet Security Association and Key Management Protocol Security Association）を1本作ります。

　なお、ここで行われる認証は機器単位での認証ですが、相互認証にワンタイムパスワードを使うことによりユーザ単位の認証を可能にした XAUTH（eXtended Authentication within IKE）という方式もあります。

ii)　通信用トンネルの作成

　制御用トンネルを使って情報をやりとりして、通信用トンネル（IPsec SA）を、上り用と下り用の2本作ります。

iii)　IPsec による暗号化通信

　通信用トンネルを使って IP パケットを安全に運びます。

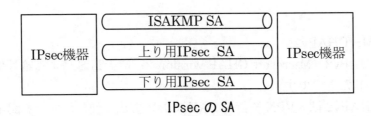

IPsec の SA

(j)　EAP（Extensible Authentication Protocol）

　EAP は、各種の独自手法的な認証技術が開発される中、認証技術の標準化を図るために開発されました。EAP は通常の意味でのプロトコルではなく、EAP 準拠のアプリケーションが各種の認証方式のいずれかを用いる際に利用される「PPP ラッパー」として機能します。

現在、EAP を利用しているのは次の6つです。

1)EAP-PSK（EAP Pre-Shared Key）

　主に無線ネットワークでの認証を行うために用いられる、事前共有鍵を使用した相互認証、及びセッション鍵生成のための拡張認証プロトコル方式です。相互認証が成功した場合、双方が通信するための保護された通信チャネルを提供します。

2)EAP-TLS（EAP Transport Layer Security）

　無線ネットワークでのみ使用され、サーバとクライアントの双方で証明書を要求する相互認証を行います。クライアントのみが認証情報を送信する一般的な認証方式とは異なり、サーバ側の詐称を検知・防止することができます。クライアント側では、証明書の代わりにスマートカード等を使用することも可能です。

3)EAP-TTLS（EAP Tunneled TLS）

ハンドシェイクフェーズとデータフェーズからなる、TLS セッションをカプセル化する方式です。

ハンドシェイクフェーズでは、サーバはユーザ名とパスワード等によりクライアントを認証します。そして、後続のデータフェーズでの情報交換用の安全なトンネルを作成するために使用される鍵が生成されます。

データフェーズでは、セキュアトンネルを用い、カプセル化された任意の認証方式を使用して、クライアントがサーバから認証されます。カプセル化された認証方式には、EAP、PAP、CHAP 等が使用できるため、従来のパスワードベースの認証プロトコルを既存の認証データベースに対して使用しながら、これらのレガシープロトコルのセキュリティを盗聴や中間者攻撃等の攻撃から保護することができます。データフェーズは、追加の任意のデータ交換にも使用できます。

4)EAP-MS-CHAPv2

MS-CHAPv2（Microsoft CHAP version 2）に、TLS による暗号化通信の機能を追加したものです。

MS-CHAPv2 は、VPN や無線 LAN において広く使われている認証方式ですが、パスワードが完全に解読されてしまうという脆弱性が発見されたため、これに対応することを目的として開発されました。

5)EAP-MD5

認証資格情報の暗号化に MD5 ハッシュのみを使用するものです。セキュリティ強度が弱いため、6 種類の中では、利用される機会は最も少ないです。

6)LEAP（Lightweight Extensible Authentication Protocol）

Cisco Systems 社が開発した、共有の秘密情報としてログオンパスワードを使用して、クライアントと RADIUS サーバ間の強力な相互認証をサポートする無線 LAN 用の認証方式です。動的なユーザ単位、セッション単位の暗号化キーを提供します。

4-1-3 暗号化

データを権限なしの照会や使用から保護する方法に暗号化技術があります。通信データの漏えいや改ざんといった犯罪を防止するためには暗号化は欠かせません。

1. 暗号技術の用語

用語	意味
平文 （ひらぶん）	暗号化されていない文のことです。プレーンテキスト(Plain Text)、クリアテキスト（Clear Text)とも呼ばれます。
暗号化	平文を暗号文にすることです。エンクリプト(Encrypt)とも呼ばれます。
暗号文	暗号化された文です。サイファーテキスト(Cipher Text)、クリプトグラム(Cryptgram)等とも呼ばれます。
復号	暗号文から元の平文にすることです。デクリプト(Decrypt) とも呼ばれます。復号化と表現される場合もありますが、正しい用語ではありません。

暗号技術の用語

2. 暗号の大まかな分類

暗号はさまざまに分類されますが、ここでは暗号化と復号という変換の方向で分類します。この分類では、双方向暗号と一方向暗号に分類できます。

①双方向暗号

双方向暗号とは、暗号化と復号の両方が実行可能な暗号です。一般的に暗号といえば、この双方向暗号を指します。

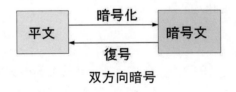

双方向暗号

②一方向暗号

一方向暗号とは、暗号化のみ実行可能な暗号で、復号できない暗号のことです。機密性の観点からはあまり意味がありませんが、完全性を保証する（改ざん防止）メカニズムの一部に使用される重要な暗号です。

一般的には、ハッシュ関数を使って実装されています。

一方向暗号

3. 暗号技術の要素

暗号技術には、暗号アルゴリズムと鍵（キー）という2つの要素があります。

①暗号アルゴリズム

暗号アルゴリズムは、平文を暗号化／復号する処理手順を明確に表現したものです。（アルゴリズム/algorithm は、「算法」と訳されます。JIS 規格では「明確に定義された有限個の規則の集まりであって、有限回適用することにより問題を解くもの」と定義されています。）

一般的な暗号アルゴリズムには、換字(substitution)、転置(permutation)といった方式が使われます。

（ⅰ）換字 (substitution)

換字は、平文の文字を別の文字に変換します。変換は、変換表を使って文字を置き換える方法と、文字をずらす方法があります。

「単文字換字暗号」は前者で、1文字ずつ置き換える変換表を使います。

「シーザー暗号」は後者で、文字をn個ずらします。

（ⅱ）転置(permutation)

転置は、平文の文字の位置を置き換えます。転置することで、元の平文の文字が失われることはありません。

（ⅲ）鍵（キー）

暗号化／復号を行なうために、暗号アルゴリズムの中で使用される情報を鍵（キー）と呼びます。例えば「シーザー暗号」では、「文字をn個ずらす」というアルゴリズムを使い、このnに入る数値が「鍵（キー）」になります。

「鍵（キー）」は、元の平文とは無関係の独立した値で、同じ暗号アルゴリズムを利用しても鍵を変えることで、同じ平文から異なる暗号文が生成されます。

ハッシュ暗号では、通常は外部から暗号アルゴリズムへ鍵を与えません。

4. 暗号のより詳細な分類

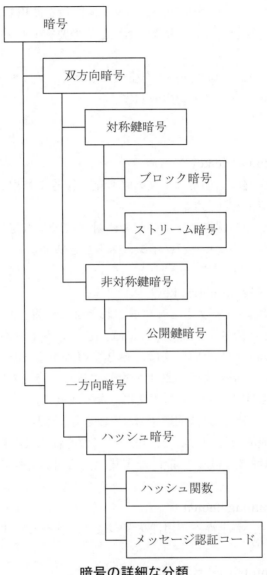

暗号の詳細な分類

　双方向暗号は、鍵の性質と使用方法により分類されます。

　対称鍵暗号は、1つの鍵を暗号化と復号に使用する暗号です。共通鍵暗号とも呼ばれます。この対称鍵暗号は、変換方法により、対称鍵ブロック暗号(block cipher)と対称鍵ストリーム暗号(stream cipher)に分けられます。

　非対称鍵暗号は、2つの鍵をペアで使用する暗号です。生成した1組（ペア）の鍵の1つで暗号化し、もう1つで復号します。この暗号はほとんど公開鍵暗号として実装されています。

　公開鍵暗号は、2つの鍵の性質を変えた非対称鍵暗号です。この暗号では、1つを本

人の秘密にする秘密鍵（プライベートキー）とし、もう1つを全員に公開する公開鍵（パブリックキー）とします。

　一方向暗号は、ハッシュ暗号と呼ばれ、ハッシュ関数を使用します。通常は鍵を使用せず、平文（メッセージ）をハッシュ関数に渡し、その要約（メッセージダイジェスト）を生成します。

　HMACは、「メッセージ認証コード」を生成するため、メッセージと対称鍵暗号の鍵を与えてメッセージダイジェストを生成します。

5. 暗号化技術の概念
①対称鍵暗号（Symmetric key）
　対称鍵暗号の秘密鍵は、通常は平文の暗号化と復号に利用され、データの機密性を維持するために使用されます。

　応用としてメッセージ認証コードの中で、対称鍵暗号の秘密鍵は、平文と一緒にハッシュ関数に渡されメッセージダイジェストを生成するために使用されます。

②非対称暗号化鍵（Asymmetric key）
　非対称鍵暗号の鍵は、1ペアとして生成された2つの鍵（キーペア）になります。1つの鍵で暗号化した暗号文を復号するには、必ずもう1つの鍵を使います。

　例えば、鍵1で暗号化した暗号文は、鍵2で復号することで、元の平文になります。鍵2で暗号化した暗号文は、鍵1で復号することで元の平文になります。暗号化に使用した鍵で復号しても、元の平文にはなりません。

　非対称鍵暗号は、一般的に「公開鍵暗号」として実装されています。公開鍵暗号は、非対称鍵暗号の一般的な使用方法で、キーペアのそれぞれの鍵の性質を変えた応用といえますが、非対称鍵暗号の一般的な実装は、公開鍵暗号です。

③鍵の管理（Key management）
　暗号鍵は、機密性、完全性、可用性を保つように管理します。

（ⅰ）機密性（Confidentiality）・暗号鍵の機密性
　暗号鍵の機密性が失われると暗号文の機密性が失われることになるため、通信の暗号化に使用される対称鍵の機密性は、通信する二者間で秘密に、公開鍵暗号の秘密鍵（プライベートキー）やファイルの暗号化に使用される対称鍵暗号の秘密鍵は、本人だけの秘密にして機密性を守ることが必要です。

　例えば、暗号鍵の配送時の機密性は、鍵自身の暗号化、知識分割（splitknowledge）に基づいた鍵の分割の適用で確保できます。また物理的に媒体を使って鍵を配送する場合は、郵送事業者が提供する適切な物理的、手続き的な保護を1つ以上用いて保護します。

（ⅱ）完全性（Integrity）・暗号鍵の完全性

　暗号鍵の完全性が失われると、それ以前に暗号化された暗号文は元の平文に戻せなくなります。このため暗号鍵の完全性維持は、機密性の維持と同様に重要です。

（ⅲ）可用性（Availability）・暗号鍵の可用性

　暗号の「鍵」が破損、紛失等の理由で必要なときに利用できない場合、暗号文の復号ができなくなります。こうした事態に備えて、暗号の「鍵」はバックアップを安全な場所に保管し復元できるようにします。（第三者に鍵を預けるキーエスクローは、必ずしも可用性を得るための仕組みとして提供されるわけではありません。）

■通信での対称鍵暗号鍵の管理の困難性

　対称鍵暗号を通信で使用する場合、対称鍵は通信相手毎に異なる鍵が必要です。n 人が 2 人ずつ相互に通信する場合、送信者と受信者の組合せが同一ならば同じ鍵が使用できるため、鍵の総数は、n 人から 2 人を選ぶときの組合せの数 $_nC_2$ で求めることができます。

$$\text{鍵の総数} = {}_nC_2 = \frac{n(n-1)}{2} \text{ 個}$$

　したがって、2 人の間の通信ならば鍵は 1 個、3 人の間の通信ならば鍵は 3 個ですが、100 人の間の通信ならば鍵は 4,950 個必要になります。このように、互いに通信する相手が増えると、鍵の数が激増するため、鍵の管理と事前の共有は難しくなります。

④否認防止（Non-Repudiation）

　否認防止(Non-Repudiation)とは、ある活動又は事象が起きたことを、後になって否認されないように証明する能力です。

　否認防止を維持することは、実行された行為の痕跡に基づいて、その行為を実行した行為者を一意に特定し、実行された行為の全て又は一部への参加を否定できないことを確実にすることです。

　このため否認防止には、暗号を使った改ざん防止の（完全性を確実にする）技術と、認証（真正性を確実にする）技術が組み合わされます。前者はハッシュ関数やメッセージ認証コード、後者はディジタル署名です。

⑤ディジタル署名 （Digital signatures）

　ディジタル署名(電子署名)は、否認防止を維持するために使用されるメカニズムの
1つです。

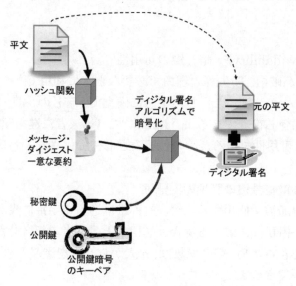

ディジタル署名

　ディジタル署名は、改ざんの検査のためにハッシュ暗号（ハッシュ関数）が生成し
た元の平文の要約（メッセージダイジェスト）を保護するために、つまり「自分が生
成したことを保証する」ために、公開鍵暗号の本人の秘密鍵(プライベートキー)を使
ってメッセージダイジェストを暗号化し、ディジタル署名を生成します。

　ディジタル署名を使った改ざんの検証には、3つの操作が必要です。最初にディジ
タル署名を署名に使った秘密鍵とペアの公開鍵で復号し、メッセージダイジェスト
に戻します。次に、ディジタル署名の元になったメッセージダイジェストの生成に
使ったのと同じハッシュ関数を使って、手元にある平文のメッセージダイジェスト
を生成します。そしてディジタル署名から復号したメッセージダイジェストと平文
から生成したメッセージダイジェストを比較して、同じであれば平文は改ざんされ
ていないことがわかります。

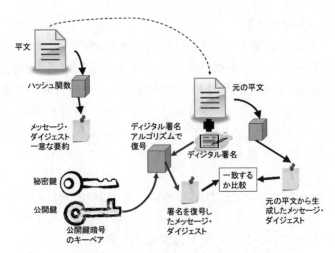

ディジタル署名を使った改ざんの検証

　ディジタル署名の脆弱な点は、このままでは復号に使う公開鍵の真正性が保証されないことです。そのため、公開鍵がディジタル署名をした本人の物であることを信頼できるようにするために「公開鍵証明書」や直接ディジタル署名された公開鍵が使用されます。

　ディジタル署名には、RSA 署名方式と、DSS(Digital Signature Standard)ディジタル署名標準の中の DSA 署名方式があります。

ディジタル署名		概要
RSA署名方式		ハッシュ関数で生成した平文のメッセージダイジェストを、送信者の秘密鍵で暗号化して署名を作成します（RSA PKCS#1 で規定されています）。 鍵の長さは、1,024、2,048、3,072bit等
DSS(ディジタル署名標準)		DSS(Digital Signature Standard) ディジタル署名標準は、ハッシュ関数で生成した平文のメッセージダイジェストを、送信者の秘密鍵と通信相手と共有している公開鍵で署名を生成します。 DSSは、FIPS PUB 186で公開されたディジタル署名標準です。
	DSA署名方式	DSA(Digital Signature Algorithm)署名方式は、DSSの署名アルゴリズムの1つとして発表された方式です。鍵の長さは、1,024、2,048、3,072bit等 ハッシュ関数にSHAを使用します。ハッシュ関数の出力に、送信者の秘密鍵と素数を組み合わせて計算し署名を生成します。ElGamalの発表した仕組みをSchnorrの発表した仕組みで改良して利用しています。
	ECDSA署名方式	ECDSA(Elliptic Curve DSA)は、DSA署名方式を改良した署名方式です。 鍵の長さは、160、224、256bit

ディジタル署名方式

⑥アルゴリズムの強度の比較

暗号アルゴリズムの強度は、暗号の強度を示す尺度の1つです。

暗号が完全に安全であることは、鍵を知らずに不正に暗号を解読しようとする者（タンパー/Tamper）が鍵を見つけ出して解読するまでの時間が無限、つまり解読不可能である場合を指します。ワンタイムパッドや量子暗号を除いて、一般的な暗号は全数検索（ブルートフォース）攻撃の結果、いつかは鍵を見つけ出されてしまうため「計算上安全」という考え方を使います。

暗号が、「計算上安全」といわれるためには次の2つの条件を満たしている必要があります。
■暗号を解読するコストが、暗号文の情報より高い 。
■暗号を解読する時間が、暗号文の情報が有効である期間より長い。

解読にかかる時間は「暗号の強度」と呼ばれます。「実用上十分な暗号の強度」とは、解読まできわめて長い時間のかかる暗号です。暗号の強度は、次の3つの要素で決まります。

（ⅰ）暗号アルゴリズムの複雑さ

鍵を知らなくても暗号文を解読できるような単純な暗号アルゴリズムでは暗号の強度は弱くなります。暗号アルゴリズムには、鍵を知らなければ復号できない複雑さが必要です。例えば、シーザー暗号のような暗号化アルゴリズムは、比較的簡単に鍵を探り出し暗号を解読できます。

（ⅱ）鍵の機密性

悪意のある第三者（Tamper/タンパー）に鍵を探り出され、鍵の機密性が破られると、正当な使用者として暗号を利用されてしまいます。鍵を探り出す単純な方法は、鍵の構成要素の組み合わせを全て試すことです。

（ⅲ）鍵の長さ

鍵の長さは、鍵の値の組み合わせの数を決定します。暗号化アルゴリズムが同じ場合、鍵の長さが長いほうが暗号の強度は上がります。

例えば、10bitの鍵の組み合わせは$2^{10}＝1,024$通りですが、13bitの鍵の組み合わせは$2^{13}＝8,192$通りです。したがって、1つの検査に1秒かかる場合、10bitの鍵の検査には約17分、13bitの検査にはその8倍の約136分、すなわち2時間16分程度かかることになります。

4-1-4　データバックアップ

1. データバックアップ

　さまざまな脅威による情報システムの喪失やデータの改ざんが発生した場合、定められた時間内に情報システム及びデータを復旧するために、計画的なバックアップが必要です。情報システムの拠点（サイト）が使用不能になる場合に備え、データは物理的に離れた安全な場所に保管される必要があります。データバックアップは、事業継続性計画の基本的な要素です。

　バックアップ装置は、バックアップ対象の装置に接続する直接バックアップ、ネットワークを介してバックアップを行うリモートバックアップがあります。特に重要なデータについては、高速回線で接続し常時安全な遠隔地のサイトへのバックアップが行われる場合があります。このような方法は、レプリケーションと呼ばれることがあります。

①バックアップデータの保存媒体の保管場所

　バックアップデータを保存する媒体は、情報システムが喪失しても存在し、業務の継続性を維持させるために、可能な限り早く代替システム上に復元できなければなりません。

　このため、バックアップ媒体は情報システムの設置場所から多少離れた安全な場所（代替拠点となりえる安全な建物等）に保管される必要があります。

　同じ場所に保管する場合は、少なくとも耐火金庫に入れて媒体を保管します。また、災害発生時はネットワーク自体がダメージを受けている場合も考えられるのでネットワークを介したバックアップ／復元システムに依存してしまうことは危険性を伴う場合があります。

　バックアップには、次の3種類があります。
　■フルバックアップ
　■差分（ディフェレンシャル）バックアップ
　■増分（インクリメンタル）バックアップ

②ファイルのアーカイブ属性

　例えば、Windowsのファイルシステムでは、ファイルが新しく作成されたり、変更されたりした時には、ファイルのアーカイブ属性がONになります。バックアップ時には、アーカイブ属性の状態により、実際のバックアップ対象が変化します

バックアップの種類	特徴	バックアップ後の アーカイブ属性
フル	全てのデータをバックアップ	クリア（OFF）
差分 （ディフェレンシャル）	バックアップ時点でアーカイブ属性がONになっているファイルだけバックアップ	変化なし
増分 （インクリメンタル）	バックアップ時点でアーカイブ属性がONになっているファイルだけバックアップ	クリア（OFF）

バックアップ方法の比較

③バックアップ方法の組合せ

バックアップは通常、次の種類の組合せで実施します。

■フルバックアップのみ

■フルバックアップ＋差分バックアップ

■フルバックアップ＋増分バックアップ

組合せ	特徴
フルバックアップのみ	毎回同じ量のバックアップが実施されます。ディスクの容量が大きいと時間がかかります。
フルバックアップ ＋差分バックアップ	例えば日曜日にフルバックアップを実施し、月曜日〜土曜日に差分バックアップを行います。差分バックアップはアーカイブ属性をクリアしないので、新しいファイルが作成されたり、異なるファイルが修正されたりすると、差分バックアップの時間は増えていきます。
フルバックアップ ＋増分バックアップ	例えば日曜日にフルバックアップを実施し、月曜日〜土曜日に増分バックアップを行います。増分バックアップは、アーカイブ属性をクリアするので、増分バックアップ後に作成されたか、修正されたファイルのみをバックアップします。

※差分バックアップ＋増分バックアップの組合せはない。

バックアップの組み合わせ

2. データの復元

データ復旧には、バックアップからの復元を行うことが一般的です。復元の方法は、バックアップの方法の組合せ毎に異なります。

組合せ	特徴
フルバックアップのみ	障害が発生した、直前に実施したフルバックアップのデータを復元します。フルバックアップから障害発生までのデータは失われる場合があります。
フルバックアップ＋差分バックアップ	最後に実施したフルバックアップのデータを復元し、次に最後に実施した差分バックアップのデータを復元します。差分バックアップから障害発生までのデータは失われる場合があります。
フルバックアップ＋増分バックアップ	最後に実施したフルバックアップのデータを復元し、その後に実施した増分バックアップのデータを古い順に復元します。増分バックアップのデータの復元順を間違えるとデータが失われる可能性があります。また最後の増分バックアップから障害発生までのデータは失われる場合があります。

バックアップの復元方法

3. バックアップメディア

　バックアップデータの保存媒体には、光ディスク、テープ（DAT）、MO、フラッシュメモリ、他のコンピュータのハードディスク等があります。

4. オンラインストレージ

　オンラインストレージは、インターネット経由でファイルの保管領域を貸し出すサービスです。インターネットに接続できる環境があれば、ファイルの保存や削除、参照が自由にできるので、さまざまな場所で使用することができます。

5. システムバックアップ

　システムバックアップは、何らかの原因で PC が起動しなくなったときに備えて、OS やアプリケーションの設定情報も含めてシステム全体をバックアップします。

　システムバックアップの方法には、D2D（Disk to Disk）とイメージバックアップの2つの方法があります。

　D2D は、システムを丸ごとハードディスクにコピーする方法です。

　イメージバックアップは、システムを丸ごと1つのファイルにイメージデータとして保存する方法です。

4-1-5 代表的な攻撃手法

1. サービス妨害

①DoS

　DoS(Denial of Service)攻撃は、大量のパケットや異常形式のパケットを送りつけてネットワーク機器やサービスを利用できない状態に陥れる攻撃です。サービス妨害攻撃、サービス拒否攻撃等とも呼ばれます。妨害の対象は、一般的にインターネット上の公開サーバのサービスです。

　DoS 攻撃には、次のようなものがあります。

名称	概要
Land 攻撃	送信元 IP アドレス、送信元ポート、宛先 IP アドレス、宛先ポートを全て同じに設定した異常な IP パケットを攻撃対象に送信し、クラッシュあるいは機能低下させる攻撃です。
Ping of Death 攻撃 Jolt 攻撃	IP データグラムの最大長 65,536Byte から IP ヘッダ(20Byte)と ICMP ヘッダ(8Byte)を引いた 65,508Byte より長い ICMP パケットを送信し、システムを破壊する攻撃です。最大サイズを超えたフラグメント化した IP パケット群の組み立て時にエラーを引き起こさせ、バッファオーバフローを狙います。Jolt は最大サイズを超えるパケットを送信することができるプログラムの名前です。
SYN フラッド(SYN flood)攻撃	TCP のコネクションの確立時の 3way hand shake、途中で止める攻撃です。送信元の IP アドレスは、存在しないアドレスに偽装されています。
メール爆撃(mail bombing)攻撃	大量のメールを送り、特定のメールボックスを満杯にしたり、メールサーバの容量を消費させる攻撃です。威力業務妨害罪になる場合があります。

DoS 攻撃の種類

②DDoS

　DDoS(Distributed Denial of Service)攻撃は、DoS 攻撃の一種で、複数のコンピュータから同時にターゲットを攻撃します。

　DDoS には次のような攻撃があります。

名称	概要
Smurf 攻撃	ICMP エコー要求の発信元アドレスに、攻撃対象ホストの IP アドレスを設定し、宛先アドレスにブロードキャストアドレスを設定して送信し、これを受け取った多数のホストに一斉に ICMP エコー応答を攻撃対象ホストに送信させる攻撃です。
Fraggle 攻撃	原理は Smurf と同じですが UDP パケットを使用します。
DNSamp 攻撃	クラッカーは、自分の用意した DNS サーバに大きなサイズのレコード情報（TXT レコード）を登録します。次にこれを、インターネット上の公開された不特定の再帰クエリを有効に設定している DNS キャッシュサーバを使ってクエリしてキャッシュさせて準備します。 ターゲットの攻撃時は、ボットネットを使い、送信元 IP アドレスをターゲットに設定して、データをキャッシュさせた DNS キャッシュサーバに TXT レコードを要求する DNS クエリパケットを送ります。

DDoS 攻撃の種類

2. エクスプロイト攻撃

エクスプロイト攻撃は、ソフトウェアの脆弱性を利用する攻撃の総称です。バルネラビリティ攻撃等とも呼ばれます。

「エクスプロイトコード」は、脆弱性を立証するためのプログラム、あるいはエクスプロイトを突く悪意のある（小さな）プログラムで、ソフトウェアの脆弱性を研究している研究者が公開するソースコードです。

「エクスプロイトコード」が公開されると、ソフトウェアベンダのパッチプログラムの提供が出来ない間に、攻撃者がこのようなソースコードを少し改造してゼロデイ攻撃を仕掛けてくるため、近年では発見された脆弱性は、まずソフトウェアベンダに知らせ、対応を待って公開されるようになっています。

3. ゼロデイ攻撃（zero-day attack）

ゼロデイ攻撃は、OS やアプリケーションの脆弱性を埋めるパッチが提供される前に、その脆弱性を突く攻撃、あるいは脆弱性を悪用する不正プログラムの出現した状態を指します。

4. バッファオーバフロー

　バッファオーバフローは、エクスプロイト攻撃で利用されるテクニックの 1 つで、プログラムが使用している入力データ処理用のメモリバッファに読み込まれる入力データの長さを検査していないために、メモリ管理が破壊され、制御用データ保存用やプログラム用に割当てられたメモリ領域に入力データが溢れだし、想定していた制御ができなくなる現象です。

　この結果、例えば管理者権限(例えば root 権限) で動作しているプログラムがクラッシュして、コマンドプロンプトを表示して停止してしまうと、攻撃者は、プログラムを動作させていたユーザの権限(つまり root 権限)を使ってコンピュータを自由に操作することができます。

5. Cookie の危険性

　サイト側で Cookie の有効ドメイン、パスを誤って設定していると、他のサイトにCookie のデータが漏洩する可能性があります。

　攻撃者は、ユーザのセッション ID やセッション管理に使用している Cookie を捕捉して接続の奪取が可能です。

　脆弱性を悪用されてクロスサイトスクリプティング（XSS）攻撃で、Cookie を盗まれる可能性もあります。

　複数サイトから同じ Cookie を参照して、ユーザのサイト閲覧履歴を収集する、Tracking Cookies （Third Party Cookies)という手法も広く使用されています。このため、Cookie 自身がスパイウェアの原型であると見なす意見もあります。

6. クロスサイトスクリプティング(XSS/Cross Site Scripting)

　クロスサイトスクリプティング（Cross Site Scripting）とは、Web ページを動的に生成するシステムのセキュリティ上の不備を利用し、サイト間を横断して悪意のあるスクリプトを訪問者のブラウザに送ること、あるいは、それを許す脆弱性のことです。XSS 又は CSS と表記されますが、CSS には HTML の Cascading Style Sheets の意味があるため、XSS 表記が推奨されています。

　スクリプトの内容によっては、Cookie データの盗聴や改ざん等が可能となるため、EC サイトに使用した Cookie を不正に取得して、本人になりすまして物品の購入を行なう等の損害を与える可能性があります。

　次の図は、クロスサイトスクリプティングの一例です。

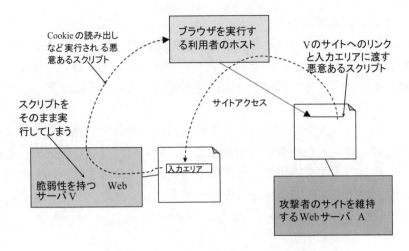

クロスサイトスクリプティングの例

　ここでは、ブラウザの利用者が、悪意のあるスクリプトコードが用意されている攻撃者の Web ページにアクセスしています。そして、攻撃者の Web ページ内に仕掛けられた、脆弱性をもつ別の Web サーバ上の入力フォームへのリンクをクリックしています。

　このとき、攻撃者の Web ページに仕掛けられた悪意あるスクリプトが、脆弱性のある別の Web サーバ上のページの入力フォームに渡され、そのまま HTML の生成が実行されて、悪意あるスクリプトがクライアントのブラウザに渡され、結果的に、脆弱性のある Web サーバから利用者のブラウザが攻撃されています。

　クロスサイトスクリプティングでは、これ以外にも、悪意のあるスクリプトコードを直接埋め込んで実行させるというページも作成することができます。

7. P2P

　P2P（Peer to Peer）は、元々はネットワーク上で対等な関係にあるコンピュータ同士を、サーバを介すことなしに接続し、データを送受信する通信方式、あるいはその方式を用いて通信するソフトウェアやシステムの総称として使われていましたが、現在「P2P」と表記する場合は、一般的に Winny や LimeWire に代表される「不特定多数の利用者を匿名で接続し、ファイルを交換し合うファイル共有ソフトウェア（ファイル交換ソフトウェア）」を指しています。

　P2P の問題点は、P2P を介して交換されるファイルがウイルスに汚染されていた場合、本来ファイル交換の対象外であるファイルがインターネット上に流出し、そのデータが暴露されてしまうことです。

　過去に、こうした事故が頻発したため、公官庁や企業ではセキュリティ対策上、P2Pの使用を職場でも自宅でも禁止することが一般的です。また P2P で交換されるファイルの多くが著作権に違反しているため、大きな問題になっています。

8. ソーシャルエンジニアリング

　ソーシャルエンジニアリングとは、情報技術的な攻撃ではなく、人間の心理的な盲点や油断を突く攻撃手法です。詐欺師のテクニックといっても良いでしょう。このリスクを軽減するには、十分な教育と日頃の注意を怠らないようにすることが必要です。

　また、ソーシャルエンジニアリングの手法を用いたものに、標的型攻撃メールがあります。これは、差出人を取引先企業や官公庁、知人等に偽装した上で、受信者の興味や気を引く件名、本文を使用することによって、ウイルスを仕込んだ添付ファイルを開かせたり、ウイルスに感染させるWebサイトのリンクをクリックさせたりするように誘導する攻撃手法です。

①トラッシング（Trashing／ごみ箱あさり）

　攻撃者が、攻撃に使用するためにターゲットのごみを漁り、捨てられたドキュメント、情報、その他の価値ある物を探すことです。スキャベンジングとも呼ばれます。

②ショルダーハッキング（肩越しの盗み見）

　パスワードを入力する時や、キャッシュディスペンサーでの暗証番号の入力を直ぐ近くから盗み見ようとする攻撃です。

　ショルダーハッキングは意外な場所から行われることがあります。例えば窓を背にして座る座席で、通りを挟んだ向いのビルからキー入力を双眼鏡で覗かれている、長距離列車でリクライニングを倒した斜め後ろの座席から覗かれる等です。

　危険な場所での、パスワード入力は行わないことが一番の対策ですが、パスワードや暗証番号の入力時には、回りに人がいないか十分に注意してから入力します。

③フィッシング

　フィッシング（phishing）とは、オンラインショッピング事業者や銀行、ISP のサポート部門等を装って、インターネットを使い不特定のユーザの個人情報を盗む詐欺行為のことです。

　主要な手口は、ユーザに偽の情報を記載した電子メールを送り、その中に本物のサイトと似た URL を記載（例えば www.yahoo.com と www.yafoo.com のような）します。ユーザが誘導された偽サイト（フィッシングサイト）には、本物そっくりのサイトが用意されており、そこでユーザが誤って入力したユーザ ID、パスワード、銀行口座番号、クレジットカード番号等を入手して、銀行預金を引き出したり、ショッピングサイトで物品を購入後、直ぐに転売したりするといった犯罪が行われます。

　フィッシングはユーザの情報が不正に入手されてから数分で悪用されたり、フィッシングサイト自体が 1 週間程度で閉鎖されたり、設置が国外である場合も多くあります。

④デマ情報

　「こんなウイルスが発生しました。ついては下記 URL のサイトにアクセスして、対策プログラムをダウンロードし、インストールしてください。」

　メーカのサポート部門等と名乗って、このような電子メールが送られてきた場合は、トロイの木馬をインストールさせようとするデマメールと考えてよいでしょう。デマメールは、実際にはそのようなウイルスは存在せず（デマウイルスと呼ぶ）、ユーザに悪意あるソフトウェアをインストールさせようとする目的で送られてくるメールです。

　デマ情報については、信頼できる複数のサイトにアクセスして真偽を確認するようにします。

　インターネットオークションサイトが一般化する中で、落札を逃した入札者に、出品者を装って直接取引を申し込むメールを送りつけるオークション詐欺等もメールを使ったソーシャルエンジニアリング攻撃といえるでしょう。

　こうしたメールでは、正規の取引の手続きから外れた取引や連絡方法を提案するので、正規の手続き以外の勧誘には乗らないよう注意喚起する必要があります。

⑤ユーザ教育と意識トレーニング

　ソーシャルエンジニアリング攻撃への対策は、さまざまな手口を周知し容易に相手を信用しないこと、また、おかしいと感じた時には 1 人で抱えずに信頼できる人に相談することを繰り返し教育します。

9. 盗聴

　盗聴は、ネットワーク上のデータやネットワークに接続されたコンピュータに保存されているデータを不正な手段で盗み取ることです。
データを暗号化することで盗聴の被害を防ぐことができます。

　ワイヤレスネットワークでのデータ流出は、「不正な信号の傍受」によって引き起こされます。

10. ウォードライビング(War driving)

　ウォードライビング(War driving)は、自動車等で移動しながら不正アクセスに利用可能な無線 LAN のアクセスポイント（AP）を捜す行為です。

　無線 LAN の通信を暗号化していなかったり、MAC アドレスや SSID、ユーザ認証でアクセス制限をかけていない、無防備なアクセスポイントは、そこからネットワークに不正侵入されて、バックドアを仕掛けられたり、踏み台にされたり、インターネットアクセスをただ乗りされたりします。

　実際には、無線 LAN にアクセスするためのクライアントが装備されたノート型コンピュータに、アクセスポイントを探査する「プローブパケット」を送信しながら応答を記録するソフトウェア（NetStumbler、inSSIDer 等）をインストールし、自動車に積

んで実行させながら移動することで、脆弱なアクセスポイントを発見することができます。

11. スパム（Spam）

大量に送信される「迷惑メール」の通称で、悪意あるサイトへの誘導、宣伝、嫌がらせ等を目的として不特定多数に大量に送信されるメールです。

日本では、2002 年 7 月に「特定電子メールの送信の適正化等に関する法律」が制定され、利用者の同意を得ずに広告、宣伝、勧誘等を目的とした電子メールを「特定電子メール」として「未承諾広告」と表記すること、送信者の氏名、名称、住所、メールアドレス、メール拒否通知を受け付けるメールアドレス等を表記すること等を定めています。

しかし、大部分のスパムはこうしたことを無視して送られ、返信することでメールアドレスが有効であることを知らせる危険があるため、ISP のフィルタリングサービスやメールクライアントソフトウェアのフィルタリング機能で直接ゴミ箱に振り分けるといった対策しか有効な対策がありません。

12. TCP/IP ハイジャック

TCP/IP ハイジャックは、なりすましの一種で、ネットワーク通信内のセッションを、通信する当事者以外の第三者が介入して乗っ取る攻撃手法です。セッションハイジャックとも呼ばれます。

セッションハイジャックは、さまざまな方法で行われます。Man-In-The-Middle 攻撃を使って通信する二者の間に割り込む方法、通信する二者で使用するセッション ID を推測してコマンド等を挿入するブラインドハイジャック、新しいセッションを作成（以前のセッションを盗用）する方法です。

13. Man in the Middle（中間者）攻撃

Man in the Middle 攻撃は、通信する 2 者の間に入って、通信を盗聴したり、介入したりする攻撃です。MITM 攻撃、中間者攻撃とも呼ばれます。

例えば http 通信で、ブラウザと Web サーバの間に割り込んで、クライアントからの要求を受取り、記録して Web サーバに送り、Web サーバからの応答を受取り、それをクライアントに送ります。相手の代理のように振る舞うことで、内容を読み、場合によっては通信データを挿入、修正することができます。

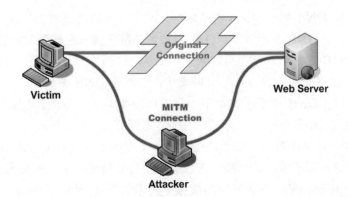

Man in the Middle 攻撃（インターネットから）

14. スプーフィング（なりすまし）

　スプーフィング（spoofing）は、通信相手に偽の情報を送って本来の通信先に「なりすます」ことです。スプーフィングは、通信階層モデルのさまざまな層で行われます。

　ネットワークインタフェース層（データリンク層）では、ARP スプーフィング、インターネット層（ネットワーク層）では IP スプーフィング、アプリケーション層（セッション層～アプリケーション層）では、DNS スプーフィング、mail スプーフィング等です。

　ARP スプーフィングは、ARP 応答を偽装したフレームを作成し送信することです。同一の LAN 上の別の機器になりすまします。最近では ARP スプーフィングを用いた「ARP キャッシュ・ポイズニング・ウイルス」といった種類のマルウェアも存在します。

　IP スプーフィングは、送信元 IP アドレスを偽装したパケットを作成し送信することです。ポートスキャン元を隠したり、SYN フラッド攻撃、Smurf 攻撃、といった DoS/DDoS（サービス妨害/分散サービス妨害）攻撃に利用されたりします。

　mail スプーフィングは、メールの送信者情報に偽のメールアドレスや名前を記載し、他人になりすましてメール送信することです。

　メールヘッダには、送信者名、送信元メールアドレス、受信者名、宛先メールアドレス、タイトル等が記述されます。このうち、送信者名と送信元メールアドレスを他人、あるいは架空のものを設定します。

　メールサーバのログファイル、メールヘッダ内の送受信記録等は改ざんできないので、少し技術力があれば比較的容易に見破ることができます。

　DNS スプーフィングは、DNS キャッシュを汚染することです。DNS ポイズニングとも呼ばれます。

15. DNS ポイズニング（DNS poisoning）

　DNS ポイズニングは、DNS（Domain Name System）サーバの提供するドメイン管理情報（ドメイン名と IP アドレスの対応付け）を故意に書き換え、別のホストに誘

導する攻撃です。DNS キャッシュポイズニングとも呼ばれます。

　DNS サーバは、DNS クライアントからの名前解決要求を処理した際に、一定の時間ドメイン名と IP アドレスの変換結果をメモリ内に維持して、同じ名前解決要求がきた場合に高速に応答できるようにしています。これを DNS キャッシュと呼びます。

　DNS サーバは、DNS クライアントからの再帰クエリを処理する場合、あるドメイン情報を管理する DNS サーバから送られてくる情報に、別のドメインの情報が記入されていても、チェックすることなしに受け取ってキャッシュしてしまいます。

　DNS キャッシュポイズニングは、これを悪用して再帰クエリを処理している DNS サーバに、管理権限の無いドメインの情報を勝手に送りつけてキャッシュさせ、そのドメインを利用している Web サイトとそっくりな偽装 Web サイトへと、ユーザを導いてしまいます。

　ファーミング（pharming）攻撃は、このような DNS ポイズニングの手法を使って（ほかにも方法はありますが）、偽の Web サイトへとユーザに気づかれずに導き、ログインアカウント名、パスワード、クレジットカード番号等を盗み取ろうとします。

16. ARP ポイズニング（ARP Poisoning）

　ARP ポイズニング（ARP Poisoning）は、ターゲットコンピュータの ARP 要求に、攻撃者のコンピュータから偽の ARP 応答を返します。同一の LAN（同一の VLAN）内で有効な攻撃ですが、例えばこの攻撃を応用することでマンインザミドル（MITM）攻撃を仕掛けることができます。

　例えば、ホスト A とホスト B が通信する場合、ホスト A はホスト B の IP アドレスを設定して ARP 要求をブロードキャストします。

　これに応えて攻撃者のホスト C が、ホスト B よりも早く、自分の MAC アドレスと B の IP アドレスを設定した偽の ARP 応答を返しホスト A の ARP キャッシュに記入させ、同時にホスト B にもホスト C の MAC アドレスとホスト A の IP アドレスをホスト B の ARP キャッシュに記入させることに成功すれば、ホスト C はホスト A と B の通信を傍受するマンインザミドル攻撃を成功させることができます。

　こうした通信を傍受しなくても、コンピュータの起動時に ARP キャッシュに偽の情報を書き込むスクリプトを仕掛けることができれば、ARP キャッシュを汚染して Man in the Middle 攻撃に利用することができます。

17. パスワードクラッカー

　パスワードクラッカーとは、パスワードクラックに用いられるプログラムの総称です。パスワードクラックとは、パスワードファイルにアクセスし、パスワードを不正に解読し正規の利用者として情報にアクセスしようとする攻撃です。

　攻撃ツールでもあるパスワードクラッカーをパスワードの強度の査定にも使用します。パスワードクラックには、次の種類があります。

①ブルートフォース（brute force）攻撃

　パスワードファイルに対して、全ての文字の組み合わせを総当たりで検査し「力まかせ（ブルートフォース）」に解読します。全数検索攻撃とも呼ばれます。

②辞書（Dictionary）攻撃

　ブルートフォースの一種ですが、解読用の辞書を使用する攻撃です。パスワードが辞書に掲載されているような単純なものである場合、すぐに解読されてしまいます。

③レインボーテーブル

　パスワードは、一般的にハッシュ暗号によって復号できない形式で記録されています。辞書攻撃を実行するパスワードクラッカーは、辞書に登録されているパスワード候補を、パスワードが暗号化されているハッシュ暗号を使って暗号化して、パスワード解読の照合用テーブルを作成します。これをレインボーテーブルと呼びます。

18. ステガノグラフィ（Steganography）
　ステガノグラフィ（Steganography）は、音声や画像等のデータに別の秘密情報を埋め込む技術です。電子あぶり出し技術、電子迷彩技術とも呼ばれます。
　暗号化されたデータの場合は、解読できなくても、暗号化されていることと、データの存在自体は明白ですが、ステガノグラフィは、埋め込まれていることを気づかせないように、秘密情報を音声や画像等の別のデータの中に埋め込みます。このとき、ファイルサイズは変わりません。

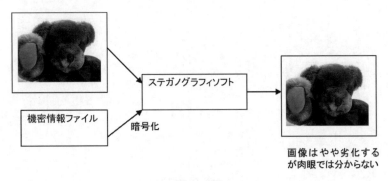

ステガノグラフィ

　画像ファイルには、使用していないbitが含まれていて、そのbitの値を変更されて、画像が劣化しても肉眼では分からない場合があります。ステガノグラフィはこうした特性を利用してデータを隠します。また、ステガノグラフィを実行するプログラムの中には、埋め込む情報を暗号化するものもあります。

何気ないスナップ写真を添付して外部の人間に送っただけのように見えるメールでも、そのスナップ写真の画像ファイルには重大な機密情報が隠されているという可能性は否定できません。

　検出するソフトウェアも開発されていますが、元の画像がわからないと埋め込みがあるかを発見するのが困難です。さらに暗号化されている場合は復号も困難です。今後大きな脅威となる可能性があります。

4-1-6 マルウェア

1. マルウェアの種類と特徴

①ウイルス（Virus）

（ⅰ）広義のウイルス

日本の「コンピュータウイルス対策基準」（通商産業省告示 第 952 号）では、「ウイルス」という言葉を広い意味で定義しています。これを「広義のウイルス」と呼びます。

広義のウイルスは、「第三者のプログラムやデータベースに対して意図的に何らかの被害を及ぼすように作られたプログラムであり、自己伝染機能・潜伏機能・発病機能の一つ以上有するもの」と定義されています。各機能の定義は以下のとおりです。

機能	概要
自己伝染機能	自らの機能によって他のプログラムに自らをコピーし又はシステム機能を利用して自らを他のシステムにコピーすることにより、他のシステムに伝染する機能
潜伏機能	発病するための特定時刻、一定時間、処理回数等の条件を記憶させて、発病するまで症状を出さない機能
発病機能	プログラム、データ等のファイルの破壊を行ったり、設計者の意図しない動作をしたりする等の機能

広義のウイルスに備わる機能

自己伝染機能については、他のファイルやシステムに寄生・感染するか、単体で存在するかを問わないという定義なので、「ワーム（worm）」を含み、他のファイルやシステムへの寄生や感染機能をもたず、発病機能だけをもつ「トロイの木馬（Trojan）」も含まれています。

■トロイ（Trojan/ Trojan house/トロイの木馬）

トロイの木馬は、他のファイルに寄生せず、自己増殖活動もありませんが、利用者が期待する表向きの機能とは異なる機能をもつ悪意あるプログラムで、データの消去やファイルの流出、他のコンピュータの攻撃等の破壊活動を行ないます。

NetBus(2.0 未満のバージョン）、SubSeven、Back Orifice 等は有名なトロイの木馬ソフトウェアで「バックドア」として機能します。Back Orifice には Windows 2000 用、XP 用等があります。

バックドア（Backdoor）とは、管理者の意図しない不正侵入経路のことです。システム開発者がプログラムに仕掛けたり、コンピュータへの不正侵入者が再度の不正侵入を容易にしたりするため仕掛けます。

■ロジックボム（Logic bomb/論理爆弾）

　ロジックボム（Logic bomb）とは、一定の条件が満たされると動作を開始し、ディスクフォーマットといった致命的な破壊活動等を行なうウイルスです。一定期間、特定のホストにDoS攻撃を行なうものもあります。

　ロジックボムには、感染（自己複製）機能が無いので、狭義のウイルスとは分けて考えられていて、目的を達すると自己消滅するものも多くあります。

　実行条件は、「13日の金曜日」や「クリスマスイブ」のような特別な日時、起動回数、インストールされているソフトの種類等が設定されていることがあります。条件が満たされるまで隠れていて、条件を満たすと突然動きだし破壊活動等を行います。

（ⅱ）狭義のウイルス

　ウイルス（Virus）はワームやトロイの木馬とは区別され、狭い定義で使用されることがあります。狭義のウイルスとは、他のファイルやシステムに寄生・感染（自己複製）する機能をもつプログラムを指します。

②ワーム（Worm）

　単独のプログラムとして存在し、電子メール、USBメモリ等を介して自己増殖します。

　スクリプト、マクロ等の簡易言語で作成が可能なためWordのdocxファイルやExcelのxlsxシートファイルに仕掛けられて、メールクライアントソフトウェアのアドレス帳に登録されている相手に、これらのファイルを添付したメールを自動送信するものもあります。

　ネットワークに出現した最も古い形態のウイルスです。（モリス・ワーム事件）

　現在は、USBメモリを介して増殖するウイルス（USBワーム）が複数発見されています。ウイルスに感染したUSBメモリには、USBワームとワームを自動実行させるための「不正なautorun.inf」ファイルが保存されています。こうしたファイルは、削除できない設定になっているものもあります。

　コンピュータが、接続されたUSBデバイスを自動実行する設定としている場合、ウイルスに感染したUSBメモリを接続した瞬間に「不正なautorun.inf」が自動的に実行され、USBワームが接続コンピュータに感染します。その後、ウイルスに感染していないUSBメモリがそのコンピュータに接続されると、USBワームは自分のコピーと「不正なautorun.inf」ファイルをUSBメモリに保存します。このセキュリティリスクの軽減策には、USBメモリを自動実行しないようにOSを設定し、USBメモリを接続する際に必ずウイルスチェックを行う規則を制定し、実施を徹底する等の方法が考えられます。

③スパイウェア（Spyware）

スパイウェア（Spyware）とは、コンピュータの利用者の知らない間に、コンピュータ内の情報を外部に送信するプログラムです。狭義のウイルスと違って、他のコンピュータシステムへの感染は発生しません。

スパイウェアは、フリーソフトウェアに含まれていたり、誤って商用のソフトウェアパッケージに含まれていたりして、それらのソフトウェアをインストールする時に、一緒にインストールされます。ウイルス感染した際にインストールされる場合もあります。

スパイウェアは、プログラムとしてメモリに常駐します。ファイルを直接削除することが難しいものが多いので、感染の検出や駆除にはスパイウェア対策ソフトウェアを利用します。最近のアンチウイルスソフトウェアには、スパイウェア対策機能が含まれているものも多くあります。

スパイウェアに関しては、さまざまな定義があり、大手企業が配布した一般的なソフトウェアに使用履歴や使用者の個人情報送信機能が含まれていたため、「スパイウェア」が含まれているといわれたこともありました。

④キーロガー（Key Logger）

キーロガーは、キーボードからの入力情報を監視するソフトウェアやハードウェアのことで、単に入力された文字だけでなく、使用したアプリケーション等も記録できるものもあります。

利用者 ID やパスワード等の情報を不正に入手するために、不特定多数の利用者が利用するパソコンに、秘かにキーロガーを仕掛ける事例が増えています。

⑤アドウェア（Adware）

アドウェアの範囲は広く、害のないプログラムも多くありますが、ここで取り上げるのはマルウェアのカテゴリに入る、悪意あるアドウェアです。

こうしたプログラムは、有効な機能を提供するフリーウェアをダウンロードしてインストールすると、ユーザの気付かないうちに自動的にインストールされ、OS の起動プロセス中に自動的に起動するように設定されます。

⑥ボットネット（Botnet）

ボットネット(Botnet)とは、トロイの木馬等の悪意あるプログラムを使って乗っ取られた多数のコンピュータ（「ゾンビ PC」と呼ばれる）で構成されるネットワークを指す言葉です。

ゾンビ PC となるコンピュータは、インターネットに接続されたごく普通の家にあるコンピュータです。しかしゾンビ PC となったコンピュータは、使用者の意志とは無関係に指令者（ボットマスターあるいはハーダー）に操られて犯罪に加担して機能する加害者コンピュータとなるため大変危険です。

指令者を特定することが困難なため、ビジネスとして構築済みのボットネットを時間でレンタルする犯罪集団もあるので、攻撃者は必要に応じて金銭を支払い、ボットネットを借りて攻撃を仕掛けることができます。

2. マルウェア対策
①修正パッチの適用
リリースされた OS やアプリケーション等に発見された脆弱性を修正するためのプログラムを修正パッチ（セキュリティパッチ）と呼びます。

ベンダから修正パッチが公表された場合には、速やかに適用する必要があります。

②ウイルス対策ソフト
ウイルス対策機能は、ソフトウェアとアプライアンスで提供されます。一般的には、各コンピュータに、ウイルス対策ソフトウェアをインストールして利用します。無償のソフトウェア、有償のソフトウェアがあります。有償のソフトウェアには、スパム対策機能やスパイウェア対策機能等が一緒に提供されていることも多いようです。

ウイルス対策ソフトウェアは、ディスク上のファイルの他に、メールの添付ファイル、USB メモリの内容、ブラウザを介してダウンロードされるインターネット上のファイル等を検査し、過去からのウイルスの特徴を記録したデータベースと比較して、その特徴と一致したファイルをウイルスとして隔離し、無害化します。（ただし利用者の意志で、元に戻すことも可能です。）

日々、新たなウイルスが生み出されるため、コンピュータを起動するたびに、ウイルス対策ソフトウェアを起動すると、新しいウイルスの特徴を記録した差分ファイルがダウンロードされ、データベースが更新されます。有償のウイルス対策ソフトウェアの場合は、この差分情報の提供の期間が限定されています。

無償のソフトウェアは、有償ソフトウェアと比較して、ウイルスの検出率が低かったり、提供される機能が限定的だったりします。

アプライアンスは、企業での利用がメインでメールサーバやファイアウォールのアプライアンス等で提供され、インターネットを介したデータ交換の検査に利用されます。ただし USB メモリの接続等をチェックできるわけではないので、各コンピュータ上のウイルス対策ソフトウェアが不要になるわけではありません。

③パターンファイルの更新
既知のウイルスの特徴を記したファイルをパターンファイル（ウイルス定義ファイル）と呼びます。

ウイルス対策ソフトの有効性を確保するには、パターンファイルは常に最新のものに更新して、システムに常駐させておく必要があります。

④定期スキャン

　曜日や時刻を決めて定期的にウイルス対策ソフトを利用してシステムがウイルスに感染していないかスキャン（走査）することを定期スキャンと呼びます。

3. 感染経路
①電子メール

　電子メールに添付されたファイルを開くことでウイルスに感染することがあります。見知らぬ者からの電子メールは開かないことです。また、メールクライアントのプレビュー機能は使うべきではありません。

②リムーバブルディスク

　USB メモリや SD カード等のリムーバブルディスク（外部記憶媒体）を介してウイルスに感染することがあります。リムーバブルディスクは検疫システムを介してシステムに接続すべきです。

③Web 閲覧

　メールやブログ、SNS から誘導されてウイルスを埋め込んだ Web ページを閲覧することで、感染することがあります。怪しいサイトには近づかないことです。

④ダウンロード

　Web ページのリンクからウイルスを含むファイルをダウンロードすることで、ウイルスに感染することがあります。無闇にファイルをダウンロードすべきではありません。

4. 感染時の行動

　最も効果的なマルウェア対策は、ウイルス対策ソフトを導入することです。しかし、ウイルス対策ソフトは、ウイルスの特徴を登録したデータベース（ウイルス定義ファイル）に照合してウイルスを検出するため、ウイルス定義ファイルより新しいウイルスを検出することができません。ウイルス対策ソフトメーカのデータベースに登録される前に仕掛けられる攻撃をゼロデイ攻撃といいます。

　もし、ゼロデイ攻撃等で、コンピュータにマルウェアが侵入したら、どのように対処すべきでしょうか。被害を最小に食い止めるために次のように対処します。

①マルウェアの症状を特定する

　IPA（独立行政法人情報処理推進機構）の「ウイルス対策のしおり（2020 年 9 月の最終更新をもって廃止）」では、次のような兆候がある場合にウイルス感染の可能性が考えられるとしています。

　1.　システムやアプリケーションが頻繁にハングアップしたり、システムが起動

しなくなったりする。

2. ファイルが無くなる。見知らぬファイルが作成されている。
3. いきなりインターネット接続をしようとする。
4. ユーザの意図しないメール送信が行われる。
5. 直感的にいつもと何かが違うと感じる。

現在のマルウェアは、コンピュータ使用者に気づかれないよう巧妙に作られているため、顕著な症状が現われないこともありますが、使用者はこのような症状を少しでも感じたらマルウェアの侵入を疑う意識をもつことが必要です。

②感染したシステムを隔離する

感染が疑われたら、最初にシステムを隔離します。最も簡単で確実な方法は、ネットワークケーブルを外すことです。感染したコンピュータが 1 台なら、そのコンピュータのネットワークケーブルを外します。複数台で感染が疑われる場合、最寄りのルータのケーブルを外します。無線 LAN を使用している場合はアクセスポイントの電源を OFF にします。

③システムの復元を無効にする

Windows はシステムの復元機能で、自動的に復元ポイントを作成しています。マルウェアに感染した状態で、復元ポイントが作成されると、近い将来、マルウェアを含んだシステムを復元する可能性があります。

また、いつから感染しているか明確になっていない段階で、過去の復元ポイントを使ってシステムを復元しても同様のリスクがあります。

これを防止するため、システムの復元を無効にします。

④ユーザデータのバックアップを作成する

ユーザデータのみを DVD-R 等にバックアップします。このとき、システムファイルは、マルウェアを含む可能性が高いためバックアップしないように注意します。ユーザデータにマルウェアが含まれる場合もあるため、バックアップを取得した媒体は、絶対に他のコンピュータで使用せず、状況が明らかになるまで保管します。

⑤感染したコンピュータの処置を決定する

ウイルスに感染したコンピュータの取り扱いは、次の選択肢が考えられます。
・廃棄する。
・ハードディスクを完全消去して OS をクリーンインストールして再利用する。
・修復して使用する。

できる限り、廃棄、又は、クリーンインストールを推奨します。

マルウェアの症状が発症する前に、ウイルス対策ソフトが無害化した場合は、修復して使用する選択肢も検討します。

廃棄、又は、クリーンインストールの場合も、処分する前にマルウェアを特定し、どのような症状であったか確認して今後の対策に役立てます。

⑥マルウェアを特定し感染したシステムを修復する
　他のコンピュータで、ウイルス対策ソフトメーカの Web サイトから最新のウイルス定義ファイルをダウンロードし、CD-R 等を使用してウイルス定義ファイルを感染したコンピュータに移し、オフライン更新を実施します。
　新しいウイルス定義ファイルに更新したら、フルスキャンを実施してマルウェアを検出します。もし検出されなくても、数日後、再度オフライン更新し、フルスキャンを実施します。
　ウイルス対策ソフトはマルウェアを発見したら、マルウェアを無害化します。しかし、マルウェアによる被害（システムの変更等）を修復する機能はありません。
　ウイルス対策ソフトメーカの Web サイトに、マルウェアのデータベースがあり対処方法が公開されています。検索し、記載されている対処方法を実施します。
　もし、マルウェアの被害で Windows が正常に起動しない場合、セーフモードを使用して修復を試みます。

⑦スキャンと更新のスケジュール
　修復したコンピュータで、ウイルス対策ソフトのスキャンと更新のスケジュールを見直します。
　更新のスケジュールは、初期設定（コンピュータ起動時と数時間毎）が適切な状態と考えられます。
　スキャンは、毎日定時に実施することが望ましいですが、フルスキャンは時間がかかり、その間コンピュータのパフォーマンスが低下するため、休憩時間にスキャンするようスケジュールするのが良いでしょう。また、スキャン終了後、コンピュータをシャットダウンする機能をもつ製品もあります。この機能を利用して、業務終了時にスキャンを開始し、終了したらシャットダウンするよう設定すると便利です。

⑧システムの復元を有効にする
　コンピュータを修復して、その後も使用する場合、システムの復元を有効にし、復元ポイントを作成します。

⑨ユーザ教育
　得られた教訓をもとに臨時のユーザ教育を実施します。教育の内容には、マルウェアの感染経路、症状、対処方法の概要、予防方法を含めます。また、詳細な資料を閲覧できる措置をとります。

⑩報告

　マルウェアを発見、又は感染した場合には、感染被害の拡大と再発防止に役立てるために、IPA セキュリティセンターに届け出ます。届け出は、郵送、FAX、E メール、Web で受け付けています。

4-2 情報セキュリティ技術の導入と運営

4-2-1 人的なセキュリティ対策

　組織を構成する全ての人間に対して行うべきセキュリティ対策です。意識向上のための教育と、教育した内容が実際にできているかをチェックすることを中心に関係者のリテラシーを向上させることが重要です。

1. ソーシャルエンジニアリング

　ソーシャルエンジニアリング攻撃は、「権限のある人になりすます」、「善意の顧客になりすます」等、人の錯誤を利用して、言葉巧みに担当者から情報を引き出そうとします。

　教育の対象は「ターゲット」あるいは「被害者」の立場の人達であるため、さまざまなソーシャルエンジニアリング攻撃の手口を周知して、容易に相手を信用しないこと、また、おかしいと感じた時には 1 人で抱えずに信頼できる人に相談することを繰り返し教育します。

　例えば、電話攻撃（Calling attack）に対して「間違いを防ぐために、この電話は録音されています」と相手に告げるといった対策を教育するだけで、攻撃を抑止することもできます。（実際には、録音されていなくてもよい）

2. SNS 利用の注意

　SNS 利用に当たっては、次のような点に注意する必要があります。

　①架空のアカウントで投稿されている場合もあるので、本人が確認できない場合には、安易にフォローしたり、友達になったりしない。

　②フィッシング詐欺やワンクリック詐欺等の Web ページに誘導することがあるので、安易にリンクをクリックしない。

　③プライバシー情報が悪用されることがあるので、安易に公開しない。

　また、企業や組織が SNS を利用して情報を発信する場合に、次のような点に注意しなければいけません。

　①ID やパスワードを適切に管理する。

　②利用する SNS の規約を遵守する。

　③ブランドイメージを傷つけるような発言はしない。

3. ネット利用の教育

　セキュリティポリシーを策定してセキュリティ対策を計画しても、正しく運用されなければ意味がありません。情報セキュリティの中で、「人」は多くの脆弱性を抱えた「資源（ヒューマンリソース)」なのです。

情報セキュリティポリシーに書かれた規則は、平常時に読むと、時には馬鹿馬鹿しく感じられる規定も多くあります。しかし、出張先で飲酒して寝込んでしまい、顧客リストを紛失した等の事故は頻繁に発生しています。

　情報セキュリティは、利用者の意識によって強固にもなれば、脆弱にもなります。いつ脆弱になるのかは人によって異なります。こうした脆弱性を埋める対策が教育です。組織の中で、人はさまざまな役割を担っているため、役割に沿った教育が必要です。ここでは、大まかに経営者、管理者、利用者（ユーザ）に分けて学習します。

①経営者の教育

　経営者には、情報セキュリティポリシーの運用に必要な内規の追加に関する知識や、情報セキュリティに関連する法律に関する知識等、組織の情報セキュリティ計画、運用を決定するために必要な知識を教育します。ユーザと同様に情報セキュリティ面からのコンピュータ操作、取り扱いに関しての教育も合わせて必要です。（実際に、重役がノート PC を置き忘れてくるといった事故も頻繁に発生しています。）

②管理者の教育

　情報セキュリティの管理者には、情報セキュリティシステムに対する脅威、システムの抱える脆弱性を把握し、対処できるように教育し、情報セキュリティシステムとリソースのセキュリティ要件を決定できるようにします。また、セキュリティポリシーへの違反についての内規にも触れるようにして、内部からの情報漏洩等を抑止します。

③利用者(ユーザ)の教育

　情報セキュリティへの脅威と、自身の脆弱な行動、脆弱なシステム操作等を認識し、対処できるように教育します。セキュリティポリシーへの違反についての内規も説明して、内部からの情報漏洩等を抑止します。

　コンピュータ操作に関するルール、専門外の利用者もいるので、標語のような形式にして、覚えやすくします。

　情報資産に触れる時には、常に高いセキュリティの意識をもって取り扱うことを十分に教育することによって、経営者、従業員 1 人 1 人がセキュリティ違反に関わる事故や事件に巻き込まれないようにすることが必要です。

4. 利用制限

　あるユーザに対し必要最小限の権利を割り当てることを最小権限の原則といいます。

　最小権限の原則を適用することで、システムの安定性の向上とセキュリティの向上が期待できます。

　また、ソフトウェアやシステムを作成する上でも、最小権限の原則を適用することによって、開発工数を減らすことができるとされています。例えば、あるソフトウェア

の設定の変更を管理者だけに限定しておけば、専門知識をもった管理者向けの設定インタフェースを用意すれば十分ですが、標準ユーザにも設定の変更を許可すれば、専門知識をもたない人のための簡易設定インタフェースが必要になります。

しかし、セキュリティ対策を強化することは、利便性を損なうことになります。権限を最小限に設定すると、システムや人間の活動の自由度が狭まり、例外的な対応を求められる場面での柔軟性が損なわれてしまうこともあります。実際にセキュリティの制限を強くしすぎると、使い勝手が悪くなり、セキュリティ規定を無視するようになってしまい、結果としてセキュリティ強度が弱まることがあります。

機密度の高い情報に対しては最小権限の原則を適用すべきですが、機密性が高くなく日常の業務で頻繁に利用するデータは利便性を優先すべきでしょう。

セキュリティ対策を計画する際に、守るべき情報の重要度と利便性のバランスを考慮することが大切です。

5. ネットいじめ

「ネットいじめ」は、特定の人間の悪口や誹謗・中傷を、インターネット上の掲示板等に書き込んだり、メールで送ったりすることです。

掲示板等に誹謗・中傷の書込みがあった場合には、次の手順で削除を行う必要があります。

①書込み内容を確認するとともに、URL を控えます。

②掲示板等の管理者に削除を依頼します。

③掲示板等の管理者に削除を依頼しても削除されない場合や管理者の連絡先がわからずに削除を依頼できない場合には、掲示板等のサービスを提供しているプロバイダに削除を依頼します。

④プロバイダに削除を依頼しても削除されない場合には、警察や法務局に相談して、削除についての協力を得ます。

悪口や誹謗・中傷のメールは受取拒否の設定をします。不特定多数からメールが送られる場合にはメールアドレスを変更します。

4-2-2 物理的なセキュリティ対策

物理的セキュリティは、資源や資産の物理的な配置や設置環境を整備することで実現されるセキュリティです。環境的セキュリティと呼ばれる場合もあります。

代表的な物理的セキュリティには、不特定多数が入室できる場所と許可された者だけが入室できる場所を明確にし、制限区画の入り口を施錠する、社員証や入室許可証等を身につける等の対策があります。

また、重要な書類やディジタル記録媒体を施錠管理することも物理的セキュリティに含まれます。

代表的な手法や技術は以下のとおりです。

1. 社員証・入館証・バッジ等

社員証や入館証を他者から見えるように身につけ、許可された者であることを他者に知らせます。社員証の他に、清掃や設備業者に対して発行する入館証等がよく利用されています。有人警備を併用することで、さらに効果が高まります。

組織のメンバに顔写真付きのカードを配布し、必要に応じて警備員等の目視でチェックさせるようにします。またセキュアエリア内では、常に ID バッチを確認できる位置に着用するようセキュリティポリシーに規定し教育します。

警備員のチェックをうるさく思う従業員が ID バッチをいい加減に見せるようになってしまうと、よく似た ID バッチをチラリと見せて不正侵入される場合があります。こうしたことを防ぐために入退室管理システム（ドアアクセスシステム）を併用することが望ましい対策です。

2. RFID

RFID（Radio Frequency IDentification）は、ID 情報を埋め込んだ RF タグと呼ばれる IC チップと、近距離無線で通信することで、RF タグを識別する技術です。

RFID を利用した非接触 ID カードをスマートカードといい、スマートカードでオートロックのドアを解錠する方法が広く利用されています。上記の社員証や入館証がスマートカードを兼ねている場合が多いです。

キーホルダータイプやリストバンドタイプもあります。キーホルダータイプをキーフォブと呼ぶ場合もあります。

3. 暗証番号

オートロックのドアを暗証番号によって解錠する手法です。暗証番号を入力するテンキーをタッチパネルにして、毎回数字の場所を入れ替えることにより、一定の場所が変質することを防止する機能もあります。

4. バイオメトリクス

オートロックのドアを解錠するために、指紋、虹彩、網膜等の身体的特徴を利用する手法をバイオメトリクス（Biometrics）といいます。

バイオメトリクスは高いセキュリティを要求される企業等で、多く導入されています。個人に割り当てられた数桁の PIN コードをテンキー入力する仕組みと併用する場合もあります。

バイオメトリクスは、ユーザ本人の人体的特徴を認証に使用するので、偽造しにくく、盗難されないという特徴があります

5. RSA SecurID

RSA SecurID は、RAS キュリティ社が開発した、時間同期方式のワンタイムパスワードを表示する装置で、オートロックの解錠に利用することも可能です。キーホルダータイプとカードタイプがあります。キーホルダータイプをトークンといいます。

Secur ID

登録されたユーザ固有の PIN（Personal Identification Number）あるいは暗証番号が初期値（シード値）と認証サーバと同期されている時刻を組み合わせて、一見ランダムな 10 桁程度の数字「トークンコード」を生成します。

「トークンコード」は 10〜30 秒ほどの間有効で、ユーザはこの「トークンコード」をパスワードとして送信します。受信したサーバ側もほぼ同時刻に「トークンコード」を生成して照合します。

時刻同期（タイムシンクロナス）を使わずに、認証サーバとの間でカウンタを同期させる方法もあります。

物理トークンは、「所有」していることがリソースへのアクセス、部屋への入退出に必要な条件となるため、不携帯により、アクセス不可能になる場合があります。

6. 共連れ対策

オートロック機能があるドア等を入館許可がある者と同時に通過することを共連れといいます。

先述した、社員証や入館証を身につける方法や、有人警備は共連れ対策として効果があります。また、制限区域の入り口に鉄道の自動改札と同じ装置を設置し従業者はスマートカードで入館する仕組みを導入して、共連れを防止している企業もあります。

7. 施錠保管

紙媒体、電子媒体を問わず、重要な文書や情報を施錠して保管することは、基本的で重要なセキュリティ対策です。保管責任者を明確にする、予備鍵を含めた鍵の管理を行う、定期的な棚卸し等の管理を実施することが大切です。

8. 廃棄

機密情報を判読できる状態で廃棄しないための対策も重要です。

9. クリアデスク、クリアスクリーン

離席する場合、机の上に機密情報を放置しないことをクリアデスクといいます。

また、離席時に PC をロック状態にすることをクリアスクリーンといいます。スクリーンセーバーにパスワードを設定することでクリアスクリーンが実現できます。

10. プライバシーフィルター

スマートフォンやタブレット等の盗み見対策として、視野角を狭めるプライバシーフィルターが有効です。

11. セキュリティワイヤーの利用

ハードウェアの盗難防止のために、ラックや床に片側を固定したセキュリティロックケーブルを筐体の取り付け金具に通して施錠します。

このセキュリティロックケーブルによる盗難防止はハードウェアの盗難防止策としてはある程度有効ですが、ディスク内のデータを狙う攻撃者には万能ではありません。こうした攻撃者は、ハードウェアの破損を恐れません。それは、筐体が割れてもディスクが無事であれば、それを別のマシンに繋いでデータを吸い上げることができる可能性が高いからです。

12. セキュアエリア

セキュアエリアとは、不正な物理アクセスから情報を守るために明確に仕切られた領域のことです。例えば、ゲート付きの出入り口、施錠されたサーバ室、明確に分離された宅配貨物の受け渡し場所等がセキュアエリアの構築のために設置されます。

セキュアエリアは、強固なドア、フェンス等で仕切られ、エリアに入るには ID カードによる自動認証、目視による認証等を行うようにします。入退出の記録は、記録簿、ログ、監視カメラの録画映像等を残します。無人の部屋には、センサーを設置し監視カメラ（暗視タイプ）と併用します。

13. 物理アクセスのログ／リスト

物理アクセスの記録には、認証システムから出力されるログ、監視カメラの映像、受付の入退出記録リストといったものがあります。これらの記録は、一定の記録保管期間を定めて安全な保管庫に保管します。また、記録保管期間を経過した後の廃棄処理についても定めておく必要があります。

監視カメラの映像記録については、警備の契約先に保管されている場合もあるため保管期間と廃棄方法等について、契約時に確認しておく必要があります。

14. 入退室管理システム（ドアアクセスシステム）

入退室管理システムは、磁気 ID カード等を使った認証とドアの開閉制御を連動させたシステムです。入退出は ID カードの情報と時間等が記録されます。

セキュアエリア内で、さらに機密性の高いエリアへの入退出の管理用に有効なシステムですが、ID カードをもっている人と一緒に入退出する限りカードを持たない人が入退出でき、記録にも残らないため、必要に応じて監視カメラ等と併用する必要があります。

15. マントラップ

ドアに 2 重ドア、回転ドア等を使った入退出管理です。磁気 ID カードによるドアの自動開閉制御と組み合わせて、強硬な不正侵入や正規の訪問者の連れのふりをした侵入（ピギーバック）を防止します。

2 重ドアは、外側のドアが開き、人が 1 人入ると外側のドアが閉まり、内側のドアが開くといった構造のものです。回転ドアは、人が 1 人通れるような回転ドアをさします。

ここにビデオカメラを設置し、来訪者をチェックし記録するシステムと組み合わせることも有効な方法です。

16. ビデオ監視 － カメラの種類と配置

セキュアエリアには監視カメラを設置します。カメラの配置には、撮影の死角が生まれないよう監視カメラの向きや監視カメラの種類を決める必要があります。また十分な品質の映像記録を残せるように、設置場所の照度に合わせて監視カメラを選択します。センサーと連動させて無人の部屋への不正侵入の記録を残すことも検討します。

撮影データの保管は、媒体、保管場所、保管記録、保管期間について検討します。

媒体については、ハードディスク、DVD、ビデオテープ等が考えられます。媒体自身の耐久性と保管期間、記録容量等から最適なものを選びます。

保管場所は、盗難の恐れや法廷に証拠として提出できるように施錠された金庫や部屋に保管し記録簿に記録を残します。

保管期間についても、一定期間残す（例えば最低 3 ヶ月）ように規定を作って運用します。

17. 職務の分離（Separation of duties）

「職務の分離(Separation of duties 又は Segregation of duties)」は、不注意又は故意によるシステムの誤用のリスクを軽減する運用の手段の 1 つで、ある種の職務もしくは責任の領域の管理又は実行の分離を考慮することです。

ISO/IEC27002:2005 の 10.1.3 では、「職務の分離」は、資産への許可されていない変更、不注意又は故意による誤用といったリスクを軽減する運用の手段の 1 つとして明示されています。

ある種の職務もしくは責任の領域の管理又は実行の分離を考慮することが望ましいと規定されています。1人でこっそりと、複数で共謀して不正をはたらけないよう「特定の」情報のみを与えて管理します。

職務の分離方法として次のようなものがあります。

名称	概要
Two-man control	2人のオペレータが、相手の仕事をレビューし承認する方法です。これにより互いに相手の行為に対する責任が生じるため、重要な取引（トランザクション）やリスクの高い取引（トランザクション）での不正行為の抑止が期待できます。
Dual control	重要な作業を完了するために2人のオペレータを必要とする方法です。1人で全ての作業ができないため、不正行為の抑止が期待できます。

職務の分離方法

18. ジョブローテーション（Job rotation）

ジョブローテーションは、定期的に職務の異動を行うことです。

情報セキュリティでは、1人の担当者が同じ業務を独占的に行うことによる不正行為を防止するためにこの手法を用います。

ジョブローテーションには、人材育成、多くの業務を経験することによる情報共有（ナレッジマネジメント）等の利点があるため、組織では、昔から構成員に多くの種類の仕事を経験させる人材育成計画に基づいた定期的な職務の異動が行われていますが、ここに情報セキュリティからの必要性が追加されたと考えればよいでしょう。

4-2-3 論理的なセキュリティ対策

組織が利用している情報システム自体に対してセキュリティ対策を施します。

1. アンチウイルスソフトの導入

　ウイルス対策機能は、ソフトウェアとアプライアンスで提供されます。一般的には、各コンピュータに、ウイルス対策ソフトウェアをインストールして利用します。無償のソフトウェア、有償のソフトウェアがあります。有償のソフトウェアには、スパム対策機能やスパイウェア対策機能等が一緒に提供されていることも多いようです。
ウイルス対策ソフトウェアは、ディスク上のファイルの他に、メールの添付ファイル、USBメモリの内容、ブラウザを介してダウンロードされるインターネット上のファイル等を検査し、過去からのウイルスの特徴を記録したデータベースと比較して、その特徴と一致したファイルをウイルスとして隔離し、無害化します。（ただし利用者の意志で、元に戻すことも可能です。）

　日々、新たなウイルスが生み出されるため、コンピュータを起動するたびに、ウイルス対策ソフトウェアを起動すると、新しいウイルスの特徴を記録した差分ファイルがダウンロードされ、データベースが更新されます。有償のウイルス対策ソフトウェアの場合は、この差分情報の提供の期間が限定されています。
無償のソフトウェアは、有償ソフトウェアと比較して、ウイルスの検出率が低かったり、提供される機能が限定的だったりします。

　アプライアンスは、企業での利用がメインでメールサーバやファイアウォールのアプライアンス等で提供され、インターネットを介したデータ交換の検査に利用されます。ただしUSBメモリの接続等をチェックできるわけではないので、各コンピュータ上のウイルス対策ソフトウェアが不要になるわけではありません。

2. パーソナルファイアウォールの導入、役割

　コンピュータ1台1台のソフトウェアとして動作するファイアウォールです。各コンピュータを不正アクセスから保護します。

　事前設定によるスタティックなパケットフィルタリング方式ですが、内部からの発信が固定のため簡易な設定です。

3. 修正パッチのインストール

　パッチ（Patch）は、完成済みのプログラムの問題点を修正したり、機能追加したりするためだけに作られた専用のプログラム、あるいはプログラムとデータのことで、古いプログラムファイルと新しいプログラムファイルの差分を指します。

　穴の開いた衣服にツギ当てを適用するように、問題点を含んでいる箇所だけを変更するパッチを用意し、これを使って上書きさせます。このように既存のプログラムを修正することを「パッチを当てる」といいます。

問題点を修正するためのパッチの多くは、プログラムの開発元であるメーカが、インターネットやCD-ROM等で配布します。

　オープンソースプログラムの場合は、例えば英語にのみ対応しているプログラムを日本語対応させるために、有志のプログラマがパッチを開発し配布している場合もあります。

　開発メーカの提供する問題点を修正するためのパッチは、OS等プログラムの規模が大きくなると大量に提供されます。また提供された順番に適用しないと問題を起こすことがあります。このためパッチの数が増えた場合、パッチがどこまで適用されているのかを掌握する必要がでてきます。

　こうした問題を解決するために、開発メーカはパッチ管理のプログラムを提供しています。ユーザはこのようなプログラムを使って、パッチの適用状況を検査し、システムに必要なパッチを適用することができます。

①ホットフィックス（Hotfixes）

　ホットフィックス（Hotfixes）とは、ソフトウェアに致命的なセキュリティ上の不具合が発見された場合に、通常の修正プログラムの発行手順とは別に、緊急に発行される修正プログラムのことです。

　安定性や整合性よりも、脆弱性を埋めるために取り急ぎ発行される修正プログラムであるため、リリーススピードを最優先しており、適用することで該当する不具合は修正されるが、別の不具合を生じる可能性もあり、後から十分な動作検証を行なって、安定性を高めた修正プログラムが発行されることもあります。

　単に「最新の修正プログラム」の意味でホットフィックスと表現される場合もあるので、注意が必要です。

②サービスパック（Service packs）

　サービスパックとは、Microsoft社のソフトウェア製品について、発売後に公開された修正プログラムをまとめたもので、一定の期間経過後に個別の修正プログラム（ホットフィックス）をまとめ、また追加機能を含めた形で提供されます。（SP1, SP2等と呼ばれます。）

　サーバ製品のサービスパックについて、過去に提供されたホットフィックスが全て含まれており、サービスパックの適用はセキュリティ上、大変重要になっています。

4. 端末ロックの設定

　不正使用を防ぐため、電源を入れた後やスリープ状態から復帰する場合に、ロックを解除しなければ端末を使用できないように端末ロックを設定します。

5. 遠隔ロック・遠隔消去サービスの利用

端末を紛失した場合に備えて、不正使用を防ぐために、遠隔ロック・遠隔消去サービスを利用します。

6. ワイヤレスアクセスポイントの隠匿

SSID は本来、セキュリティの意味合いは薄いものでしたが、アクセス制限に応用される場合は、次のような設定が使用されます。

- ■SSID が空白あるいは「ANY」を設定した機器の接続を、アクセスポイント側で拒否（ANY 接続拒否機能）設定します。
- ■アクセスポイント側で SSID のブロードキャスト発信を禁止（ステルス機能あるいは SSID 隠蔽機能）します。（SSID は暗号化されないため。）
- ■推測可能な単純な SSID の使用を禁止します。

7. 通信機器の認証（MAC アドレスフィルタリング）

子機側の MAC アドレスをアクセスポイントに登録してアクセスを制限する方法です。アクセスポイントの管理画面で、通信可能な (現在電源が入っている) 子機の MAC アドレスが表示され、選択して登録する方式が多いです。

8. スパム対策（Anti-spam）

スパム対策機能は、ソフトウェアとアプライアンス（専用機）で提供されています。ソフトウェアの場合は、各コンピュータに単独の機能でインストールするものや、ウイルス対策ソフトウェアに含まれて提供されます。

企業での利用の場合は、メールサーバ・アプライアンスに、スパム対策機能が含まれている場合があります。

9. ポップアップブロッカー（Popup blockers）

ポップアップブロッカーは、ブラウザのセキュリティ機能の 1 つとして提供されます。Web サイトを閲覧した時に、別ウィンドウを開く広告等をブロックするツールです。

10. DMZ

DMZ(De Militarized Zone/非武装地帯)とは、外部からのアクセスも内部からのアクセスも可能なネットワークです。

DMZ には、プロキシサーバや外部へ公開する DNS サーバ、Web サーバ、SMTP サーバ等を要塞ホスト上で稼働させて配置します。

DMZ は、全体でファイアウォールを構成し、外部のインターネットから内部ネットワークへの不正アクセスを防ぎます。

DMZ の実装方法はさまざまで、2 台のルータの間に構築したり、1 台のファイアウォールマシンから提供されたりします。

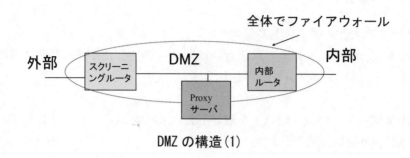

DMZ の構造(1)

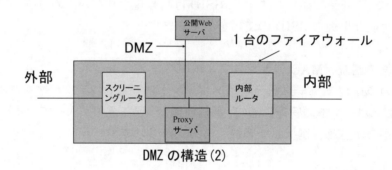

DMZ の構造(2)

11. NAC（検疫ネットワーク）

NAC(Network Admission Control/ネットワーク・アドミッション・コントロール) は、ネットワーク内に存在するコンピュータの中からセキュリティ上問題のあるコンピュータを識別し、自動的に排除することで、ネットワークを危険から守るシステムです。Cisco Systems 社の SDN(Self-Defensive Network/自己防衛型ネットワーク) の枠組みの中で「検疫ネットワーク」を実現する仕組みとして提唱されています。

NAC では、ユーザを識別するだけでなく、セキュリティポリシーの遵守状況も監視していて、セキュリティポリシーに違反するアクセスを試みようとするユーザが操作するコンピュータのアクセスを制限したり、ネットワークから排除したりすることで、ネットワークレベルのセキュリティを守ります。

検疫ネットワークの実現方法には、TNC （Trusted Network Connect/信頼ネットワーク接続）という方法もあります。

TNC は、HP、IBM、Intel、Microsoft 等が集まって設立した業界団体 TCG （Trusted Computing Group）が開発したアーキテクチャで、マルチベンダのネットワークに接続されるクライアントコンピュータの健全性とセキュリティ状態を判断し、事前に定義されているセキュリティポリシーに基づいて、ネットワークへのアクセスを制御しようとする仕組みです。

TCG では、ソフトウェアは常に、改ざん、偽造の恐れがあり、ソフトウェアだけで

信頼性を実現するには限界があると考え、TPM（Trusted Platform Module）というセキュリティチップを定義して、「TPM に基づいた信頼」を実現することにより、信頼可能なプラットフォームを実現するとしています。

12. ファイアウォール

ファイアウォールは、外部ネットワークからの不正なネットワークアクセスを制御し、内部ネットワーク又は1台1台のコンピュータを保護するメカニズムです。

①ファイアウォールの実装形態

ファイアウォールは、アプライアンス（専用のハードウェア）、ソフトウェア、ルータや Proxy サーバの組み合わせ等、さまざまな形態で実装されます。

②ファイアウォールの動作

ファイアウォールは、通過するパケットを監視し、ACCEPT（通信を許可）、DROP（そのパケットを廃棄）、REJECT（通信を拒否）、の制御を行いログに記録します。

DROP も REJECT も、パケットを破棄しますが、REJECT は、パケットを破棄したうえに、通信を拒否した旨を ICMP により発信元に通告します。（DROP はただ破棄するだけです。）

ファイアウォールは、ネットワークプロトコルと深く結び付いています。

③ファイアウォールの方式

ファイアウォールの方式には、パケットフィルタリング方式、アプリケーションゲートウェイ方式、ステートフルインスペクション方式があります。

■パケットフィルタリング方式

パケットフィルタリングは、ルータのパケット制御と同じで、IP アドレス＋上位プロトコルの種類＋ポート番号の情報を使用し、ネットワーク層とトランスポート層の情報でアクセスを制御します。設定方法にはスタティックとダイナミック（ステートフルパケットフィルタリングを含む）があります。

■サーキットレベルゲートウェイ方式

TCP/UDP の通信をフックしてアクセスを制御します。

■アプリケーションゲートウェイ方式

Proxy サーバを使って、アプリケーション層のプロトコルまで調べてアクセスを制御します。通信はファイアウォールが代理します。

■ステートフルインスペクション方式

Check Point （Check Point Software Technologies）社が提供する方式で、パケットをデータリンク層とネットワーク層の間で捕捉し、ネットワーク層からアプリケーション層までの全てのプロトコルの情報や通信の状態を調べて不正な通信かどうかを判断してアクセスを制御します。

13. プロキシサーバ

　Proxy（プロキシ）サーバは、内部ネットワークと外部ネットワーク間のアクセスを
直接接続させずに、代理して接続を行います。　Proxy サーバは、多くの場合、一般的
にアプリケーション層ゲートウェイ方式のファイアウォール製品、あるいはその構成
の一部に含まれます。

　Proxy サーバには、代理接続以外に次のような機能があります。

①認証

　Proxy サーバを利用できるユーザを登録し、認証させることでアクセスを制限し
ます。

②キャッシュ

　Web サーバのページに誰かがアクセスすると、ディスクにキャッシュし同じペー
ジへのアクセスをインターネット上に流さないことで、応答の高速化とトラフィッ
クの低減を図ります。

③高度なフィルタリング

　URL を使った高度なフィルタリングにより、管理者が有害サイト、エンタティン
メントサイトへのアクセスを禁止する設定が可能です。

④強力なログ

　不正アクセスの究明等に利用可能な詳細なログ機能を提供します。

14. インターネットコンテンツフィルタ

　インターネットコンテンツフィルタは、インターネットを介してやり取りされる情
報をチェックし、内容（コンテンツ）に問題があった場合に接続を遮断する技術です。

　一般的にインターネット上の情報へのアクセスを管理する立場にある人、組織、国
家等によって行われます。インターネット利用者はフィルタリングされ、コントロー
ルされた情報にのみアクセスできます。

　コンテンツフィルタリングは、インターネット上で公開されている Web ページの内
容が、有害であると情報アクセス管理者に判断されることで、アクセスが遮断されま
す。

　フィルタリングの主な手法としては次のようなものがあります。

①ホワイトリスト（無害なサイトのリスト）を作成する。

②ブラックリスト（有害なサイトのリスト）を作成する。

③特定の語句を含むページへのアクセスを遮断する。

　こうしたフィルタリングは、学校にパーソナルコンピュータを導入し、インターネッ
トに接続した際に、児童／生徒に不適切な Web サイトの閲覧を禁止したり、企業で
業務に無関係のエンタティンメントサイトへのアクセスを禁止したりするために使用
されます。

　一般的には Proxy サーバの機能の一部としてサービスの形で提供されます。Proxy
サーバの無い環境では、クライアントコンピュータに専用のフィルタリングソフトウ

ェアをサービスとしてインストールする場合もあります。こうした場合は Web ブラウザ側にそうしたサービスを利用できる機能が必要です。（Microsoft 社の Internet Explorer 等にはフィルタリングサービスを利用するクライアント機能が内蔵されています。）

15. ハニーポット

ハニーポット（Honey Pot）は、入ったら外に出られない罠です。ジェイル（jail）とも呼ばれます。攻撃者や侵入者に有益に見える情報、資源のある場所を用意し、罠にかかった侵入者の行動を観察し事前にその目的を推測したり、重要な資源への攻撃の目を逸らせたり、コンピュータフォレンジックス（犯罪調査）のための証拠収集等の目的に使用されます。

ハニーポットは、攻撃を受ける罠の（脆弱性のある OS やアプリケーションに、重要に見える擬似データを保存する）部分、罠の外に侵入者を出さないようにする檻の部分（ファイアウォールを実装しアクセス／通信を制御する）、攻撃者の不正侵入の検出と不正アクセスを記録する部分（ログサーバ）で構成します。

ハニーポッドの実装方法には、次のような種類があります。

①ハイインタラクション型は、脆弱性を残す本物の OS、アプリケーションを利用するハニーポットです。多くの情報を得られますがリスクも多くあります。

②ローインタラクション型は、OS やアプリケーションの特定の機能をエミュレートするプログラムを使ったハニーポットです。エミュレート範囲内に機能が限定されるため安全な運用が可能ですが、収集情報にも限界があります。

③バーチャル型は、VMWare 等の仮想マシン上に実装するハニーポットです。仮想マシンはホスト OS から見ると 1 つのファイルなので、容易に管理でき、簡単に元の状態に戻すことができますが、攻撃者が仮想マシンかを調べ、ハニーポットであるとわかってしまう可能性があります。

ハニーポットの運用は、システムの脆弱性に見えるため、必ず事前に責任者の許可を得てください。（許可を得ずに仕掛けたネットワーク管理者が解雇された例もあります。）

■ハニーネット

複数サーバで構成されるハニーポットを特にハニーネットと呼びます。ハイインタラクション型の複数のハニーポットを使ったり、1 台のマシン上に仮想型のハニーポットを複数搭載したりして仮想ネットワークとして実装することもできます。ネットワークセグメント全体で一つのハニーポットとして動作させます。

16. 入力検証

　Web フォームからデータを入力させるアプリケーションの場合、悪意あるスクリプトを入力されたり、OS のコマンドや SQL 文を入力して実行させようとするインジェクション攻撃を仕掛けられたりします。

　入力検証は、入力された内容が有害なものでないかチェックすることです。

　例えば、サニタイジングは、Web ページの入力フィールドへ入力される危険な文字、文字列（HTML タグ、スクリプト、エスケープシーケンス、コマンド）を変換して無害化する仕組みです。

　スクリプトの開始を意味するタグ<SCRIPT>の「<」を「<」に、「>」を「>」に変換することで、タグとして機能しないようにします。（この変換を行っても、ブラウザの表示上は<SCRIPT>になります。）

　こうしたモジュールを通す事によって、危険な入力データを検査する必要があります。

17. 侵入テスト

　侵入テストは、情報管理システムを実際に攻撃し不正侵入を試みることで、コンピュータやネットワークのセキュリティ上の弱点を発見するテスト手法です。ペネトレーションテストとも呼ばれます。

　ポートスキャンを始め、実際の侵入手順が使われます。また情報管理システムの脆弱性を効率的に調べるために、脆弱性スキャナーが使用される場合もあります。

　テストは、情報管理システムが導入されている LAN の内部、ファイアウォールの外、また建物の内部や外部から無線 LAN のアクセスポイントにアクセスして、不正侵入を試みたり、DoS/DDoS 攻撃への耐性を調べたり、ソーシャルエンジニアリングの手法を試みる場合もあります。

　セキュリティ対策のソフトウェアが導入されていても、設定が不十分であったり、新たな脅威に対応できていない場合があったり、情報管理システムを操作する人間のセキュリティへの意識が低下していると、不正に侵入できてしまう場合があるため、情報管理システムの構築、導入時だけでなく、監査時に定期的に実施することにより情報管理システムの安全性を保つことができます。侵入テストは、テスト内容によって結果が大きく異なることがあります。

18. 暗号化

①WEP(Wired Equivalent Privacy)

　IEEE802.11 の通信に機密性を提供するために開発された WEP は、RC4 の暗号アルゴリズムを基にしたメカニズムで、その特徴は暗号化に「WEP キー」を使用するところです。

　WEP キーは、5 文字(40bit)又は 13 文字(104bit)の自由な半角英数字で構成される文字列です。この WEP キーに、無線 LAN 機器が自動設定する 24bit の初期値 (IV:

Initialization Vector）を組み合わせて暗号のキーを生成します。このため、キー長は 40(64)bit と 104(128)bit の 2 種類になります。

■WEP の脆弱性
　　・WEP キー長が 40bit の場合、キーの類似性もあって WEP キー推測攻撃により
　　　1〜1.5 日で解読可能という事実が判明
　　・鍵はアクセスポイント毎に固定
　　・ユーザ認証がなく、鍵を知っていればだれでもアクセス可能
　　・メッセージの完全性を保証できない

　WEP キーを推測する攻撃に対しては、「Fast Packet Keying」技術（キーの類似性が無くなるように乱数の発生方式を変更）が開発され、脆弱性が埋められましたが、その後も多くの攻撃方法が発表され、WPA への移行が促進されているため、可能な限り使用しないことが望ましいです。

②WPA(Wi-Fi Protected Access)
　WEP の脆弱性が発見されたことを受けて、その脆弱性を修正し、認証機能等を強化した暗号化方式です。WPA は、現在では IEEE802.11i のサブセットの位置付けになっています。
　WEP では、SSID や MAC アドレスを使った機器の認証のみをサポートしていましたが、WAP では IEEE 802.1x 認証の機能の採用により、ユーザ認証が可能になっています。これにより、アクセスポイントの不正使用のより厳重な防止が可能となりました。
　認証プロトコルには EAP（Extensible Authentication Protocol）が採用されていて、相互認証や鍵の管理が可能です。

③TKIP（Temporal Key Integrity Protocol）
　TKIP（Temporal Key Integrity Protocol）は、WEP で固定されていたキーを一定の時間毎に、自動的に変更する技術で解読の困難性を高めています。また完全性メカニズムとして MIC（Message Integrity Code/マイク）が追加されています。

④WPA2（Wi-Fi Protected Access2）/ IEEE802.11i
　WEP に替わる暗号化技術 WPA のバージョン 2 です。IEEE802.11i は、2004 年6 月に標準化された規格で、WPA との互換性を維持している WPA バージョン 2 と同等の規格です。
　ともに、暗号化技術に NIST の標準暗号 AES（Advanced Encryption Standard）を採用しています。
　4way-Handshake、CCMP （counter mode with cipher block chaining/message

authentication code protocol）等の規格が含まれています。

　WPA2（IEEE802.11i）は、WPAよりも堅牢なセキュリティを入手できますが、ハードウェア側の対応が必要になります。

　全てのネットワーク機器を、一気にWPA2対応機器に変更することは、事実上困難であることも多いため、WPA2対応機器には、WPAとWPA2の混在環境で利用可能な「ミックスモード」が搭載されていて、WPAからの部分的な移行が可能となっています。

　なお、米国時間の2017年10月16日、WPA2における暗号鍵を特定される等の複数の脆弱性が公開されました。この脆弱性が悪用された場合、無線LANの通信範囲に存在する第三者により、WPA2通信の盗聴が行われる可能性があります。対策として、各ベンダから提供されるパッチなどで実装上の問題を修正することができるとされ、あらたなプロコトルへの移行までには及びませんでした。

キーワード集（さくいん）

数字

1 要素認証	288
2 要素認証	288
2.4GHz 帯	110
32bitOS	71
3G	120
3 要素認証	288
5GHz 帯	110
64bitOS	71

数字

AC アダプタ	59
ADSL モデム	189
ADSL	118
AH	299
ALU	9
Android	73
APFS	75
APIPA	158
ARP	238
ARP ポイズニング	322
AS	161
ASCII コード	76
ATX	30
A レコード	144
BDXL	20
BGP-4	163
BIOS	65
bit 幅	10
bit マップ	77
Blu-ray Disc	20
Bluetooth	55
BMP	78
BOOTREC	215
BSOD	208
CATV	120
CD-ROM	19
CDFS	74
CHAP	293
CHKDSK	218
CIDR	149
CMOS	210
Cookie	137
Cookie の危険性	316

CPU	9
CPU キャッシュ	12
CSMA/CA 方式	115
CSMA/CD 方式	101
D2D	313
D/A 変換	7
DDoS	314
DHCP	140
DIMM	14
DisplayPort	40
DISKPART	218
DLL	256
DLNA	64
DMZ	343
DNS	134
DNS ポイズニング	321
DoS	314
DRAM	14
DSS	309
DVD	19
DVI	38
EAP	301
EAP-MD5	302
EAP-MS-CHAPv2	302
EAP-PSK	301
EAP-TLS	301
EAP-TTLS	302
EIGRP	163
EGP	161
ENUM	174
ESP	299
EUC	76
exFAT	74
ext4	75
FAT(FAT16)	74
FAT32	74
FDD	43
FDISK	218
FLSM	154
FORMAT	218
FPU	10
FQDN	141
FTP	135
FTTH	120
GIF	79

GPU	12
GUI	72
H.323	169
HDMI	39
HFS +	75
HTTP	136
HTTPS	137
IaaS	178
ICMP	131
IDE	34
IEEE 1394	54
IEEE 802.11	115
IEEE 802.11a	114
IEEE 802.11ac	115
IEEE 802.11b	113
IEEE 802.11g	113
IEEE 802.11n	114
IEEE 802.1x	295
IGP	161
IGRP	163
IKE	299
IMAP4	140
iOS	73
IP	131
IP-VPN	124
IPCONFIG	247
IPsec	299
Ipsec VPN	126
IPv6	155
IP 電話	168
IS-IS	163
ISDN	117
ISP	186
IX	89
JIS コード	76
JPEG	78
KDC	297
Kerberos	297
KVM 切替器	51
L2F	125
L2TP	125
LAN	88
LCP	116
LEAP	302
LHA	82
Lightning	36
Linux	73
LSA	162
LTE	120
M.2	25
Mac(旧 Macintosh)	2
MacOS	72
MAC アドレスフィルタリング	111
MAC アドレス	149
Man in the Middle	320
mini-PCI Experss	58
MBR	215
MIB	148
microSD カード	27
MIDI	80
MIME	138
MIMO	110
miniSD カード	27
Mini-ITX	31
MMF	108
MP3 形式	80
MPEG-1	81
MPEG-2	81
MPEG-4	81
mSATA	24
MSS	134
MTU	134
MX レコード	144
NAC	344
Nano-ITX	31
NAPT	157
NAT	157
NBTSTAT	245
NCP	116
NETSTAT	243
NFV	196
NIC	194
NSLOOKUP	242
NS レコード	144
NTFS	74
NVMe	25
OLED	45
ONU	189
OpenFlow	196
OSI 参照モデル	129
OSPF	162
P2P	317
PaaS	178
PAN	88
PAP	293
Parallel ATA	22

PC/AT 互換機	2	SD カード	27
PCM 方式	79	Serial ATA	34
PC サーバ	3	SIMM	14
PDF	77	SIP	170
PGP	139	SMB	147
Pico ITX	31	SMF	108
PING	239	SMTP	137
PNG	79	SNMP	148
PoE	98	SNMP マネージャ	148
POP3	139	SRAM	14
POST	209	SSD	23
POST カード	209	SSH	136
PPP	116	STP	105
PPPoA	119	SSID ブロードキャスト	111
PPPoE	118	SSID	111
PPTP	124	SSL VPN	127
PS/2 ポート	50	TACACS	296
PTR レコード	146	TACACS＋	297
RADIUS	294	TCP	132
RAID	214	TCP/IP ハイジャック	320
RAM	13	TCP/IP プロトコル	193
RAS	292	TCP/IP モデル	130
REGSVR32	261	TELNET	136
REGEDIT	261	Thunderbolt	36
RFID	336	TGT	297
RIMM	14	TKIP	349
RIPv1	162	TNC	344
RIPv2	162	TPM	68
RAR	82	TRACERT	241
RJ-11	40	True Color	78
RJ-45	40	TXT	77
ROUTE	246	UDP	132
ROM	13	UEFI	66
Rootkit	265	Unicode	76
RSA SecurID	337	UPnP	194
RSA 署名方式	309	USB	35
RSVP	173	USB 充電器	60
RTP	173	USB メモリ	28
S/MIME	139	UTP	105
SA	126	VGA	38
SaaS	177	VLSM	154
SATA	34	VMM	84
SC コネクタ	109	VPN	123
SDHC カード	27	VR	49
SDN	195	WAN	88
SDXC カード	27	WAV 形式	79
SC コネクタ	109	Web ブラウザ	195
SDHC カード	27	WEP	348

Wi-Fi ロケータ 254
Windows 10 72
Windows 11 72
WPA 349
WPA2 349
WPS 112
WWW 168
xDSL 118
XTACACS 296
ZIP 81

あ行

アーカイブ属性 311
アーキテクチャ 9
圧着工具 249
アドウェア 327
アプリケーション 69
アプリケーション層 237
アプリケーションゲートウェイ方式 345
アプリケーションログ 221
暗号化 303
暗号文 303
暗証番号 336
イーサネット 99
一方向暗号 303
イベントビューア 261
印刷スプール 274
インジケータランプ 211
インクジェットプリンタ 48
インターネット 89
インターネットコンテンツフィルタ 346
インタフェース速度 8
インバータ 44
インパクトプリンタ 47
ウイルス対策ソフト 266
ウイルス 206
ウェルノウンポート 133
ウォードライビング 319
A/D 変換 7
液晶ディスプレイ 44
エクスプロイト攻撃 315
演算装置 5
エンタープライズネットワーク 186
オーセンティケータ 296
オートネゴシエーション機能 97
オンラインストレージ 168
オペレーティングシステム 69

か行

解像度 45
仮想デスクトップ 85
仮想メモリ 17
換字 304
鍵 304
課金 295
仮想化技術 83
仮想化支援 12
輝度 46
逆引き 145
脅威 279
クラス A 149
クラス B 150
クラス C 150
クラス D 150
クラスタ 21
クリアデスク 338
クリアスクリーン 338
グレア 46
グローバル IP アドレス 150
クロスケーブル 107
クロスサイトスクリプティング 316
クロック周波数 8
クロック速度 67
ケーブル結線テスター 248
ケーブルストリッパー 249
ケーブルモデム 189
広域イーサネット 127
公開鍵 305
公開鍵暗号 305
光学式ドライブ 59
公衆アナログ回線 117
コミュニティクラウド 180
コリジョン 91
コリジョンドメイン 94
コントラスト比 46
コンパクトフラッシュ 27
コンポーネント情報 67

さ行

サーキットレベルゲートウェイ方式 345
サービスパック 342
サーマルプリンタ 48
サウスブリッジ 33
サブネット分割 152
ブロードキャストアドレス 153

サブネットマスク	152	制限ブロードキャスト	154
サプリカント	296	責任追跡性	282
差分バックアップ	312	セキュアエリア	338
算術論理演算装置	9	セキュリティツール	266
サンプリング周波数	80	セキュリティログ	220
試験用電話機	249	セキュリティワイヤー	338
システム構成	205	セクタ	21
システム修復ディスク	260	施錠保管	337
システムソフトウェア	5	セッション層	130
システムバックアップ	313	セッションハイジャック	320
システムログ	220	ゼロデイ攻撃	315
自動システムリカバリ(ASR)	261	専用線	122
シフト JIS コード	76	双方向暗号	303
視野角	46	増分バックアップ	312
出力装置	4	ソーシャルエンジニアリング	318
情報資産	279		
情報セキュリティポリシー	284		
処理速度	8	**た行**	
昇華型プリンタ	48	対称鍵暗号	305
ジョブローテーション	340	タッチスクリーン	52
ショルダーハッキング	318	タッチパッド	51
シリアルポート	41	タッチパネル	51
シリンダ	21	タブレット PC	63
シングルコア	11	チップセット	32
シングルサインオン	292	ツイストペアケーブル	105
真正性	282	データバックアップ	311
侵入テスト	348	データリンク層	231
シンプロビジョニング	84	ディジタル署名	308
信頼性	282	ディジタイザ	52
診断機能	69	ディスタンスベクタ型	161
スイッチングハブ	96	デスクトップ仮想化	84
スキャナ	50	通信速度	99
スター型	91	テザリング	120
スタンダード	286	デスクトップ PC	57
ステートフルインスペクション方式	345	デバイスドライバ	70
ステガノグラフィ	323	デフラグ	26
ストレートケーブル	107	デフォルトゲートウェイ	159
スパイウェア	327	デマ情報	319
スパニングツリープロトコル	98	電源テスター	213
スパム	265	電源ユニット	42
スプーフィング	321	転置	304
スマートフォン	62	トーンプローブ	248
スマートウォッチ	63	同軸ケーブル	109
セーフモード	260	盗聴	319
静的アドレス	158	トポロジ	91
制御装置	5	共連れ対策	337
脆弱性	279	トラックポイント	61
正引き	145	トラッシング	318
		トランスポート層	233

トロイ(トロイの木馬) 325
トンネリング 123

な行

内蔵 GPU 12
名前解決 141
入退室管理システム 339
入力検証 348
入力装置 4
認証情報 288
ネイティブ解像度 46
ネットワークアドレス 149
ネットワークインターフェースカード 194
ネットワークカード 94
ネットワーク仮想化 195
ネットワーク層 232
ネットワークブロードキャスト 153
ノースブリッジ 32
ノート PC 57
ノングレア 46

は行

バーチャル型 347
ハードディスクドライブ 20
バイオメトリクス 337
ハイパースレッディング 11
ハイパーバイザ型 83
ハイブリッド型 93
ハイブリッドクラウド 181
パケットフィルタリング方式 345
バス 8
パスワード 68
バックアップメディア 313
バックライト 44
ハッシュ関数 139
パッチプログラム 315
バッファオーバフロー 316
ハニーポット 347
ハニーネット 347
パブリッククラウド 180
光ファイバケーブル 107
非対称鍵暗号 305
否認防止 307
秘密鍵 306
平文 303
ファンクションキー 61
ブートストラップ 65
ファーミング 322

ファイアウォール 345
ファイルシステム 73
フィッシング 318
物理層 230
物理トポロジ 93
浮動小数点ユニット 10
プライバシーフィルター 46
プライベート IP アドレス 151
プライベートクラウド 179
フラッシュメモリ 58
プラッタ 21
ブリッジ 94
プリンタスプーラー 274
ブルートフォース攻撃 277
フルバックアップ 312
プレゼンテーション層 236
ブロードキャストアドレス 153
ブロードバンドルータ 190
プロキシサーバ 346
プロシージャ 286
プロジェクタ 44
プロトコルディスタンス 164
プロトコルアナライザー 248
ペネトレーションテスト 348
ポート番号 133
ポートフォワーディング 158
ポートフォワーディング方式 127
ホームネットワーク 186
補助単位 7
ホスト OS 型 83
ホットスポット 120
ホットスワップ 35
ボットネット 327
ホットフィックス 342
ポップアップ 262
ポップアップブロッカー 343

ま行

マウス 50
マルチキャストアドレス 154
マルチコア 11
マルチタスク 71
マルチディスプレイ 47
マルチプロセッサ 71
マザーボード 30
マルチメーター 213
マントラップ 339
ミドルウェア 69

無線 LAN ....56、110
メールクライアント 195
メッシュ型 92
メッセージダイジェスト 306
メモリ 13
メモリダンプ 207
メモリチップ 14
文字コード 76
モデム 117
モバイルバッテリー 59

や行

ら行

ライブマイグレーション 84
リスク 278
リダイレクト 263
リバースプロキシ方式 127
リピータハブ 94
リフレッシュレート 46
リムーバブルディスク 329
量子化 bit 80
リング型 92
リンクステート型 161
リンクランプ 222
ルータ 98
ルーティング 98
ルーティングプロトコル 160
プロトコル 36
ルーティングメトリック 162
ループバックプラグ 213
レーザプリンタ 49
レインボーテーブル 323
レジスタ 10
ローインタラクション型 347
ログファイル 219
ロジックボム 326
ロンゲストマッチの法則 164
論理トポロジ 93
レジストリ 61

わ行

ワイヤーロック 61
ワーム 326

正誤・法改正に伴う修正について

本書掲載内容に関する正誤・法改正に伴う修正については「資格の大原書籍販売サイト 大原ブックストア」の「正誤・改正情報」よりご確認ください。

https://www.o-harabook.jp/
資格の大原書籍販売サイト 大原ブックストア

正誤表・改正表の掲載がない場合は、書籍名、発行年月日、お名前、ご連絡先を明記の上、下記の方法にてお問い合わせください。

お問い合わせ方法

【郵　送】 〒101-0065　東京都千代田区西神田2-2-10
　　　　　大原出版株式会社　書籍問い合わせ係
【ＦＡＸ】 03-3237-0169
【E-mail】 shopmaster@o-harabook.jp

※お電話によるお問い合わせはお受けできません。
　また、内容に関する解説指導・ご質問対応等は行っておりません。
　予めご了承ください。

ネットワーク&セキュリティ　応用　テキスト（第3版）

2018年4月1日　初版発行
2022年5月9日　第3版発行

■編　　著　　資格の大原　情報処理講座
■監　　修　　株式会社ウチダ人材開発センタ
■発　行　所　　大原出版株式会社
　　　　　　　　〒101-0065
　　　　　　　　東京都千代田区西神田1-2-10
　　　　　　　　TEL 03-3292-6654
■印刷・製本　　株式会社メディオ